U0655531

国网上海市电力公司
电力专业实用基础知识系列教材

交流变电站电气主设备

国网上海市电力公司人力资源部　组编

中国电力出版社
CHINA ELECTRIC POWER PRESS

内 容 提 要

《国网上海市电力公司电力专业实用基础知识系列教材》以"理论够用、工作实用、上海特色"为宗旨,旨在开发一套理论知识与电力生产实际相融合的实用型教材,以期帮助电力企业各类生产岗位员工,特别是新进员工,提升电力专业知识水平,助力企业员工成长。

本册教材为《交流变电站电气主设备》,主要介绍 35kV 及以上电压等级变电站内的主设备。全书共 10 章,主要内容包括变压器、断路器、隔离开关、GIS、高压开关柜、互感器、补偿设备和中性点接地设备、过电压防护与接地装置、母线和绝缘子、站用电交直流系统。全书内容丰富,尤其注重基本理论、基本原则与生产实际相结合,辅以大量实例、图片作为支撑,论例结合紧密,特点鲜明。

本书可作为电力从业人员通识教育培训教材,也可作为高等院校相关专业师生的教学参考书,还可供从事电力工程领域工作的相关技术人员参考。

图书在版编目(CIP)数据

交流变电站电气主设备/国网上海市电力公司人力资源部组编. —北京:中国电力出版社,2023.2(2024.11 重印)

国网上海市电力公司电力专业实用基础知识系列教材

ISBN 978-7-5198-7308-0

Ⅰ.①交… Ⅱ.①国… Ⅲ.①变电所-电气设备-教材 Ⅳ.①TM63

中国国家版本馆 CIP 数据核字(2023)第 086895 号

出版发行:中国电力出版社

地　　址:北京市东城区北京站西街 19 号(邮政编码 100005)

网　　址:http://www.cepp.sgcc.com.cn

责任编辑:陈　硕(010-63412532)　代　旭

责任校对:黄　蓓　王海南

装帧设计:赵姗姗

责任印制:吴　迪

印　　刷:北京锦鸿盛世印刷科技有限公司

版　　次:2023 年 2 月第一版

印　　次:2024 年 11 月北京第二次印刷

开　　本:710 毫米×1000 毫米　16 开本

印　　张:27.5

字　　数:387 千字

定　　价:168.00 元

版 权 专 有　侵 权 必 究

本书如有印装质量问题,我社营销中心负责退换

《国网上海市电力公司电力专业实用基础知识系列教材》

编 委 会

主 任 梁 旭 汤 军

副主任 黄良宝 徐阿元 刘壮志 王振伟 陈春霖 潘 博 邹 伟

谢 伟 叶洪波 周 翔

成 员 邹家琛 唐跃中 何 明 陈家良 华洁铭 余钟民 孙阳盛

本书编写组

组 长 陈家良 华洁铭

副组长 陆志浩 诸谧玮 黄小龙 陈婷玮 陆正红 赵 璐 尚芳屹

成 员 邹 俭 吴欣烨 姚 明 杨世皓 侯 昉 王超群 庄 璇

曹 亮 曹 辉 温 泉 耿 超 胥 杰 尚 瑨 杨嘉骏

董晶晶 熊传广 费 腾 王雪婷 翟万利

前言
PREFACE

随着国家电网有限公司"建设具有中国特色国际领先的能源互联网企业"战略目标的实施，对公司员工专业素质的要求不断提高。为进一步提升公司员工，特别是新进员工对电力专业的基础性认知和必备理论的掌握水平，国网上海市电力公司自 2017 年起，组织技术技能专家及培训教学专家，历时六年，编撰了《国网上海市电力公司电力专业实用基础知识系列教材》。

该套教材以"理论够用、工作实用、上海特色"为宗旨，在内容编排上，坚持理论与实践的辩证统一，以理论够用为度，特别注重工程实例的融合，以使理论基础更好地服务于电力生产；在写作方式上，深入浅出，阐述简明，可读易懂；在素材收集上，锁定上海特大城市电网的特色，地域特色鲜明。本套教材是技能实训教材的理论基础，是高校理论教材的实践应用，书中每章均以小结对主要内容加以归纳，典型例题指导读者实践基本方法，习题与思考题供读者练习并进一步领会重要理论和方法。

本书编写组负责全书编写、统稿。本书在编写与出版过程中，得到了国网上海市电力公司多位领导、专家的指导与帮助，在此表示衷心的感谢。

限于编者的水平，书中不足之处在所难免，恳请各位读者提出宝贵意见。

编　者

2023 年 2 月

目 录
CONTENTS

07

第7章

补偿设备和中性点接地设备 ⋯⋯⋯⋯⋯ **300**

08

第8章

过电压防护与接地装置 ⋯⋯⋯⋯⋯⋯⋯ **338**

09

第9章

母线和绝缘子 ⋯⋯⋯⋯⋯⋯⋯ **361**

第 10 章

站用电交直流系统 ·································· **381**

参考文献 ·· **422**

绪　论

国网上海市电力公司电力专业实用基础知识系列教材

交流变电站电气主设备

近年来，我国的电网发展进入了高可靠性、大容量、远距离输送、电源多样化和设备智能化时代。传统的变电站电气设备随着制造标准和工艺水平的提升也向集成化、模块化、多功能化和智能化发展，如何掌握、运行好这些设备是电力企业发展的一个重要课题。与此同时，每年大批大专院校毕业生进入到电力企业，急需理论和实践均符合现场实际的入职上岗培训。本书编写组以问题为导向，抓住主要矛盾提出了编写一本面向于具有一定电力基础理论的电力系统员工，着重于介绍设备现场实际、设备新特点及电网发展，专注于变电站电气设备的专业教材。

为使本书能突出传统变电站电气设备的新特点、现场应用与运行经验，以便于新入职员工更好地理论联系实际，熟悉设备现场运行，更顺利地上岗并担负起职责，本书在遵循系列教材"理论够用，工作实用，上海特色"编写宗旨的基础上，力求全、新、实的编写原则。全书共计 10 章，在编写过程中努力遵循编写原则，着重将以下六个方面落实到编写内容中。一是覆盖面广，教材基本涵盖了变电站内所有电气设备，既有变压器、断路器、隔离开关、互感器等传统设备，也包含了同样重要的中性点设备、接地设备、母线绝缘子、无功设备等，同时注重介绍上述设备中一些最新的应用和带特殊性的辅助设备与装置，力求全面反映电气设备在电网中应用的实际。二是各章设备不同，但在设备的分类、结构、参数、试验、运行及异常处理等模块中做到既在结构上保持一致性又注重体现不同设备的特殊性，力求全面。三是对设备的传统部分介绍相对简约而对设备运行起主要作用的重要附件以及员工在入职前期不容易接触熟悉的辅助设备和重要细节适当详写，以求关注主要问题，简繁得当。四是同步介绍与电气设备相关的运行知识，包括电气试验、运行维护、常见缺陷异常的判断和处理、相关设备特点参数的实际应用等，使读者能学习到设备与运行之间的关系，做到知其然更知其所以然。五是注重现场，加强设备在变电站中如何应用的介绍，包括选用、布置、形式等，同时适当增加所涉设备在变电站现场的实际照片，重点部件加设标注说明，帮助读者形象化地了解设备、认识设备，促进理论到实践的实现。六是优化思考题，各章节后均附有思考题，除了注重相关题目覆盖教材内容外还适当加入开放式题目，旨在帮助读者在学习领会的基础上能触类旁通，开拓思路，锻炼能力，促进自主提升。

本书可用作新员工特别是电力专业大学毕业生入职上岗前的专业培训教材，成为学校专业理论、设备现场实际与工作要求之间的一座桥梁，帮助他们更好完成岗前培训，尽快高质量地符合上岗的基本要求；也可作为在职员工为适应电力系统与设备性能形式快速发展的形势，提升对变电站设备认识的深度与广度，加强各专业之间融合能力的一本专业辅助读本；同时，也可作为在校电力专业大学生专业课程的辅助教材。

第 1 章　CHAPTER ONE

变压器

01

　　变压器是发电厂、变电站和用电部门用于输变电能最主要的电力设备之一。变压器是具有两个或多个绕组的静止设备，为了传输电能，以交变磁场为媒介，在同一频率下，利用电磁感应原理，将一个系统的交流电压和电流转换为另一系统的交流电压和电流。

　　变压器可以实现电压变换，连接不同电压的电路，在交流系统中实现电能的传输和分配。在电力系统传送电能的过程中，必然会产生电压和功率两部分损耗，为了经济地远距离输送电力，可以利用升压变压器升高输电电压，把电能送到用电地区，减少送电损失，而在电力用户处，可以再利用降压变压器将输电电压降低到各级用户所需电压。

　　本章将从变压器的分类、基本结构、主要电气参数、冷却方式、布置方式、附件及辅助系统、电气试验、运行维护、常见故障及异常处理等方面展开介绍。

国网上海市电力公司电力专业实用基础知识系列教材

交流变电站电气主设备

1.1

变 压 器 的 分 类

1.1.1　按用途分

交流变电站内，变压器按用途主要可以分为主变压器、站用变压器和接地变压器。

（1）主变压器。主变压器是交流变电站中主要用于输变电的变压器，是变电站的核心部分，工作可靠性要求高。某变电站中 220kV 主变压器如图 1-1 所示。

图 1-1　某变电站 220kV 主变压器

（2）站用变压器。站用变压器主要供给变电站自身用电，比如提供变电站内的生产生活用电；为变电站内需要操作电源的设备提供交流电，如开关储能电机、闸刀动作机构、变压器有载调压机构等；以及为直流系统供电。某变电站中 35kV 站用变压器如图 1-2 所示。

（3）接地变压器。接地变压器用来提供一个人为的中性点，它可以经电阻或消弧线圈接地，检测接地故障，减小发生接地短路故障时的对地电容电流，提高系统的供电可靠性。某 35kV 接地变压器如图 1-3 所示。

图 1-2　某变电站 35kV 站用变压器　　　图 1-3　某 35kV 接地变压器

1.1.2　按绝缘介质分

变压器按绝缘介质主要可分为油浸式变压器、干式变压器、充气式变压器，绝缘介质除了起绝缘作用还兼具散热功能。

（1）油浸式变压器。铁芯和绕组都浸在绝缘油中的变压器为油浸式变压器。油浸式变压器用变压器油作为冷却介质，如油浸自冷、油浸风冷、油浸水冷、强迫油循环等。油浸式变压器容量大，运行维护较复杂，上海电网中 35kV 及以上主变压器一般均为油浸式变压器。

（2）干式变压器。干式变压器是一种采用干式化合物（如环氧树脂）作为其器身绝缘介质的变压器，主要依靠空气对流进行自然冷却或增加风机冷却。与油浸式变压器相比，干式变压器容量相对较小，质量更轻，没有油箱和油，不易燃，防火、防爆性能好，无污染，运维简单，上海电网中目前采用了少量 35kV 干式变压器。

（3）充气式变压器。充气式变压器用特殊化学气体 SF_6 代替变压器油散热, 其体积小, 质量轻, 适用于消防要求较高的场合, 上海电网中目前采用了少量 110kV 充气式变压器。

1.1.3　按相数分

变压器按相数可分为单相变压器、三相变压器。

(1) 单相变压器。单相变压器的一次绕组和二次绕组均为单相绕组。单相变压器既可以用于单相负载, 也可以按照一定方式三台连接起来组成三相变压器组。上海地区 500kV 及以上的变压器均采用三相变压器组。

(2) 三相变压器。三相变压器的一次绕组和二次绕组均为三相绕组, 在总容量相同的情况下, 相比三台单相变压器组成的三相变压器组, 三相变压器造价低、占地更小。

1.1.4　按绕组形式分

变压器按绕组形式主要可分为双绕组变压器、三绕组变压器、自耦变压器。

(1) 双绕组变压器。双绕组变压器指每台具有两个绕组分别连接到两个电压等级的独立绕组变压器。

(2) 三绕组变压器。当变电站需要连接三个不同电压等级的电力系统时, 通常采用三绕组变压器。三绕组变压器每相各有高压、中压和低压三个绕组。

(3) 自耦变压器。自耦变压器是每相至少有两个绕组具有公共部分的变压器, 具有公共部分的绕组间没有电气隔离, 一部分容量直接传导, 另一部分通过电磁感应传递。

自耦变压器有可调压式和固定式两种, 可用于连接超高压、大容量的电力系统, 其耗铜量少, 运行中铜损小, 硅钢片耗量少, 空载损耗低, 效率高, 成本低, 便于运输和安装, 提高了变压器的极限制造容量。

由于自耦变压器具有公共部分的绕组有电的直接联系, 自耦变压器调压范围小、继电保护相对较为复杂, 且为了避免当高压侧过电压时引起低压侧过电压，所以自耦变压器的中性点必须可靠接地，高、低压两侧同时都需安装避雷器。另外由于自耦变压器的短路阻抗比普通双绕组变压器小，当发生短路时会出现较大的短路电流，故应采取限制短路电流的措施。

1.1.5　按调压方式分

（1）有载调压变压器。有载调压变压器装有带负荷调压装置，可在变压器不停电、带负载的情况下，利用分接开关调整电压。

有载调压变压器用于电压质量要求较严的地方，装有自动调压检测控制部分。在电压超出规定范围时可自动对电压进行调整，且调整范围大，可以减少或避免电压大幅度波动，保持电压的稳定和高质量，但其体积大、结构复杂、造价高、检修维护要求高。

（2）无励磁调压变压器。无励磁调压变压器不具备带负载转换挡位的能力，需在变压器停电、停止负载后，再利用无励磁分接开关调整电压。

无励磁调压变压器电压调整的范围较小，相对便宜，体积较小。

1.2

变 压 器 的 基 本 结 构

交流变电站内以油浸式变压器居多，下面主要介绍油浸式变压器的基本结构。

油浸式变压器主要由器身（铁芯、绕组、绝缘、引线）、变压器油、油箱和冷却装置、调压装置（分接开关）、保护装置（呼吸器、气体继电器及测温装置等）、储油柜、出线套管、基座等组成，如图1-4所示。

铁芯是变压器中主要的磁路部分，为提高磁路磁导率和降低铁芯内涡流损耗，通常用表面涂有绝缘漆的热轧或冷轧硅钢片叠装而成。铁芯分为铁芯柱和铁轭两部分，铁芯柱套有绕组；铁轭将铁芯连接起来，起到闭合磁路的作用。

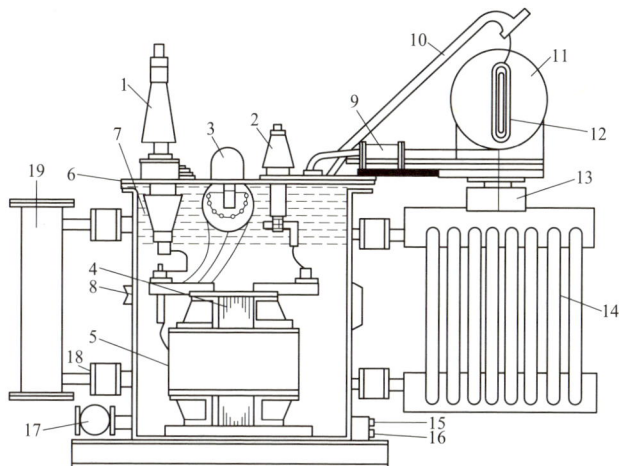

图1-4 油浸式电力变压器的基本结构

1—高压套管；2—低压套管；3—分接开关；4—铁芯；5—绕组；6—油箱；7—变压器油；

8—信号继电器；9—气体继电器；10—防爆管；11—储油柜；12—油位计；13—呼吸器；

14—散热器；15—接地螺栓；16—油样阀门；17—放油阀门；18—蝶阀；19—净油器

绕组是变压器的电路部分，电力变压器绕组线一般采用铜材质，按导体形状可分为圆线、扁线，按绝缘材料可分为纸、漆、玻璃丝等几种。大型电力变压器采用同心式绕组，即将高、低压绕组同心地套在铁芯柱上。同心式绕组按结构不同又可以分为圆筒形绕组、螺旋形绕组、换位导线绕制绕组、连续式绕组、纠结式绕组等。

1.3
变压器的主要电气参数

1.3.1 变压器的铭牌参数

1. 铭牌示例

变压器铭牌标明了变压器的名称、型号、厂家、产品代号、制造年月以及相应的额定参数等基本信息，因此，要了解和掌握一台变压器特征必须正确识别和掌握铭牌标志及其含义，某 500kV 变压器铭牌如图 1-5 所示。

产品型号ODFS—400000/500

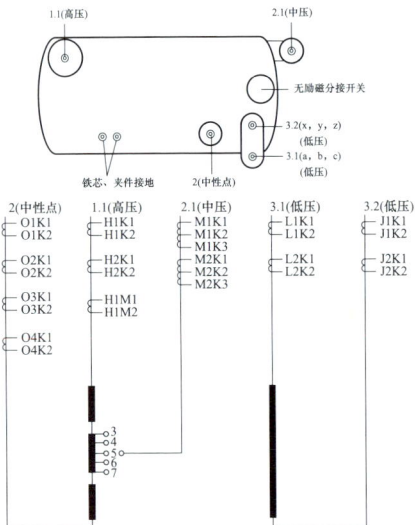

额定容量				相数	单 相	
高压	280/400	MVA		联结组标号	YNa0d11(三相连接后)	
中压	280/400	MVA		冷却方式	ONAN/ONAF(70%/100%)	
低压	84/120	MVA		油顶层温升	50	K
电压组合	515/√3 /230/√3 ±2×2.5%/66	kV		绕组温升	65	K
额定电流	1345/3012/1818	A		使用条件	户外型	
额定频率	50	Hz		耐震强度	地面水平加速度2m/s²	
空载电流	0.03	%		油箱及储油柜		
空载损耗	86.8	kW		真空耐受能力	13	Pa
标准代号	GB/T 1094			出厂序号	G2020166	
				产品代号	X162BA	

制造日期	2022.02	
使用说明书代号	E-2102546	
器重	144	t
绝缘油重	81	t
上节油箱重	186	t
充气运输重		
总重	290	t

运行方式	容量(MVA)	电压(kV)	负载损耗(kW)
高压-中压	400	515/√3-230/√3	535.8
高压-低压	120	515/√3-66	184.0
中压-低压	120	230/√3-66	165.9

短路阻抗(%)(折算到400MVA)	极限正分接	主分接	极限负分接
高压-中压	22.05	21.78	22.04
高压-低压	—	66.95	—
中压-低压	39.03	38.38	38.16

绝缘水平(kV)			
端子记号	AC	LI	SI
1.1	680	1550	1175
2.1	395	950	750
3.1、3.2	140	325	—
2	140	325	—

分接电压(kV)	分接电流(A)	中压线圈联结	
		分接开关	
		位置	连接
241.5/√3	2869	1	2.1-3
235.8/√3	2938	2	2.1-4
230.0/√3	3012	3	2.1-5
224.3/√3	3089	4	2.1-6
218.5/√3	3171	5	2.1-7

套管型电流互感器技术数据							
安装位置	适用	型号	电流比(A)	数量	准确级	负荷(VA)	接线端子
高压	保护用	LRB-500	2000/1	1	5P30	15	1K1-1K2
	测量用	LR-500	2000/1	1	0.2	15	2K1-2K2
	负荷测量用	LR-500	2400/3	1	0.5	25	H1M1-H1M2
中压	保护用	LRB-220	2000/4000/1	1	5P30	15	1K1-1K2/1K1-1K3
	测量用	LR-220	2000/4000/1	1	0.2	15	2K1-2K2/2K1-2K3
中性点	保护用	LRB-66	2500/1	1	TPY, KSSC=20	15	1K1-1K2
	保护用	LRB-66	2500/1	1	TPY, KSSC=20	15	2K1-2K2
	保护用	LRB-66	2500/1	1	5P30	15	3K1-3K2
	测量用	LR-66	2500/1	1	0.2	15	4K1-4K2
低压(3.1)	保护用	LRB-66	4000/1	1	TPY, KSSC=20	15	1K1-1K2
	保护用	LRB-66	4000/1	1	5P30	15	2K1-2K2
低压(3.2)	保护用	LRB-66	4000/1	1	TPY, KSSC=20	15	1K1-1K2
	测量用	LR-66	4000/1	1	0.2	15	2K1-2K2

1.变压器运行时，所有互感器二次侧不得开路且其中一端须可靠接地。
2.变压器油厂商：新疆克拉玛依炼油厂；油号：#25；油基：环烷基。

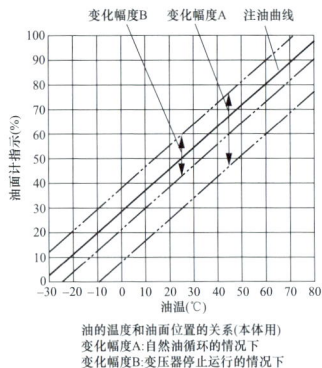

油的温度和油面位置的关系(本体用)
变化幅度A：自然油循环的情况下
变化幅度B：变压器停止运行的情况下

图 1-5 某 500kV 变压器铭牌

其中，变压器型号由字母和数字两部分共同组成，表明变压器的基本类别和结构特点，如图 1-6 所示。

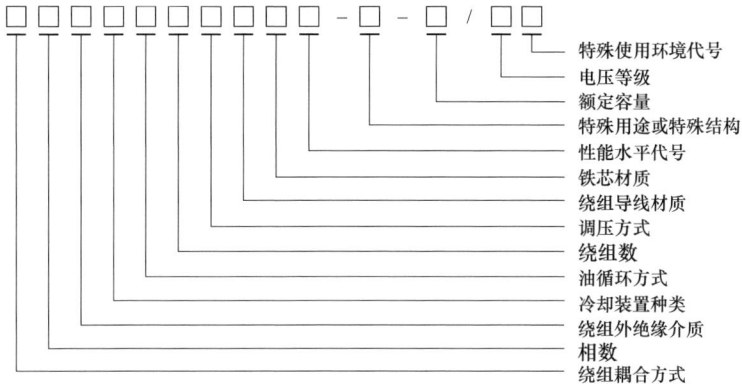

图 1-6　变压器型号的组成形式

电力变压器的分类及其代表符号详见表 1-1。

表 1-1　　　　　　　　　　电力变压器的分类及其代表符号

序号	分类	类别		代表符号
1	绕组耦合方式	独立		—
		自耦		O
2	相数	单相		D
		三相		S
3	绕组外绝缘介质	变压器油		—
		空气（干式）		G
		气体		Q
		浇注式		C
		包绕式		CR
		难燃液体		R
4	绝缘耐热等级	油浸式	A 级	—
			E 级	E
			B 级	B
			F 级	F
			H 级	H
		绝缘系统温度（℃）	200	D
			220	C

续表

序号	分类	类别			代表符号
4	绝缘耐热等级	干式	E 级		E
			B 级		B
			F 级		F
			H 级		H
		绝缘系统温度（℃）	200		D
			220		C
5	冷却装置种类	自然循环			—
		风冷却器			F
		水冷却器			S
6	油循环方式	自然循环			—
		强迫油循环			p
7	绕组数	双绕组			—
		三绕组			S
		双分裂绕组			F
8	调压方式	无励磁调压			—
		有载调压			Z
9	绕组导线材质	铜			—
		铜箔			B
		铝			L
		铝箔			LB
		电缆			DL
		钢铝复合			TL
10	铁芯材质	电工钢片			—
		非晶合金			H
11	特殊用途或特殊结构	密封式			M
		串联用			C
		启动用			Q
		防雷保护用			B
		调容用			T
		高阻抗			K

序号	分类	类别	代表符号
11	特殊用途或特殊结构	地面站牵引用	QY
		低噪声用	Z
		电缆引出	L
		隔离用	G
		电容补偿用	RB
		油田动力照明用	Y
		发电厂和变电站用	CY
		全绝缘	J
		同步电机励磁用	LC
		地下用	D
		风力发电用	F
		三相组合式	H
		解体运输	JT

举例说明，若变压器型号是 ODFS-400000/500，则表示单相自耦风冷三绕组无励磁调压油浸式变压器，容量为 400000kVA，额定电压 500kV。

2. 额定电气参数

额定值是制造厂按照国家标准，对变压器正常使用时的有关参数所做的规定值。在额定值下运行，变压器可保证长期可靠地工作，并具有优良的性能。

（1）额定电压 U_N。变压器的额定电压是指变压器长时间运行时所能承受的工作电压。变压器的一次侧额定电压 U_{1N} 是指变压器额定运行时规定的加到一次绕组的电压；变压器的二次侧额定电压 U_{2N} 是指变压器一次侧加上额定电压而二次绕组空载时二次侧的端电压。额定电压单位为伏（V）或千伏（kV）。三相变压器额定电压指线电压。

（2）额定电流 I_N。变压器的额定电流是指变压器在额定容量、额定电压下运行允许长期通过的电流。变压器的一次侧额定电流 I_{1N} 和二次侧额定电流 I_{2N} 分别是指变压器在额定运行状态下流过一、二次绕组的电流。额定电流单位为安培（A）。三相变压器额定电流是指线电流。

（3）额定容量 S_N。变压器的额定容量是指在制造铭牌规定的条件下、在额定运行状态下所输送的容量。变压器的额定容量是以绕组的额定电压和额定电流的乘积所决定的视在功率来表示，它的单位为伏安（VA）、千伏安（kVA）或兆伏安（MVA）。

单相双绕组变压器额定容量有

$$S_N = U_{1N}I_{1N} = U_{2N}I_{2N} \tag{1-1}$$

三相双绕组变压器额定容量有

$$S_N = \sqrt{3}\,U_{1N}I_{1N} = \sqrt{3}\,U_{2N}I_{2N} \tag{1-2}$$

（4）联结组标号。变压器的联结组标号是用一组字母和钟时序数指示高压、中压（如果有）及低压绕组的联结方式，是表示中压、低压绕组对高压绕组相位移关系的通用标识。

（5）电压比 k。电压比（变比）是指变压器各侧绕组之间电压之比。

（6）空载损耗 P_0。空载损耗又称铁损，是指变压器一个绕组加上额定电压，其余绕组开路，在铁芯中消耗的功率，其中包括励磁损耗和涡流损耗。

（7）空载电流 I_0。空载电流是指变压器在额定电压下空载运行时，一次侧绕组中通过的电流。空载电流以实测的空载电流占额定电流的百分数 $I_0\%$ 来表示，即

$$I_0\% = \frac{I_0}{I_N} \times 100\% \tag{1-3}$$

（8）阻抗电压 U_k 和短路阻抗 Z_k。在额定频率和参考温度下，变压器一侧绕组中通过正弦波形的额定电流，另一侧绕组短路，其他绕组开路时的阻抗称为变压器的短路阻抗 Z_k

$$Z_k = R_k + jX_k \tag{1-4}$$

式中　R_k——短路电阻；

　　　X_k——短路电抗。

此时所加电压值为变压器的阻抗电压 U_k，常用短路电压百分比 $U_k\%$ 来表示短路阻抗

$$U_k\% = \frac{U_k}{U_N} \times 100(\%) \tag{1-5}$$

（9）负载损耗 P_k。负载损耗指在一对绕组中，当额定电流流经一个绕组的线路端子，且另一绕组短路时，在额定频率及参考温度下所吸取的有功功率。此时，其他绕组（如果有）应开路。

在变压器电气参数中，其短路阻抗、变压器联结组别、变压器试验电压和绝缘水平等重要电气参量直接影响着变压器的安全稳定运行。

1.3.2　短路阻抗

短路阻抗决定了一台变压器在系统短路时短路电流的大小，进而决定短路时变压器内部电动力的大小。当变压器满载运行时，短路阻抗的高低对二次侧输出电压的高低有一定的影响，短路阻抗小，电压降小；短路阻抗大，电压降大。当变压器负载出现短路时，短路阻抗小，短路电流大，变压器承受的电动力大，抗短路冲击弱一些；短路阻抗大，短路电流小，变压器承受的电动力小，抗短路冲击强一些。短路阻抗也是计算变压器及上一级输电线路保护定值的重要参数之一。

短路阻抗决定变压器在不同负载时负载端的电压变化，影响电网运行时的电压波动。变压器负荷分配与其额定容量成正比，而与阻抗电压成反比，短路阻抗是决定变压器并列运行的必要条件之一。变压器并列运行必须满足并联变压器的联结组标号相同、额定电压比在每个分接位置相等（误差不超过 0.5%）、短路阻抗接近（误差不超过 10%）、变压器容量比不大于3：1、极性相同、相序相同。其中，前两个条件保证了变压器空载时绕组内不会产生环流；极性和相序相同避免产生短路；容量比不超过 3：1，保证变压器的短路阻抗值相差不致过大；短路阻抗接近保证负荷分配与容量成正比，当两台短路阻抗不同的变压器并列运行时，阻抗电压大的分配负荷小，当这台变压器满负荷时，另一台阻抗电压小的变压器就会过负荷运行，而变压器不允许长期过负荷运行，因此，只能让阻抗电压大的变压器欠负荷运行，这样就限制了总输出功率，能量损耗也增加了，也就不能保证变压器的经济运行。

短路阻抗对变压器中低压侧发生短路时将会产生多大的短路电流起着决定性的作用。变压器中低压母线的短路容量可以通过变压器的额定容量、短路阻抗以及线路的运行方式及相关参数等计算得到。

系统在最大运行方式下，即系统具有最小的阻抗值时的短路容量为最大短路容量；系统在最小运行方式下，即系统具有最大的阻抗值时，发生短路后具有最小短路电流值时的短路容量为最小短路容量。

1.3.3　变压器损耗与节能

变压器一经通电，空载损耗即存在。变压器的空载损耗和负载损耗在规定测试条件下的允许最高限值，称为变压器的能效限定值。变压器的能效等级分为 3 级，其中 1 级能效最高，损耗最低。变压器能效标准参见 GB 20052—2020《电力变压器能效限定值及能效等级》的规定。

随着国家绿色低碳的节能要求越来越高，降低变压器的损耗和运行成本，尤其是降低空载损耗，是考虑降损节能的重要方面。今后针对高耗能变压器的治理工作，将是环保节能、实现双碳目标的重要组成部分。

1.3.4　变压器的联结组别

1. 联结组别的基本原则

变压器一次电压与二次电压相位差关系称为变压器联结组别，它按照一次、二次绕组的绕向及首尾端标号、连接的方式而定，并以时钟针形式排列为 0~11 共 12 个组别。

星形联结，又叫作 Y 联结或星结，三相变压器的每个相绕组的一端或组成三相组的单相变压器的三个具有相同额定电压绕组的一端连接到一个公共点（中性点），而另一端连接到相应的线路端子，如图 1-7（a）所示，当有中性点引出时，用 YN（yn）表示，如图 1-7（b）所示。

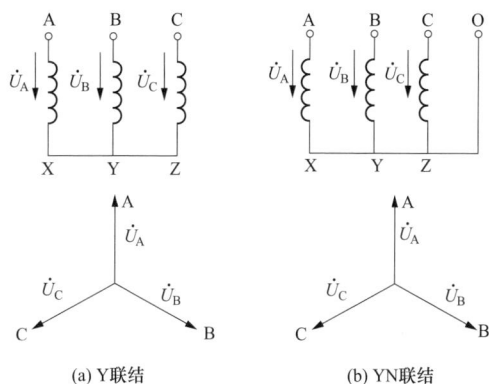

(a) Y联结   (b) YN联结

图 1-7　星形联结

三角形联结，又叫作 D 联结或角结，三相变压器的三个相绕组或组成三相组的单相变压器的三个具有相同额定电压的绕组相互串联连接成一个闭合回路，如图 1-8 所示。

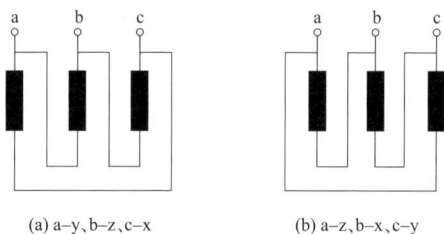

(a) a−y、b−z、c−x   (b) a−z、b−x、c−y

图 1-8　三角形联结

开口三角形联结，三相变压器的三个相绕组或组成三相组的三台单相变压器的三个具有相同额定电压的绕组相互串联连接，但三角形的一个角不闭合。

曲折形联结，又叫作 Z 形联结，三相变压器的每个相绕组包括两部分，第一部分联结成星结，第二部分绕在与第一部分不同的芯柱上，并接到第一部分上。有中性点引出时，用 ZN（zn）表示，如图 1-9 所示。

变压器高压绕组、中压绕组、低压绕组的字母标识应按额定电压递减的顺序标注，不考虑功率流向。在中压绕组及低压绕组的联结组字母后，紧接着标出其相位移钟时序数，表示高中压间、高低压间的相位差。

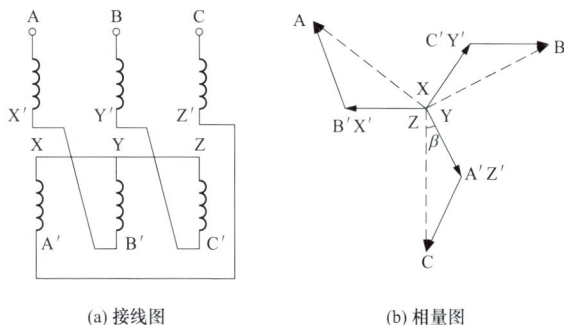

(a) 接线图　　　　　　　　(b) 相量图

图 1-9　曲折形联结

用钟时序数标志相位移，高压绕组联结图在上，低压绕组联结图在下（感应电压方向在绕组上部），高压绕组相量图以 A 相指向 12 点钟为基准，低压绕组 a 相的相量按联结图中的感应电压关系确定。钟时序数就是低压相量指向的小时数。相量的旋转方向是逆时针方向，相序为 A-B-C。开口绕组没有钟时序数。

单相变压器的一组相绕组中，用大写字母 I 表示高压绕组，用小写字母 i 表示中压绕组和低压绕组。

对于自耦联结的一对绕组，电压较低绕组的符号用 auto 或 a 代替。

变压器的联结组别应符合设计要求，应与铭牌上的标记和外壳上的符号相符，不符时应查明原因。两台变压器并列运行时，变压器的联结组标号应相同。

2. 常见的联结组别

当变压器的一次和二次均采用星形联结时，可以得到时钟上偶数的接线组别；当变压器的一次和二次分别采用星形联结和三角形联结时，可以得到时钟上奇数的接线组别。

一般而言，变压器的 Yd 接法最为常用，因为三次谐波电流能在三角形联结绕组中通过，从而有效抑制主磁通的三次磁通分量，使波形接近正弦。在上海电网中，500kV 及以上三相变压器组往往在铭牌上显示自耦特征的

"Ia0i0"，实际的接法通常与 220kV 同样为 YNyn0d11，而 35kV 等级变压器则通常使用 Dy11 接法。

对于 110kV 等级变压器，通常采用 YNyn10d11 接法，主要因为 Yy 接法中不对称运行产生的零序磁通和系统中三次谐波磁通不能在铁芯中闭合，此两种磁通将进入相邻的油箱箱壁和夹件中，产生涡流损耗，因此增加了一个日常并不参与电压电流转换、闭合的单匝三角形绕组（d 形绕组），以消除三次谐波电压，降低三次谐波磁通造成的涡流损耗，同时也能起到稳定 Y 形绕组中性点电位的作用。

1.3.5 变压器的试验电压和绝缘水平

变压器的绝缘特性由设备最高电压 U_m 及其额定绝缘水平确定。设备最高电压即三相系统中相间最高电压的方均根值，额定绝缘水平可以通过一组绝缘试验来验证，主要包括雷电冲击试验、操作冲击试验、外施耐压试验、线端交流耐压试验、感应耐压试验、带有局部放电测量的感应电压试验等。

其中，雷电冲击试验可以考核变压器耐受雷电过电压的绝缘性能。在电力系统的运行过程中会出现各种过电压的情况，而用雷电全波、截波作为模拟雷电波的标准冲击波形，可以考核变压器主绝缘的电气绝缘强度。

电力系统中运行的变压器除了长时间受工频电压和短时大气过电压的作用外，还经常受到操作过电压的作用，为了保证电力系统的安全运行就要对变压器进行耐受操作过电压能力的试验。

外施耐压试验可以考核全绝缘变压器主绝缘电气强度，而感应耐压试验可以考核全绝缘变压器纵绝缘。对于分级绝缘变压器来说其主绝缘、纵绝缘均可由感应耐压试验进行考核。

变压器各绝缘试验缩写及试验目的见表 1-2，具体可参见 GB/T 1094.3—2017《电力变压器 第 3 部分：绝缘水平、绝缘试验和外绝缘空气间隙》的规定。

表 1-2   变 压 器 的 绝 缘 试 验

英文缩写	中文全称	说　明
LI	线端雷电全波冲击试验	用来验证设备在运行过程中耐受瞬态快速上升典型雷电冲击电压的能力，验证被试变压器的雷电冲击耐受电压强度，冲击波施加于线端。该试验包含高频电压分量，与交流电压试验不同，在绕组中产生的冲击分布是不均匀的
LIC	线端雷电截波冲击试验	用来验证设备在运行过程中耐受某些高频冲击的能力，包括全波冲击和产生电压急剧变化的波尾截断冲击。截波冲击试验与全波冲击试验相比，其电压峰值更高，频率也更高
LIN	中性点端子雷电冲击试验	用来验证中性点端子及它所连接的绕组对地及对其他绕组以及被试绕组纵绝缘的雷电冲击耐受强度
SI	线端操作冲击耐压试验	用来验证设备在运行过程中耐受与开关操作相关的典型的上升时间缓慢瞬态电压的能力，用来验证线端和它所连接的绕组对地及其他绕组的操作冲击耐受强度，同时也验证相间和被试绕组纵绝缘的操作冲击耐受强度。此试验为单相试验，感应电压分布在变压器所有绕组上，在被试相线端施加电压，其他线端开路，被试相线端电压近似按匝比确定。被试相绕组电压分布与该绕组施加感应电压试验相似
AV	外施耐压试验	用来验证线端和中性点端子以及和它所连接的绕组对地及对其他绕组的交流电压耐受强度，试验电压施加在绕组所有的端子上，包括中性点端子，因此不存在匝间电压
LTAC	线端交流耐压试验	用来验证每个线端对地的交流电压耐受强度，试验时电压施加在一个或多个绕组线端，本试验允许分级绝缘变压器线端施加适合该线端的电压
IVW	感应耐压试验	用来验证线端和它所连接的绕组对地及对其他绕组的交流耐受强度，同时也验证相间和被试绕组纵绝缘的交流电压耐受强度。试验接线按照变压器运行工况进行，试验中对称电压出现在线端和匝间，中性点没有电压。三相变压器采用三相电压进行试验

续表

英文缩写	中文全称	说　明
IVPD	带有局部放电测量的感应电压试验	用来验证变压器在正常运行条件下不会发生有害的局部放电。以与运行同样的方式在变压器上施加试验电压。试验中对称电压出现在线端和匝间，中性点没有电压，三相变压器采用三相电压进行试验
AuxW	辅助接线的绝缘试验	用来验证不与变压器绕组连接的变压器辅助接线的绝缘
LIMT	在两个或更多端子同时进行的雷电冲击试验	用来验证变压器耐受两个或更多端子同时遭受雷电冲击时内部电压上升的能力。该试验仅适用于一些具有串接绕组在运行中短接的特殊变压器（例如带有载旁通路的移相变压器）或是在运行中存在两个或更多的端子同时遭受冲击的变压器

1. 油浸式变压器的额定耐受电压水平

不同电压等级油浸式变压器绕组的试验电压水平见表 1-3，分级绝缘变压器中性点端的试验电压水平见表 1-4。

表 1-3　　　　不同电压等级油浸式变压器绕组的试验电压水平　　　　kV

系统标称电压（方均根值）	设备最高电压 U_m（方均根值）	雷电全波冲击（LI）（峰值）	雷电截波冲击（LIC）（峰值）	操作冲击（SI）（峰值，相对地）	外施耐压或线端交流耐压（AV）或（LTAC）（方均根值）
35	40.5	200	220	—	85
66	72.5	325	360	—	140
110	126	480	530	395	200
220	252	850	950	650	360
		950	1050	750	395
500	550	1425	1550	1050	630
		1550	1675	1175	680
1000	1100	2250	2400	1800	1100

表 1-4 分级绝缘变压器中性点端的试验电压水平 kV

系统标称电压 （方均根值）	中性点端的设备 最高电压 U_m （方均根值）	中性点接地方式	雷电全波冲击 （LI）（峰值）	外施耐压 （AV）（方均 根值）
110	52	不直接接地	250	95
	72.5		325	140
220	40.5	直接接地	185	85
	126	不直接接地	400	200

2. 干式变压器的额定耐受电压水平

不同电压等级干式变压器的绝缘水平见表 1-5。

表 1-5 不同电压等级干式变压器的绝缘水平 kV

标称系统电压 （方均根值）	设备最高电压 U_m （方均根值）	额定短时外施耐受电压 （方均根值）	额定雷电冲击耐受电压（峰值）	
			组Ⅰ	组Ⅱ
10	12	35	60	75
35	40.5	70	145	170

1.4

变 压 器 的 冷 却 方 式

变压器运行时会产生一定的铁损、铜损以及其他形式的损耗，产生的各种损耗会转变成热量存在于变压器内部，使变压器内部温度升高，缩短变压器的寿命。一般油浸式电力变压器采用 A 级绝缘，最高允许温度为 105℃，当温度超过极限容许值时，每升高 8℃，寿命缩短一半。为了保证变压器能够长期安全运行，需要对变压器实施冷却。

变压器的冷却方式是由冷却介质和循环方式决定的，由于油浸式变压器还分为油箱内部冷却方式和油箱外部冷却方式，因此油浸式变压器的冷却方式是由四个字母代号表示的，其编码和含义见表1-6。

表1-6　　　　　　　　油浸式变压器冷却方式的编码和含义

编码字母			描　　述
内部	第一个字母 （与绕组接触的 内部冷却介质）	O K L	矿物油或燃点大于300℃的合成绝缘液体 燃点大于300℃的绝缘液体 燃点不可测出的绝缘液体
	第二个字母 （内部冷却介质 的循环方式）	N F D	流经冷却设备和绕组内部的液体流动是自然的热对流循环 冷却设备中的液体流动是强迫循环，流经绕组内部的液体流动是热对流循环 冷却设备中的液体流动是强迫循环，且至少在主要绕组内的液体流动是强迫导向循环
外部	第三个字母 （外部冷却介质）	A W	空气 水
	第四个字母 （外部冷却介质 的循环方式）	N F	自然对流 强迫循环（风扇、泵等）

目前油浸式电力变压器常用的冷却方式有油浸自冷（ONAN）、油浸风冷（ONAF）、强迫油循环风冷（OFAF）、强迫油循环水冷（OFWF）、强迫导向油循环风冷（ODAF）和强迫导向油循环水冷（ODWF）。

1.4.1　油浸自冷（ONAN）

油浸自冷依靠变压器油的自然对流作用，不断的将其中产生的热量带动至油箱以及散热器油管的内壁，借助油箱外壁表面或散热器将变压器产生的热量辐射到周围空气中，在空气对流以及空气热量传导的作用下将热量散发，这样的冷却系统没有特别制备的冷却设备，不需要风扇电源，噪声较小，随着技术进步，目前已应用至 500kV 等级。

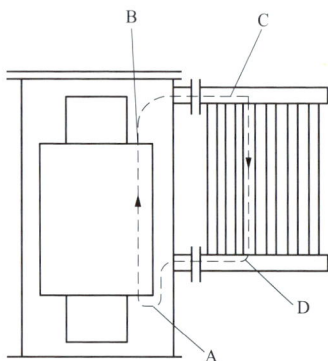

图 1-10　油浸自冷变压器冷却油路

油浸自冷变压器的冷却油路如图 1-10 所示，变压器油箱内部的变压器油被器身加热，密度降低，在油箱内部油流上升，在 B 点从绕组流出，从 B 点到 C 点，油通过箱盖和箱壁轻微冷却，从 C 点进入散热器中，通过散热装置将热量传出，温度下降，密度增加，变压器油流下降，从 D 点流出，再到 A 点进入绕组，然后又被器身加热，如此循环。在循环过程中，油的流动完全由密度变化引起的浮力形成。

1.4.2　油浸风冷（ONAF）

大型变压器仅利用增加散热面积来降低温升往往达不到目的，因此油浸风冷式的冷却系统的工作原理是在油浸自冷工作原理的基础上，在油箱的壁面或散热器上加装风扇，油在油箱内是自由循环的，而冷却空气通过风扇吹向散热器，经过风扇吹风机和散热器的作用，由于空气的流动速率比较高，空气侧散热效率升高，油流速度提高，帮助变压器进行冷却，换热性能得以提升。这样，在散发相同热量情况下，空气侧只需较低的温度，变压器冷却效果较油浸自冷更好。油浸风冷的冷却风机既可以垂直送风，也可以水平方向送风。

1.4.3　强迫油循环风冷（OFAF）

大型变压器损耗大，需要传导的热量多，为了提高散热效率，可以采用强迫油循环冷却。其原理是利用油泵将油箱中的热油经过管道抽到油箱以外的油冷却器中，经过冷却后再送回到变压器油箱里，与绕组接触的介质是强制流动的空气或绝缘液体，从而形成了强迫油循环。利用油泵可以提高变压器油回路中油的流速，并克服提高油的流速后增加的油的阻力，提高油侧的传热能力。这样，同容量的变压器可以减少体积，如果体积相同时，可以增加容量。

冷却器用风冷的方式把热量带走即为强迫油循环风冷。图 1-11 为强迫油循环风冷的冷却油路原理示意图，冷却器中的变压器油通过油泵送入变压器油箱的下部后，油分为 a、b 两个支路流动，而且相当大一部分变压器油是在油箱与绕组之间的空间 b 支路流动，这部分变压器油在油泵的作用下、在温度几乎不变的情况下向上流动到油箱的上部 B′点，与流经 a 支路并从绕组顶部 B 流出的热油相混合，使得从绕组顶部到油箱盖的空间充满了混合油，混合油的温度比流经绕组并且刚刚离开绕组顶部的热油温

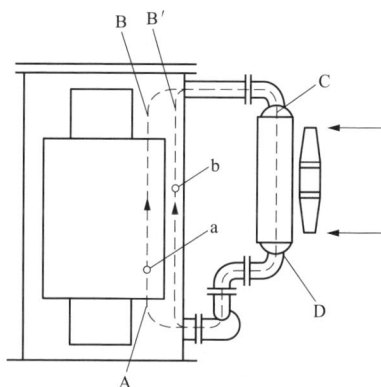

图 1-11　强迫油循环风冷
变压器冷却油路

度要低，混合油进入冷却器，变压器油在冷却器中得到冷却，再通过油泵送入变压器油箱的下部。

变压器在强迫油循环风冷方式下，从油箱顶部测量得到的变压器顶层油的温度即为这种混合油的温度；变器油进入绕组与离开绕组的温差（油温度上升值），同变压器油进入冷却器与离开冷却器的温差（油温度下降值）不再相等。而且，变压器绕组内部的油仍是按照自然对流方式循环，绕组内部的热交换过程受油泵的影响很小，油流速度变化小，而热油在冷却器中的流速则大大增加，冷却加强，进入绕组下部的油流温度更低。

1.4.4　强迫油循环水冷（OFWF）

与强迫油循环风冷原理类似，强迫油循环水冷在变压器上配置水冷却装置，使用水冷作为冷却方式，由油泵、滤油器等组成的水冷却器与油箱相连，在水冷却器内部通有冷却水，外部流过热油，冷却水将油的热量带走，然后从排水管内排出，使热油得到冷却。变压器的上层热油由油泵抽出，经过水冷器冷却后，从油箱下部流回变压器，冷却变压器的铁芯和绕组，油受热后温度升高，热油再次流到变压器的顶部并被抽出。这种冷却方式存在一定的局限，因为其只能冷却表面的温度，不能冷却内部的温度，无法实现良好的散热冷却效果，且水冷容易发生渗漏现象，在温度低时还易冻坏管道，所以水冷方式应用较少。

图 1-12 为上海某 500kV 强迫油循环水冷变压器的油水热交换器。图 1-13 为上海某地下变电站地下 220kV 变压器的油水热交换器，图 1-14 为地面水冷器，地下变压器采用强迫油循环水冷方式，每台变压器配置 2 台额定运行和 1 台备用油水热交换装置、2 台水冷却器，冷却水通过水泵打上地面进行循环冷却，但其仍存在滴漏、冷却水需定期更换等问题，维护量较大，且水冷却器寿命短于变压器寿命。

图 1-12　上海某 500kV 强迫油循环水冷
变压器的油水热交换器

图 1-13　上海某地下变电站地下
变压器的油水热交换器

图 1-14 上海某地下变电站地下变压器的地面水冷器

1.4.5 强迫导向油循环风冷（ODAF）和强迫导向油循环水冷（ODWF）

强迫油循环冷却方式的变压器，绕组的冷却基本和自然循环时相同，其大部分油流通过油箱壁和绕组之间的空隙，只有很少的油流通过绕组和铁芯表面，存在变压器内部温度分布不均匀的缺点。为进一步提高器身的传热能力，对于大型变压器可以采用强迫油循环导向冷却，即在高、低压绕组和铁芯内部设有一定的油路，使流入油箱内的冷却油流全部通过绕组和铁芯的内部表面而流出，从而改善上、下热点温差，提高散热效率。

图 1-15 为变压器强迫导向油循环冷却方式冷却原理示意图，冷却器中的变压器油通过油泵直接送入变压器的器身。由于绕组中的变压器油是按照设定的油流路径强迫循环，因而绕组中的油流速度远高于其他任何冷却方式，绕组中油流速度的提高使表面

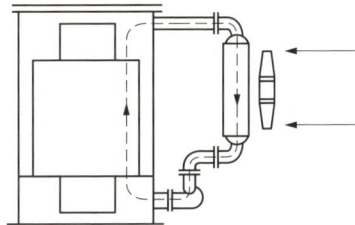

图 1-15 变压器强迫导向油
循环冷却的冷却原理示意图

的放热系数大大提高，绕组冷却效果更好，绕组平均温升与热点温升之间的温差降低。该冷却方式下，绝大部分变压器油都在流经绕组等发热元件后进入冷却设备，从油箱顶部测量得到的变压器顶层油温度几乎就是从绕组顶部流出的变压器油的温度。

需要特别注意的是，绕组内部的油流速度也是有一定限度的，因为流速过高可能会引起油流静电放电。

1.5

变压器的布置方式

由于变压器本体、散热器的布置方式和距离会影响变压器的散热能力和运行性能，同时考虑到大中型城市日益紧张的土地资源、变压器噪声问题、变电站的空间利用率等因素，变压器及其散热器的布置方式需在变电站建设中重点考量。

1.5.1 户外一体式

变压器本体与散热器一体式布置，具有占地面积小、建设投资少、检修工作量小等优点，但相对于分体式布置，户外一体式变压器的发热量集中且散热困难，若通风降温系统设计不合理，在夏季用电高峰期极易导致主变压器油温过高从而引发电力故障。上海地区户外敞开式变压器多采用该布置方式，如图 1-16 所示。

1.5.2 户内水平分体式

户内水平分体式变压器的散热器通过油管与本体相连，本体一般被封闭在单独的房间中，以隔绝噪声。由于散热器、本体处于同一水平面上，相对于上下分体布置，水平分体布置时油压比较小，制造和维护成本也会相对减少。上海地区地上室内站主变压器多采用该布置方式，如图 1-17 所示。

图 1-16　户外一体式变压器

图 1-17　户内水平分体式变压器

1.5.3　户内上下分体式

户内上下分体式变压器本体布置在独立的变压器室内，散热器布置在变压器室斜上方或上方。采用上下分体布置后，不仅可以节省散热器的占地面积，还能充分利用变压器室的上方空间。上海地区地下或半地下变电站主变压器多采用该布置方式。

1.6

变压器的附件及辅助系统

变压器的附件及辅助系统对变压器的运行和维护至关重要，下面以油浸式电力变压器为例，介绍变压器的主要附件及辅助系统。

1.6.1　套管和套管电流互感器

变压器的套管是将变压器内部的高、低压引线引到油箱外部的出线装置，既可以固定引线，也能保证引出线与引出线之间、引出线与油箱之间的绝缘。

套管由带电部分和绝缘部分组成。带电部分包括导杆、导电管、电缆或铜排。绝缘部分分为外绝缘和内绝缘，外绝缘为瓷套或复合外套，内绝缘为变压器油、附加绝缘和电容型绝缘等。

1. 瓷绝缘套管

单体瓷绝缘导杆式套管主要用于 35kV 及以下电压等级中。单体瓷套管只有一个瓷套，中间有固定台，用卡装法兰和压钉固定在油箱上，伞裙的数量根据电压等级来确定，单体瓷绝缘导杆式套管的导电杆定位钉应插在瓷套定位槽内以防转动。600A 以上的导杆套管的头部有放气孔，安装时应放气，使套管内腔充满变压器油，所有的瓷绝缘套管都要求储油柜的油面应高于套管。

2. 电容式套管

电容式套管是利用电容分压原理来调整电场，使径向和轴向电场分布趋于均匀，从而提高绝缘的击穿电压。电容式套管根据材质及制造方法不同可分为胶纸电容式套管和油纸电容式套管等。出于制造成本等因素考虑，目前 66kV 及以上电压等级的变压器普遍使用油纸电容式套管。典型的油纸电容式套管结构如图 1-18 所示，外观如图 1-19 所示。

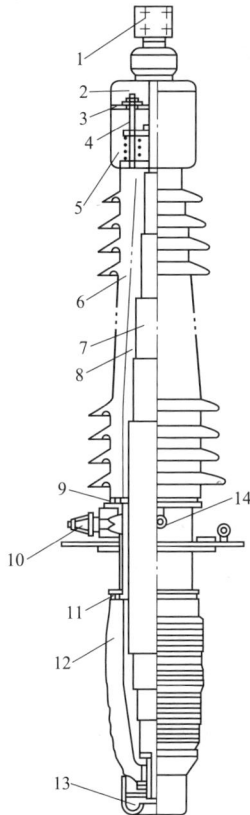

图 1-18　典型油纸电容式套管结构图

1—接线头；2—均压罩；3—压圈；4—螺栓及弹簧；5—储油柜；6—上节瓷套；

7—电容芯子；8—变压器油；9、11—密封垫圈；10—末屏；

12—下节瓷套；13—均压罩；14—放油塞

图 1-19　典型油纸电容式套管外观图

油纸电容式套管由电容芯子、上下瓷套、连接套管及其他固定附件组成，内绝缘是电容式油纸结构，油纸电容芯子由高压电缆纸和导电铝箔组成，在套管中心，铜导电管处于额定电压电位，铜导电管外紧密地绕包一定厚度的绝缘层，在绝缘层外面绕包一定厚度的铝箔层（又称电容屏），然后再绕包一定厚度的绝缘层，再绕包一层铝箔，如此交替地继续紧密绕包下去，直到所需要的层数为止，在运行中相当于多个电容器串联，其最外侧接近接地法兰处的一层铝箔（又称末屏）是接地的，即电位由中心的最高电位降到最外侧的地电位。导电管对地的电压应等于各电容屏间的电压之和，而电容屏之间的电压与其电容量成反比，因此可以在制造时控制各串联电容的容量，使得全部电压较均匀地分配在电容芯子的全部绝缘上，从而可以使套管的径向和轴向尺寸减小，质量减轻。电容芯子需要经过严格的真空处理，处理合格并经过检测表明密封良好后，再进行压力浸油处理。对于电容型套管，一定要保证套管末屏接地，否则会产生悬浮电位，影响套管绝缘，甚至发生放电、爆炸事故。

油纸电容式套管为全密封结构，通过强力弹簧压紧及密封件等保证整体连接不发生渗漏油。套管上部的接线头将变压器绕组引线连接到外部电力线路上。上部瓷套设计成伞裙形状以提升套管的爬电距离。套管储油柜用于补偿套管内部变压器油随温度变化引起的体积变化，上方设有观察油面变化的油位指示器，方便观察套管内的油位。

套管中间接地法兰上设有测量端子或电压抽头，测量端子是从电容芯子最外一层电容屏通过绝缘套管引出的，该层电容屏（末屏）主要用来测量电容套管的介质损耗因数和电容量。在局部放电测量时，用该电容屏对中间法兰的电容和电容芯子的主电容形成分压器，用来测量变压器的局部放电量，该端子对地电容比较小，且受变压器布置的影响。电压抽头区别于测量端子的不同在于，电压抽头是从套管的最外第 2 层屏通过绝缘套管引出的，其对地电容比较大，可以输出一定功率。

油纸电容式套管的导电结构具体又可分为穿缆、导杆式、拉杆式结构。

其中穿缆结构套管如图 1-20 所示，变压器绕组引线利用电缆穿过套管的铜管，上端和接线头连接引出。

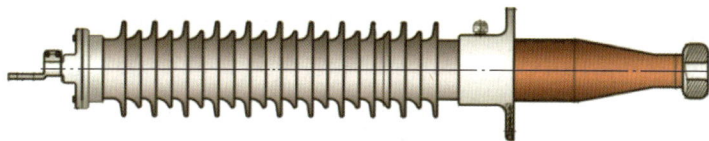

图 1-20　油浸式穿缆电容套管

导杆式套管如图 1-21 所示，其导电连接是绕组引线在套管的下部均压罩内直接和下部接线头连接，不使用电缆通过铜管，电流直接由铜管传导。

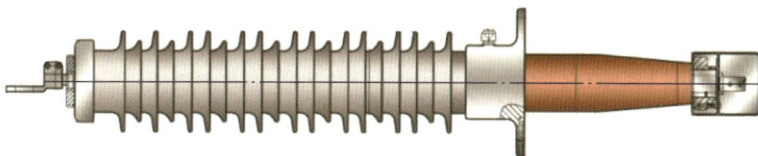

图 1-21　油浸式导杆电容套管

拉杆式套管如图 1-22 所示，将套管的中心铜导管用做导通电流的载体，由带电缆连接片的绕组引出线用螺栓固定在套管底部的连接座上，连接座由一根细钢制拉杆与套管中心铜导管紧密接触，形成电流通路，钢制拉杆正常时不通电流，仅起拉紧作用。

拉杆式套管最大的优点在于在现场安装时可不用进入变压器内工作。套管的拉杆在安装法兰高度处被分开成两部分，在变压器运输和存放时，带有连接座和屏蔽罩的拉杆下部能被固定在法兰

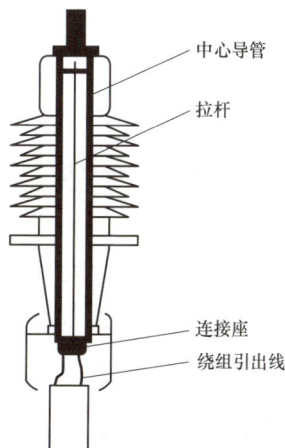

图 1-22　拉杆式套管结构图

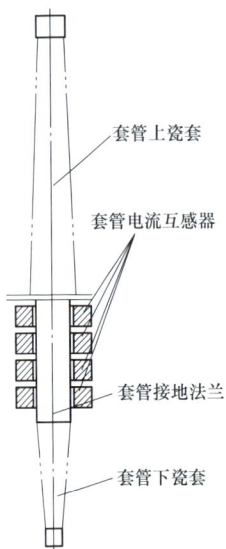

图 1-23　变压器套管电流
互感器

盖板上，安装套管时，把法兰盖板打开，将被软绳子拉着的拉杆上部穿进套管后与拉杆下部连接，然后将套管降低落入变压器。

3. 套管电流互感器

套管电流互感器主要用于变压器的测量和保护，根据使用要求的不同，电流互感器可分为测量用电流互感器和保护用电流互感器。

套管电流互感器一般配合油浸式变压器的高压瓷套管使用，安装在套管的接地法兰处（套管升高座内），如图 1-23 所示，互感器的绝缘介质是变压器油，互感器对地的绝缘由高压套管承受，套管电流互感器的一次电流是通过套管的电流，二次电流很小。

1.6.2　油箱

油浸式变压器油箱是变压器器身的外壳，具有容纳器身、充注变压器油及散热冷却的作用。作为变压器油的容器，油箱要求密封性好，做到不渗漏油。变压器渗漏主要由两方面原因引起：①焊缝渗漏，这取决于焊接结构设计和焊接工艺水平；②密封渗漏，这取决于密封面的结构、密封材料的质量和安装工艺水平等方面。同时作为变压器的外壳，油箱应具有必要的机械强度，它除了能承受变压器器身重量和所承载的其他附件的重量外，大型变压器还要能承受其所对应真空度的要求。

变压器油箱的结构形式一般有钟罩式、桶式、波纹式等。

1. 钟罩式

钟罩式油箱的箱沿设计在下部，一般距箱底 250~400mm，上节油箱做成钟罩形，用螺栓将上、下节油箱连接在一起，中间加密封胶条。这种结构形式的油箱便于在现场进行吊罩和器身检查维修，但由于箱沿密封面位于下部，对于密封处理的要求较高，近年来已较少开展主变压器的现场吊罩维修。

钟罩式油箱还可以分为拱顶式油箱、平顶式油箱和梯形顶式油箱三种，如图 1-24 所示。拱顶式油箱和平顶式油箱一般用于电压等级 110kV 以下变压器，且近几年平顶式油箱有取代拱顶式油箱的趋势，梯形顶式油箱多用于 220kV 以上变压器。

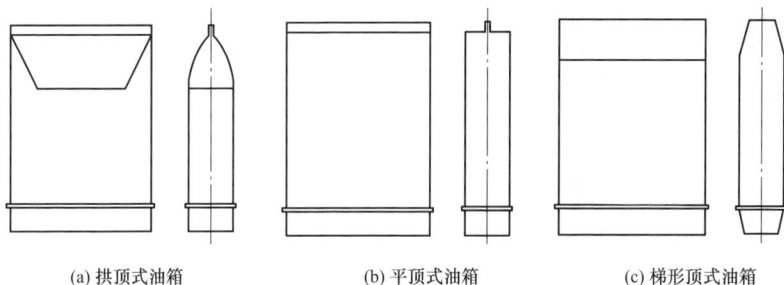

(a) 拱顶式油箱   (b) 平顶式油箱   (c) 梯形顶式油箱

图 1-24　钟罩式油箱基本结构示意图

2. 桶式

桶式油箱近年来得到越来越多的应用，因其箱沿设计在油箱顶部，密封处理较为便利，箱盖与箱沿一般用螺栓连接，也可做全焊接处理。容量小的产品常采用平盖，容量大的产品采用梯形盖，桶式油箱基本结构形式如图 1-25 所示。

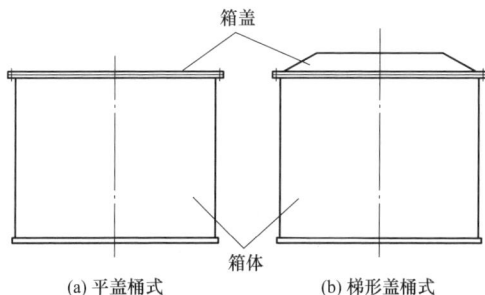

箱盖

(a) 平盖桶式   箱体   (b) 梯形盖桶式

图 1-25　桶式油箱基本结构示意图

3. 波纹式

波纹式油箱主要用于容量小的产品，其箱壁外侧焊有凸起的波纹栅，如

图 1-26　波纹式油箱实物图

图 1-26 所示。在几个凸起部位的对应箱壁的上、下部分都开有导油孔用以导油，波纹栅代替扁管式和片式散热器，用来散热和调整变压器内部压力。

1.6.3　分接开关

变压器在正常运行时，考虑到电压变化、保证电压质量，需要对变压器进行调压，改变其变比，故变压器必须有一侧绕组具有所需的几个分接抽头以改变该绕组运行的匝数，从而达到改变变压器变比的目的。

连接以及切换变压器分接抽头的装置称为分接开关，分接开关一般装设在高压侧，分为无励磁分接开关和有载调压分接开关两种。

如果切换分接头时必须先将变压器从电网中退出来，即不带电切换，称为无励磁调压或无载调压。这种分接开关称为无励磁分接开关或无载调压分接开关。

如果切换分接头时不需要将变压器从电网中退出，即在保证不切断负荷电流的情况下，带着负载切换，则称为有载调压。这种分接开关称为有载调压分接开关。随着对供电质量要求的提升，有载调压应用更加广泛，以保证实现不停电调压。

无励磁分接开关和有载分接开关均是变压器的重要部件，必须操动灵活，分接位置准确，接触良好，绝缘性能可靠。统计表明在变压器的故障中，分接开关故障占很大的比例。

1. 无励磁分接开关

无励磁分接开关按结构形式可以分为鼓形、楔形、笼形、条形和盘形等。鼓形结构无励磁分接开关一般用于绕组中部调压，开关的静触头柱为圆柱形，动触头是圆环形，触头压力由动触头相对中心轴的位移大小决定，动触头有自行定位于稳定工作位置的功能。

楔形结构无励磁分接开关的动触头是楔形的，利用圆柱形弹簧压紧，动触头在正确位置时开关接触良好，接触电阻较稳定，触头过热的情况要比鼓形无励磁分接开关少，但自行定位功能较差，当设计安装不当或存在制造缺陷时，易造成动触头位置不准确、接触电阻过大。

笼形结构无励磁分接开关通常有多根绝缘柱，在其上端部和下端部有金属法兰将绝缘柱连成一体，法兰中心部位有旋转轴，其上装有夹片形的动触头，转动中心的绝缘轴可以带动动触头转动用以调节分接位置。触头弹簧是圆柱形螺旋弹簧，压力稳定，接触可靠。

条形结构无励磁分接开关的定触头安装在长条形的绝缘柱或绝缘板上，布置成一排，动触头沿绝缘柱方向做线性机械运动从而改变分接位置。

盘形结构无励磁分接开关的定触头安装在圆盘形的绝缘件上，动触头在圆盘的中心旋转从而改变分接，常用在 Y 联结绕组的中性点调压，一般电压不高于 35kV。

另外，无励磁分接开关按调压部位可以分为中性点调压、中部调压和线端调压三种。

中性点调压是将调压分接区布置在 Y 联结绕组的中性点处，如图 1-27 （a）和图 1-27 （b）所示。图 1-27 （a）分接区位于绕组的末端，常用于 35kV 及以下多层圆筒式高压绕组，图 1-27 （b）中性点反接调压常用于 15kV 及以下连续式绕组。

绕组中部调压如图 1-27 （c）和图 1-27 （d）所示，一般用于 35kV 及以上高压绕组，在电压等级为 110kV 及以上时，由于相间绝缘要求，无励磁分接开关常做成单相结构，电压为 220kV 及以上的高压绕组通常是中部出线，上部和下部并联，分接线并联后再接到开关。

无励磁分接开关应配备安全装置防止误操作或非授权人员操作。当无励磁分接开关配有电动驱动机构时，电动控制回路中应有电气互锁。无励磁分

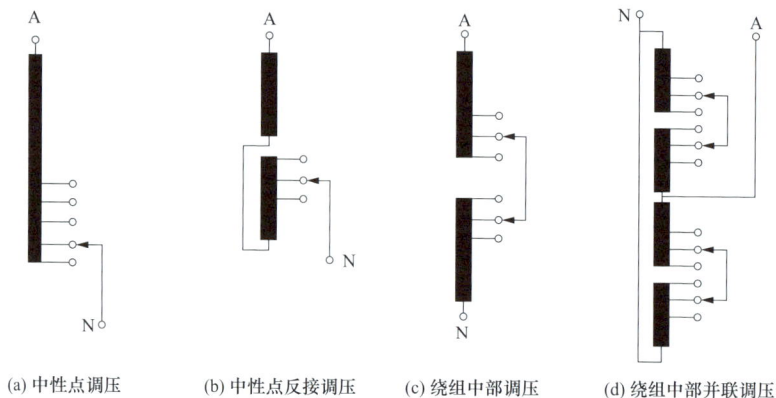

(a) 中性点调压　　　(b) 中性点反接调压　　　(c) 绕组中部调压　　　(d) 绕组中部并联调压

图 1-27　无励磁分接开关的分接位置和调压方式

接开关或其驱动机构（手动或电动）应配有终端位置机械限位，以防止超越第一和最后分接位置。

2. 有载分接开关

有载分接开关可以实现带负荷切换，所以必须有可以切断电流的触头。有载分接开关采用了过渡电路、选择电路和调压电路，通常由一个带过渡阻抗的切换开关和一个能带或不带范围开关的分接选择器所组成，整个开关是通过驱动机构来操作的，在有些形式的分接开关中，切换开关和分接选择器的功能被结合成为一个选择开关。过渡电路仅在调压时接入，调压完成后切除，过渡电路可采用电阻或电抗等，其中电阻式因其材料消耗少、体积小、燃弧时间短、弧触头寿命长等原因被普遍使用。

举例说明分接开关工作原理，如图 1-28 所示，假设需要将分接开关从分接选择器 S2 的分接 2 转移到分接选择器 S1 的分接 1，操作过程如下：

（1）分接选择器 S1 从分接 3 调到分接 1，分接选择器的动触头由位置 3 移到位置 1，由于分接 3 中不通过电流，分接选择器 Sl 的触头 3 不需要切断电流。

（2）图 1-29 表示切换开关的动作过程。切换开关原始位置在 S2，接触静触头是 3 和 4，如图 1-29（a）所示，接下来动触头动作，断开静触头 4，动触头断开电流 I，接触静触头只接触静触头 3，电流通过静触头 3 和过渡电阻

器 R，如图 1-29（b）所示。

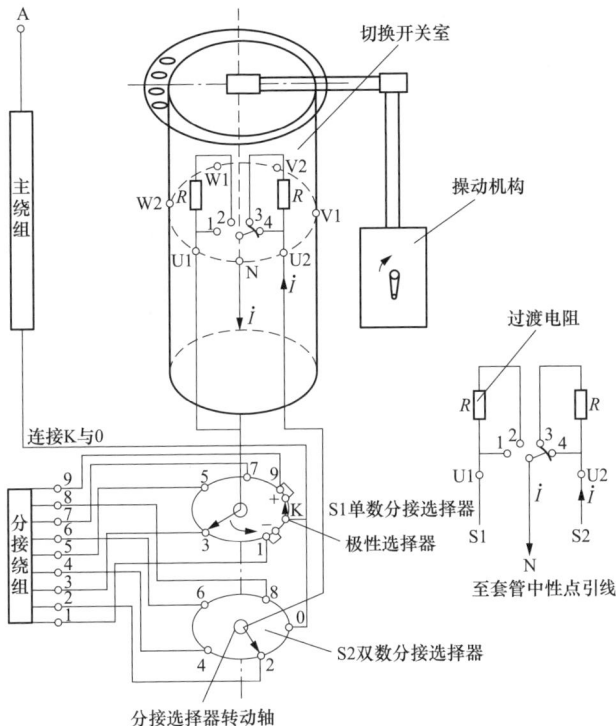

图 1-28　有载分接开关工作原理图

（3）切换开关动触头继续动作，动触头同时接触静触头 2 和 3，如图 1-29（c）所示，电流 I 通过静触头 2 和 3。此外分接选择器 S1 和分接选择器 S2 的分接 1 和 2 的触头将分接绕组一部分通过过渡电阻器短路，在分接绕组中除有变压器负载电流 I 外，还有分接电压和过渡电阻器的循环电流 I_c。

（4）切换开关动触头继续动作，动触头断开触头 3 而只接触触头 2，动触头断开电流 $I/2$ 和循环电流 I_c，电流 I 通过触头 2，如图 1-29（d）所示，此时变压器负载电流已转到分接 1，分接选择器 S2 不再通过电流。

（5）切换开关动触头继续动作，动触头同时接触静触头 1 和 2，负载电流通过触头 I，过渡电阻器不再通过电流，分接调换结束。

（6）电流通过分接选择器 S1，完成一个分接的调换。

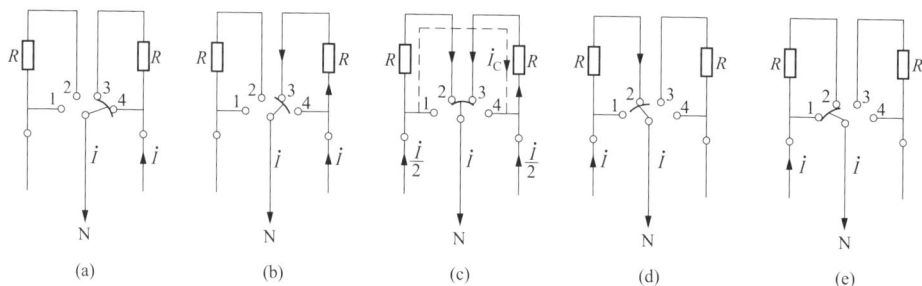

图 1-29　切换开关工作原理图

有载分接开关按照调压范围可分为线性调、正反调（带极性调）、粗细调，如图 1-30 所示，图中 1007、10193W、10193G 为接线组编号，编号代表的含义如图 1-31 所示。

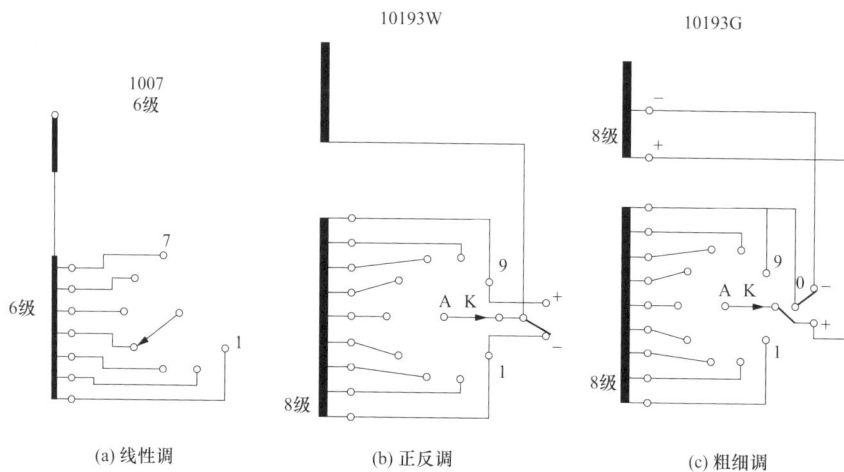

(a) 线性调　　　　(b) 正反调　　　　(c) 粗细调

图 1-30　有载分接开关调压范围

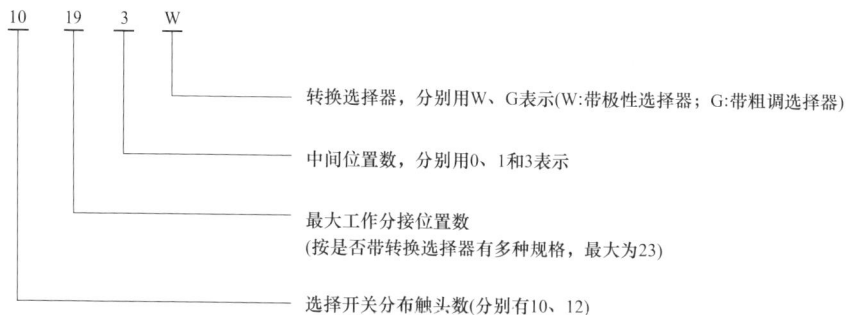

图 1-31　有载分接开关接线组编号含义

此外，目前在电力变压器上使用最多的是 V 型和 M 型有载分接开关，如图 1-32 所示。

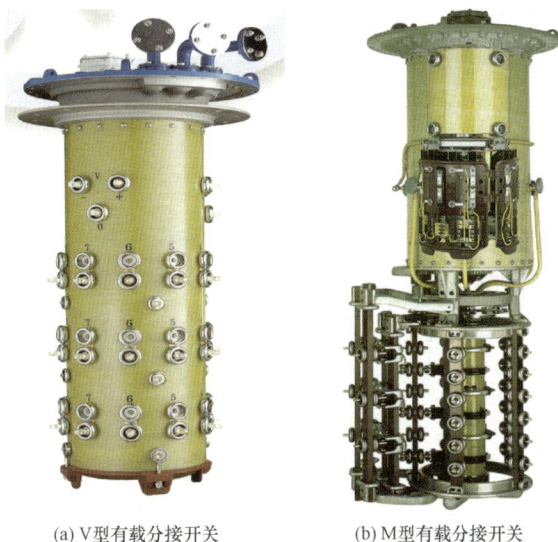

(a) V 型有载分接开关   (b) M 型有载分接开关

图 1-32　V 型和 M 型有载分接开关外形

V 型有载分接开关的切换开关和分接选择器是一体的，装在一个共同的绝缘筒内，开关结构简单，价格比切换开关和分接选择器分离的有载分接开关要低。

M 型有载分接开关由切换开关和分接选择器构成，可以有或没有转换选择器。切换开关触头用于开断和接通电流，由于这一过程中电弧会使油分解产生游离碳和可燃性气体，所以切换开关应装在一个密封的绝缘筒内，避免油漏到变压器的主油箱中；开关下部是分接选择器和转换选择器，在不接通和断开电流的条件下完成分接变换。

1.6.4　冷却散热装置

运行中变压器产生的损耗以热的形式散发出去，为保证变压器的热寿命，绕组和铁芯的温度不能超过标准规定的限值。由于小型变压器损耗少，所产生的热量靠油对流作用并通过油箱壁或散热管便可将内部热量向周围冷却介质散发。但对于容量较大的变压器，由于发热量大，必须有冷却装置，否则不能保证变压器正常运行。变压器冷却装置主要有散热器和冷却器两种，不带强油循环的称为散热器，带强油循环的称为冷却器。冷却器有强油风冷的冷却器和强油水冷的冷却器两种。

1. 风冷却器

风冷却器中垂直布置许多根冷却管，冷却管外面增设翅片加大传热面积，变压器箱体内的热油在冷却器油泵作用下，流经冷却器翅片管簇，将热量传递给冷却管，在风扇作用下，管表面的空气流将翅片管表面的热量迅速带走，使变压器保持在许可温度下运行。其结构和外观如图 1-33 和图 1-34 所示。

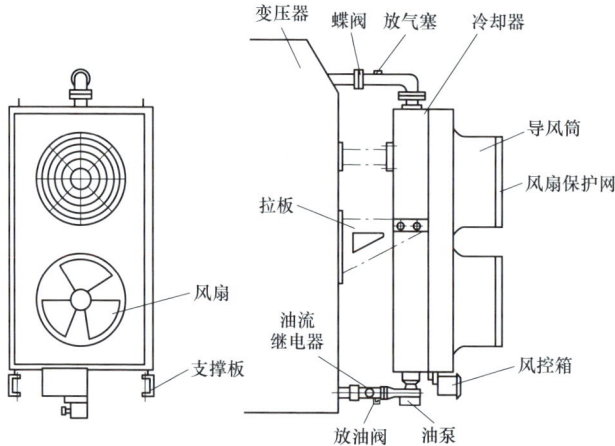

图 1-33 风冷却器的外形结构组成

变压器油泵，又称潜油泵，如图 1-35 所示，其电动机及其驱动的泵完全浸没在一个充满变压器油的全密封结构里面，与变压器内部的油系统直接相连，内置潜油运行的三相异步电动机直轴驱动离心式或轴流式叶片泵。变压器油泵把电动机转动的机械能转化为油流动的动能和势能，一般安装在强油风冷却器的底端，或安装在片式散热器与变压器油箱的管路之间，为运行中的大型变压器的强迫油循环冷却系统提供液动力循环。变压器油泵是大型变压器内部系统中唯一的旋转机械和动力元件，它的设计、工艺、材料、检测要求都要基于变压器整机的安全及可靠运行。

图 1-34　风冷却器外观图

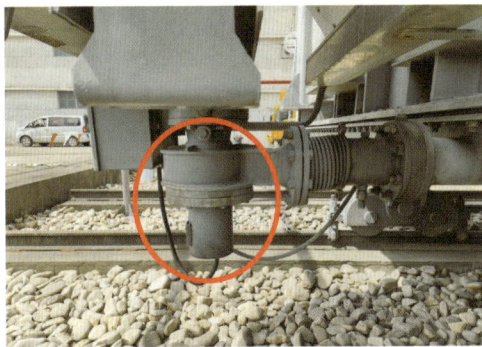

图 1-35　变压器油泵外观图

油泵结构主要包括泵体、叶轮、电机定转子、泵轴、泵座、轴承座、轴向力平衡措施、轴承密封件、接线盒等附件。其中，泵体将变压器油由进油管导入出油管直至变压器内。叶轮是对变压器油循环做功的主要元件，一般由两个圆形盖板以及盖板之间若干片弯曲的叶片和轮毂所组成，叶片固定在轮毂上，轮毂之间有穿轴孔与泵轴相连接。泵轴的作用是用来传递扭矩、使叶轮旋转，应有足够的抗扭强度和足够的刚度。轴承负责传递扭矩，锁紧螺母与轴护套，固定叶轮的轴向位置。

轴流式风机基本结构如图 1-36 所示，其主要由圆形风筒钟罩形吸入口、装有扭曲叶片的轮毂、流线型轮毂罩、电动机、电动机罩等组成。叶片从根部到梢部呈扭曲状态，轮毂呈轴向倾斜状态，安装角一般不能调节，但大型轴流风机的叶片安装角是可以调节的，从而改变风机的流量和风压。大型风机进气口上还常常装置导流叶片（前导叶），出气口上装置整流叶片（后导叶），以消除气流增压后产生的旋转运动，提高风机效率。部分轴流式风机还在后导叶之后设置扩压管（流线型尾罩），这样更有助于气流的扩散。

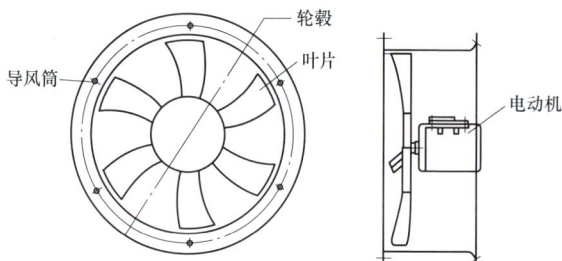

图 1-36　轴流式风机基本构造

轴流式风机结构紧凑、外形尺寸小、质量轻，工作范围大，流量大，全压低，流体在叶轮中沿轴向流动，制造、安装精度要求高，维护工作量大，噪声大。

2. 水冷却器

除采用风冷却器进行热交换散热以外，还可采用水冷却器作为大型变压器的热交换散热装置，空气的传热系数比水冷却传热系数低，所以水冷却比风冷却效果好，冷却容量基本相同的两种冷却器，水冷却器要比风冷却器的体积小、质量轻、噪声低。

另外，水冷却器对周围环境要求低，如大型水力发电厂将变压器安装在大坝中、大城市将变压器安装在地下变电站时，变压器用的热交换装置就只能采用水冷却器来进行热交换。

水冷却器的结构如图 1-37 所示。

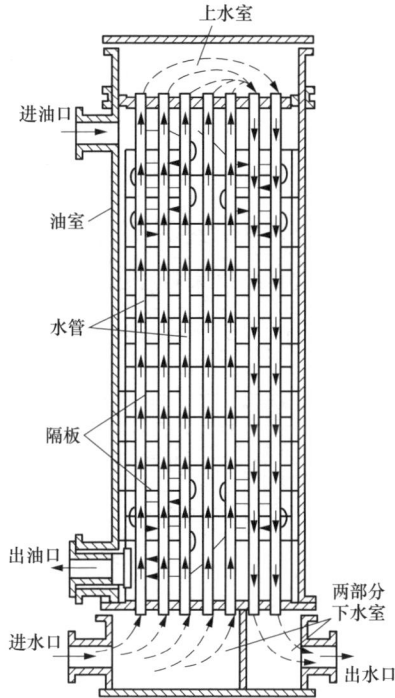

图 1-37　水冷却器的结构

水冷却器按照冷却管结构形式可以分为单管和双重管。

单管水冷却器的冷却管如图 1-38 所示，单管水冷却器由于材料缺陷、制造密封性能不好、使用的冷却水易污染引起腐蚀等原因，易发生冷却管漏水故障。在一般情况下由于无法及时发现水已进入到变压器油中，往往使进水的变压器油绝缘性能大幅度下降，从而造成运行中的变压器发生严重事故。

相比单管，双重管更加安全可靠，其结构如图 1-39 所示，在原来冷却铜管

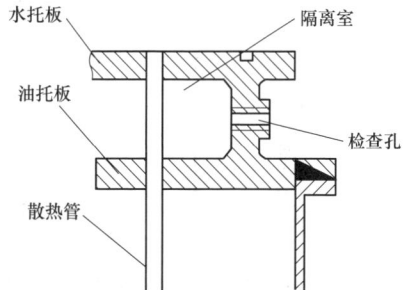

图 1-38　单管水冷却器的冷却管

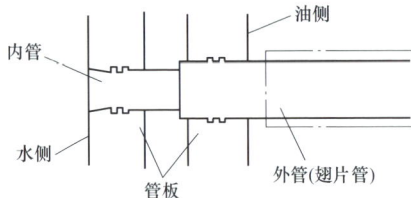

图 1-39 双重管的结构

的外面再加套上一根铜管，外管内有螺旋形翅片，变压器油在外管的外侧，冷却水在内管的内侧，铜管与铜管之间有间隙槽，铜管之间的热传递是用特殊工艺方法将内管直径扩张，促使内管外壁紧贴外管的内径，以保证冷却管传热性能。当水冷却器中任何一根内管发生破裂等质量问题时，冷却管中的冷却水就从两根铜管之间的间隙槽中流到渗漏报警装置中，及时给出报警信号。

双重管水冷却器使用较方便，没有油压必须大于水压的要求，不需装置油水压差继电器。水冷却器在额定容量下应具有 25%的储备容量，水冷却器中如有管子损坏，一般可将管子两头堵死，在堵住的数量小于冷却器管总数量 10%的情况下，水冷却器仍可继续运行。

3. 片式散热器

大容量变压器大都采用片式散热器和强油风冷却器来扩大散热面、辅助冷却。

片式散热器是由薄钢板压成有槽形油道后，两片组焊成一片散热片，再组焊成散热器，某散热器外观图如图 1-40 所示。

图 1-40 散热器外观图

小型变压器采用的散热片较少，直接焊在油箱壁上，称为固定型，即 PG 型（P 表示片式，G 表示固定型），一般用在 50~200kVA 油浸式变压器上。对于 200~6300kVA 变压器，散热器通过法兰盘固定在油箱壁上，可拆卸，型号是 PC（C 表示可拆型），如图 1-41 所示。

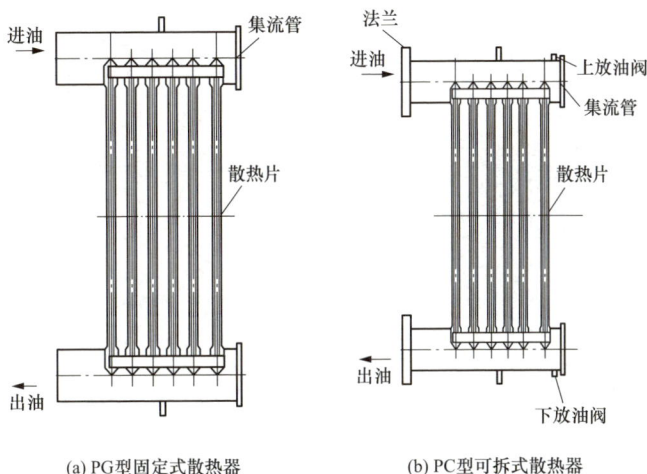

(a) PG 型固定式散热器　　　　(b) PC 型可拆式散热器

图 1-41　片式散热器的外形

1.6.5　储油柜

1. 储油柜作用

储油柜通常又称作膨胀器、油枕，除变压器外，自身带油的较大套管也要求有储油柜。变压器油温会随着负荷和环境温度的变化而变化，当变压器油的体积随着温度变化膨胀或减小时，储油柜可以调节油量，保证变压器油箱内经常充满油，辅助调节变压器油箱的内部压力。储油柜应有足够的油在预期的最低温度下使绝缘纸处于油中。储油柜的油面比油箱的油面小，可以减少或防止水分和空气进入变压器，减少油和空气的接触面积，防止油被过速地氧化受潮。另外储油柜的油在平常几乎不参与油箱内的循环，它的温度要比油箱内的上层油温低得多，油的氧化过程也慢得多。

变压器本体的储油柜和有载分接开关的储油柜是互不相通、互相独立的，以防有载分接开关灭弧后油质变差污染本体油。

储油柜装在油箱的顶部，用连通管与油箱连通，装有油位计等，如图 1-42 所示。

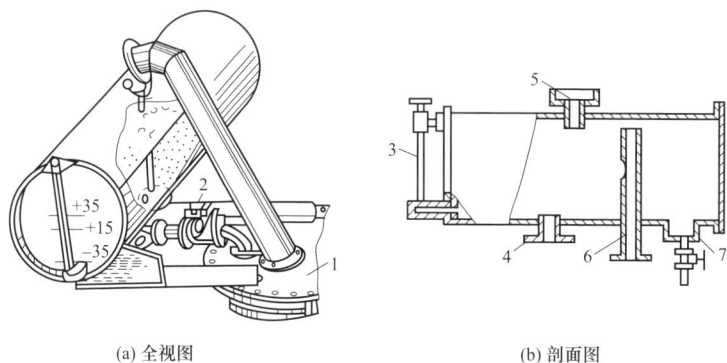

(a) 全视图　　　　　　　　　　　　　(b) 剖面图

图 1-42　储油柜

1—油箱；2—气体继电器；3—油位计；4—气体继电器连通管的法兰；

5—注油孔；6—呼吸器连通管；7—集污盒

2. 储油柜分类及结构形式

油浸式电力变压器中采用的储油柜分为敞开式储油柜、密封式储油柜，后者又分为耐油橡胶密封式储油柜、金属波纹密封式储油柜等。与储油柜关联的装置一般由油位表（油位计）、呼吸器、气体继电器及注油、排油管路等组成，其中油位表分有载油位表和本体油位表，位于储油柜的侧面。

（1）敞开式储油柜。敞开式储油柜内的变压器油用呼吸器与大气相通，主要通过呼吸器吸收储油柜中空气水分，起到保护油的作用。

（2）耐油橡胶密封式储油柜。耐油橡胶密封式储油柜中，变压器油与空气用耐油橡胶材料隔离，主要由柜体、胶囊（或隔膜）、注放油管、油位计、集污盒和呼吸器等组成。

其中，隔膜密封式储油柜在储油柜的中间法兰处安装橡胶密封隔膜，隔膜底面紧贴在储油柜的油面上，使隔膜和油面之间没有空气，减慢油质劣化速度。储油柜下部增加集气室，便于污油沉积和气体汇集。目前，敞开式和隔膜密封式储油柜已基本淘汰，上海电网中基本普遍采用胶囊密封式储油柜。

胶囊密封式储油柜是在储油柜的内壁增加了一个胶囊袋，胶囊袋内部经过呼吸器及其连管与大气相通，胶囊袋的底面紧贴地浮在储油柜上，使胶囊袋和油面之间没有空气，隔绝了油面和空气的接触，这样空气中的氧气不再和油中的气体交换，油中溶解氧的含量逐渐下降，直到消耗完为止，从而达到阻止油氧化的目的。用胶囊袋还可以防止外界的湿气、杂质等侵入变压器内部，使变压器能保持一定的干燥程度。胶囊漂浮在储油柜油面上，当油面随温度变化时，胶囊袋也会随之膨胀和压缩，起到了呼吸的作用。其结构如图 1-43 所示。

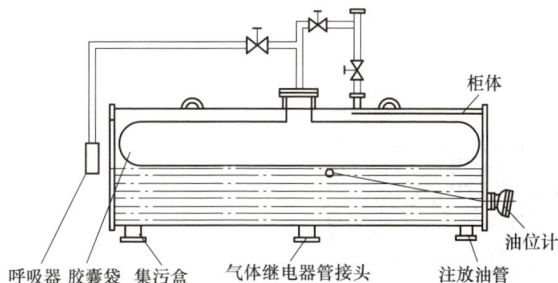

图 1-43　胶囊密封式储油柜结构示意图

（3）金属波纹密封式储油柜。金属波纹密封式储油柜是由可伸缩的金属波纹芯体构成的容积可变的容器，主要由金属波纹芯体、防护罩（或柜体）、油位（量）指示、排气管、注油管等组成。金属波纹密封式储油柜按结构分为内油式和外油式，外油式又分为外油波纹管式和外油盒式。

1.6.6　油位监测装置

变压器运行时，由于油温改变，储油柜内油面出现浮动，为了监视油面高度，一般在油箱的储油柜上安装管式或铁磁式油位计。

1. 管式油位计

变压器管式油位计如图 1-44 所示。小型变压器储油柜一般选用小型管式油位计，将玻璃管用螺栓直接安装在储油柜的端墙盖上，大中型变压器一般采用大型管式油位计，即用带孔的座来安装玻璃管，并且管中放一红色塑料球来显示油位。

2. 铁磁式油位计

常用的铁磁式油位计有 UZB 型油位计（U—油位计、Z—指针型、B—变压器用），如图 1-45 所示，常用在密封式储油柜上。它以储油柜隔膜为感应元件，其连杆与隔膜上支板铰链连接，连杆另一端与表体的传动机构相连，通过传动机构使表内两块永久磁铁相互运动，带动指针转动，从而反映油面在储油柜中的位置。安装时可用手连续将隔膜上下移动多次，检查表针的转动，刻度为 0 和 10 的最低和最高油位报警应正确。

图 1-44 变压器储油柜上用的管式油位计   图 1-45 UZB 型铁磁式油位计

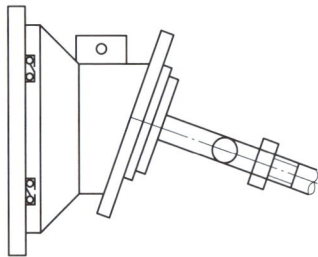

另外，还有两种浮球型铁磁式油位计（UZF 型，F—浮球），如图 1-46 所示，其中序号 A 表示一般用，常用于小型电力变压器上，Z 表示有载分接开关用。两种油位计同样设有最高、最低油位报警信号触点。

1.6.7 压力释放阀

压力释放阀是压力保护装置，装在变压器油箱顶盖或油箱壁上，如图

1-47 所示,用来避免当变压器内部发生严重故障、油分解产生大量气体时,油箱内部产生过大的压力导致油箱变形和爆裂。

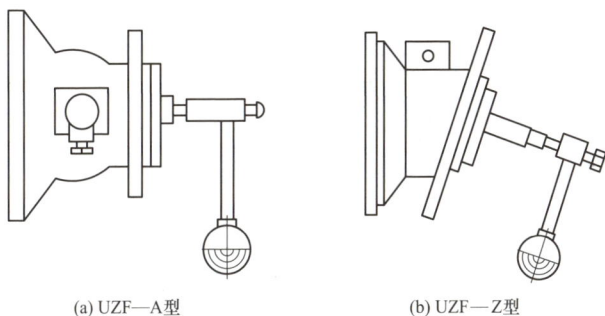

(a) UZF—A 型   (b) UZF—Z 型

图 1-46　UZF 型铁磁式油位计

图 1-47　压力释放阀

当变压器油箱压力升高到开启压力值时,压力释放阀内的弹簧顶开控制阀,高压油气经导油罩喷流排出,油箱内压力很快降低至安全范围。当压力降到压力释放阀的关闭压力值时,控制阀又可靠地自动闭合,使油箱内永远保持正压,有效防止外部空气、水分及其他杂质进入油箱,保持油箱的密封。带定向喷油装置的压力释放阀可将释放的变压器油定向喷出,并经导油管导入集油池,防止油飞溅,满足防火及环保要求。

压力释放阀内部设有信号开关,其动合触点在装置开启喷油时闭合,将压力释放信号送入变压器非电量保护装置，在发出事故信号的同时，跳开变压器两侧开关。

典型压力释放阀的结构如图 1-48 所示。

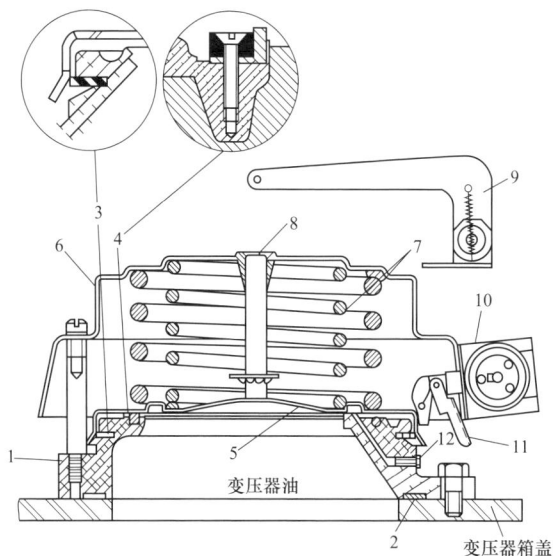

图 1-48　典型压力释放阀的结构

1—法兰；2~4—密封垫圈；5—膜盘；6—盖；7—弹簧；8—机械指示销；

9—信号杆；10—信号开关；11—杆；12—放气塞

压力释放阀用螺栓固定在变压器油箱盖上，由密封垫圈密封，释放阀盖通过弹簧对膜盘施加压力，膜盘通过两个密封垫圈密封。当变压器油对膜盘的压力大于弹簧的压力时，膜盘开始向上移动，变压器油的压力就作用在密封垫圈上，作用面积增加，膜盘上的压力快速增加，膜盘移动到弹簧限定的位置，变压器油排出，变压器内的压力迅速降低到正常值，膜盘受弹簧的作用，回复到原来位置，释放阀重新密封。

在膜盘向上移动时，机械指示销受膜盘的推动，也向上移动，机械指示销的导向套保持在向上位置，不随膜盘回复到原位置而下落，其中带颜色的部分向上突出，可以从远处看到，给运行人员一个明显的指示，表明释放阀已经动作。机械指示销只能用手动方式向下推，使其返回到原来接触膜盘的位置。释放阀也可以提供长臂的信号杆，以便可以在更远的距离观察到释放阀已经动作，信号杆同样必须手动返回。释放阀盖上安有信号开关，可以远距离传输信号或报警。

1.6.8 继电器

1. 气体继电器

气体继电器是油浸式变压器及有载分接开关的一种保护装置，按照安装位置可以分为有载气体继电器和本体气体继电器，气体继电器装有导气管，用于实现地面排气和取样。在变压器故障使油分解产生气体或造成油流冲动时，气体继电器触点动作，接通指定的控制回路，并及时发出信号或自动切除变压器在电网中的运行。下面通过国产 QJ 系列气体继电器和进口 EMB 气体继电器举例进行介绍。

气体继电器的结构主要有外壳、视察窗、引出接线装置和内部的测量信号部分，QJ 系列气体继电器内部结构如图 1-49 所示。

变压器正常工作时，继电器内是充满变压器油的，在气体继电器的顶盖上有放气针供放气和取气用，顶盖上还有一探针供检查气体继电器挡板动作状态及复位校验使用。

当变压器在运行中出现轻微故障，变压器油分解的气体聚集在继电器容器上部，迫使继电器浮子下降，当上浮子降至对应继电器整定的容积时，磁铁使继电器内的干簧触点动作，继电器信号触点接通，发出轻瓦斯报警信号。

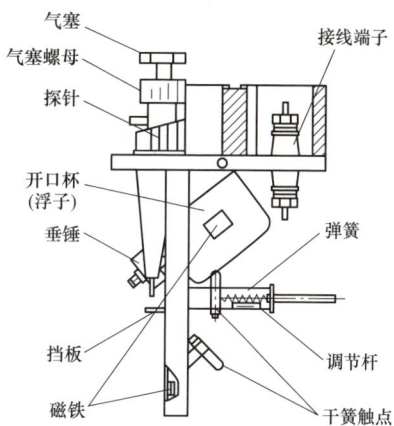

图 1-49　气体继电器的内部结构

若变压器漏油等，油面逐渐降低，下降到一定位置，同样发出报警信号。

如果变压器内部发生严重故障，将会出现油的涌浪，在管路内产生急速油流，当流速达到一定数值时，冲击继电器挡板运动，当挡板运动到某一限定位置时，跳闸触点接通，发出重瓦斯跳闸信号并使变压器各电源侧断路器跳闸，变压器从电网中切除。

EMB 气体继电器是常用的一种双浮球气体继电器，其结构如图 1-50 所示，动作情况如图 1-51 所示，主变压器正常状态下，两颗浮球均处于浮起状态，所有干簧管断开，当主变压器有轻微故障，部分气体冲入瓦斯腔体后，引起上浮球落下，接通轻瓦斯报警；当主变压器有较严重的漏油情况时，油位下降，直至下降到气体继电器内部重瓦斯浮球下落时，重瓦斯动作以保护主变压器；当主变压器严重故障时，快速膨胀的油涌向储油柜，冲击气体继电器下浮球前的金属挡板，挡板被推动后带动浮球落下，接通重瓦斯动作。

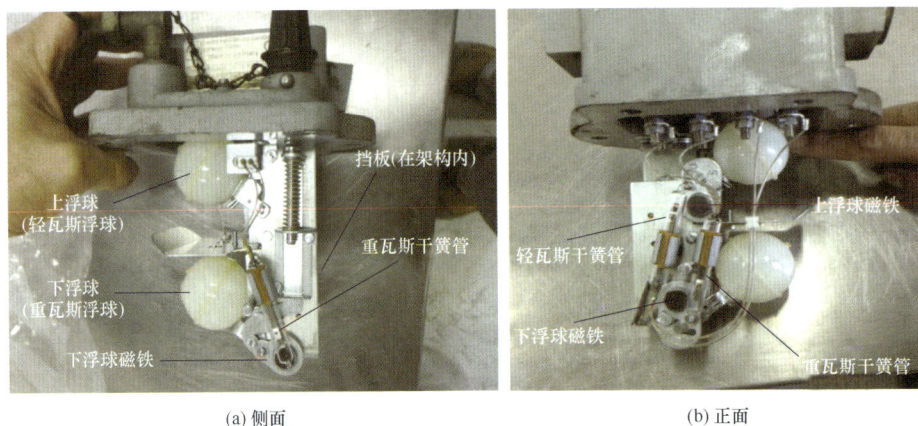

(a) 侧面

(b) 正面

图 1-50　EMB 气体继电器结构

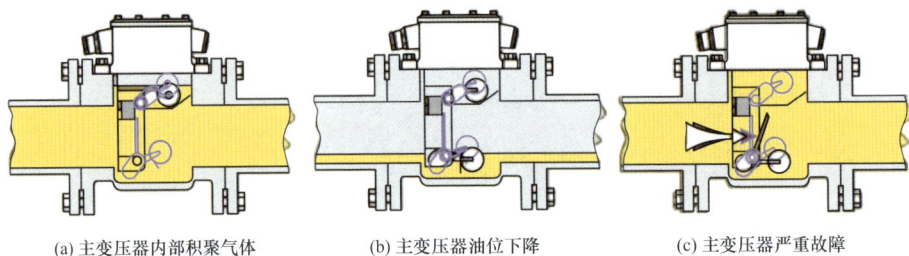

(a) 主变压器内部积聚气体　　(b) 主变压器油位下降　　(c) 主变压器严重故障

图 1-51　EMB 气体继电器动作情况示意图

2. 油流继电器

油流继电器是显示变压器强油循环冷却系统内油流量变化的装置，主要用于监视强油循环冷却系统的油泵运行情况，如油泵转向是否正确，阀门是否打开，管路是否有堵塞等，当油流量达到动作流量或减少到返回流量时均能发出报警信号。

油流继电器结构如图 1-52 所示。

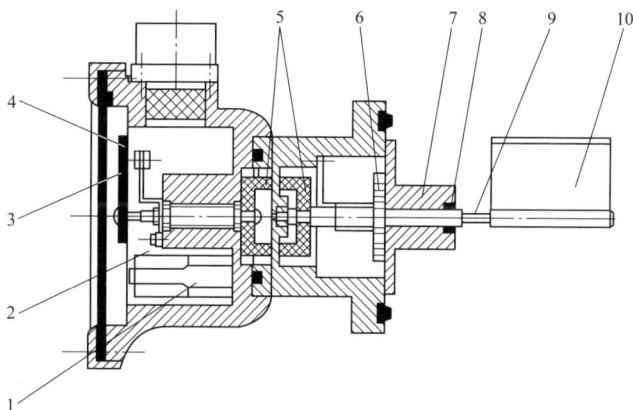

图 1-52　油流继电器结构

1—微型开关；2—被动转轴；3—指针；4—表盘；5—磁杠；6—复位卷弹簧；

7—支撑轴护套；8—轴承；9—主动转轴；10—挡板

变压器强油循环冷却系统油泵启动后，连管中就有油流循环通过，油流达到一定值时推动板被冲击，挡板向油流方向一致处转动，此时与推动板同轴的磁铁也跟着旋转，并借磁力作用带动指示部分磁铁同步转动，当动板被冲到 85°位置时，指示部分磁铁也转 85°并使动断触点打开，动合触点闭合，发出正常工作信号，指针指示为流动。如果油流减少到一定程度，推动板借复位卷弹簧的作用返回，带动指示部分返回，这样使动合触点打开，动断触点闭合，发出故障信号，指针处于中间摆动或停止状态。将指示器触点引线接入控制箱回路中，可以对冷却器油泵进行监视。

当油泵流量大于额定工作流量的 75% 时，油流继电器指针就偏向流动，当油流量在油泵工作流量的 60% ~ 75% 时，指针在中间摆动，说明油泵流量不足或蝶阀没有全开；当油流量小于 60% 的油泵工作流量时，则指针偏向停止不动，说明油泵反接或蝶阀未打开。

3. 速动油压继电器

速动油压继电器能在变压器发生事故时，防止油箱爆炸、故障扩大。油箱内由于事故，油分解产生大量气体，压力迅速升高，动态压力增长，油压增长率越高，油压继电器动作越迅速。由于压力波在变压器油中的传播速度很快，因此，速动油压继电器反应灵敏、动作迅速，能迅速发出信号，并切断电源。

某典型速动油压继电器结构如图 1-53 所示。速动油压继电器的下部和变压器油连通，其内有一个检测波纹管。密封的硅油管路系统中有两个控制波纹管，其中一个控制波纹管的管路中有一个控制小孔。当变压器油的压力变化时，检测波纹管变形，这一作用传递到控制波纹管，如果油压是缓慢变化

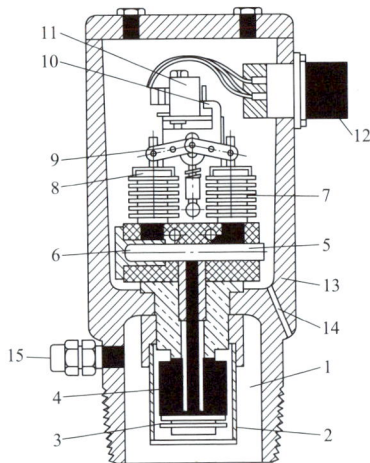

图 1-53 某典型速动油压继电器结构

1—变压器油室；2—保护罩；3—检测波纹管；4—硅油；5—检测液体管路；6—控制小孔；

7—控制波纹管；8—控制波纹管；9—传动连杆；10—制动杆；11—电气开关；

12—出线连接器；13—外壳；14—1/8 直径放油孔；15—放油塞

的，则两个控制波纹管同样变化，速动油压继电器的开关不动作；当变压器油的压力突然变化时，检测波纹管变形，一个控制波纹管发生变形，另一个控制波纹管因控制小孔的作用不发生变形。传动连杆移动，电气开关发出信号，切断变压器的电源。

SYJ 型速动油压继电器内部装有平衡器，继电器油室与变压器油箱连通，当变压器内部压力由于非故障原因缓慢增长低于整定值时，油室内隔离波纹管受到较小的静油压，气室 1 内的弹簧对静油压进行补偿，气室 1 内的压力与气室 2 内的压力保持平衡，操作波纹管不发生位移，继电器不动作。当变压器内部发生故障时，油室内压力突然上升，当上升速度超过一定数值，压力达到动作值，隔离波纹管受压变形，气室 1 内的压力升高，操作波纹管位移，微动开关动作，发出信号并切断电源，使变压器退出运行。

1.6.9 呼吸器

变压器呼吸器，又叫变压器吸湿器或变压器干燥剂，电网中使用的大中型变压器一般都配备有呼吸器，有载储油柜和本体储油柜都通过呼吸器与空气连通，呼吸器为变压器在温度变化时提供内部气体出入的通道，解除正常运行中因温度变化产生的油箱压力。

变压器传统呼吸器的工作原理如图 1-54 所示，外观图如图 1-55 所示。

呼吸器内硅胶的作用是在变压器温度下降时对吸进的气体去潮和过滤杂质，要求硅胶干燥并且颗粒大小统一，颗粒太小会影响呼吸器透气性。呼吸器按硅胶可分为白色硅胶呼吸器和变色硅胶呼吸器，为显示硅胶受潮情况，一般均采用变色硅胶，当硅胶吸收水分失效后，从蓝色变成粉红色，当变色硅胶达到硅胶数量的 2/3 时，需更换硅胶，防止水分进入储油柜中。

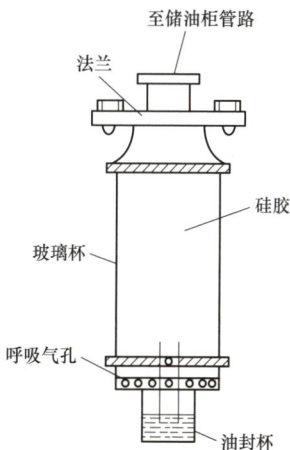

至储油柜管路

法兰

硅胶

玻璃杯

呼吸气孔

油封杯

图 1-54 变压器传统呼吸器工作原理图

图 1-55 变压器传统呼吸器外观图

油封杯的作用是延长硅胶的使用寿命，把硅胶与大气隔离开，防止硅胶长时间与空气及水分接触而造成硅胶迅速潮解。油封杯中应注入合格变压器油并要求达到油封处为合格，进入变压器的空气首先通过油封杯过滤杂质和水分，然后再经过硅胶进一步过滤。

当油封杯中的油低于油位线或变浑浊时，应更换新油。因为合格的变压器油具有很强的吸湿性，空气进入呼吸器时先在油封杯中过滤一次，其中水气已基本被油吸收，当油杯中的油吸收水分的性能达到饱和时会失去应有的功能。及时换油能延长吸湿器内的干燥剂使用时间，提高吸潮效果。

由于变压器传统呼吸器的工作和维护存在一些风险，比如呼吸器不通畅、呼吸器薄弱部位破裂等，为解决这些问题，研制了变压器智能呼吸器。

变压器智能呼吸器外观如图 1-56 所示。变压器智能呼吸器通过特制的金属过滤器代替传统呼吸器油封进行空气过滤，通过使用环保型无色硅胶实现干燥剂循环使用，从而无需定期更换硅胶，同时通过智能控制降低运维成本。

变压器智能呼吸器能对内部的空气进行连续检测并将测量结果传送给电子控制装置。当空气湿度超过程序设定值时，表明干燥剂失去吸水能力，此时呼吸器加热系统自动启动使干燥剂再生，再生过程产

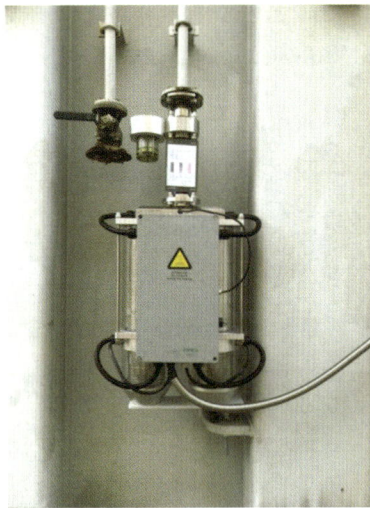

图 1-56 变压器智能呼吸器外观图

生的热量和蒸汽被吹风系统强制排出，并在玻璃内凝结后通过呼吸器底部的金属过滤器流出，以保证再生过程快速有效。当环境温度低于程序设定值，辅助加热器自动启动以防止过滤装置在低温时产生凝露或者冰冻，从而确保呼吸器保持良好状态。当变压器智能呼吸器发生装置故障时，装置控制盒外部指示灯报警，便于运行人员巡视检查，同时可以通过预设触点开关发送远方报警信号，所有状态参数均可以输出，以实现呼吸器状态的远方通信和远程监控。

1.6.10　温度计

变压器的安全运行、使用寿命与其运行温度密切相关，变压器标准中规定了变压器运行时油顶层的温度和绕组的平均温度，因此需要监视变压器运行时的油顶层温度和绕组温度，并根据温度数据和变压器运行导则来确定变压器允许的负荷，监测变压器有无异常温升情况。

变压器用温度计来测量变压器油顶层温度和绕组温度，按照测量用途主要有油面温度计、绕组温度计以及干式变压器用温度计等。

1. 油面温度计

油面温度计用于测量变压器顶层油温，当油温度超过设定值时启动冷却装置和报警装置。变压器油面温度计主要由指示仪表、温包和毛细管组成，典型的油面温度计结构如图 1-57 所示。温包放置在和变压器油温相同的温度计座内，温包内充有感温液体，当变压器油温变化时，温包内感温液体的体积也随之变化，这一体积变化通过毛细管传递到指示仪表，指示仪表内弹性元件将体积变化转变成机械位移，通过机械放大后带动仪表指示，反应变压器的油温，从而微动开关工作，控制冷却系统的投入或退出。

为满足大型变压器远距离采集温度数据的需要，可将温包做成复合结构，即能输出 Pt100 铂电阻信号，通过数显温控仪同步显示并控制变压器油温，也可通过数显仪表将信号转换成与计算机联网的直流标准信号输出，以实现遥测及无人值班变电站。

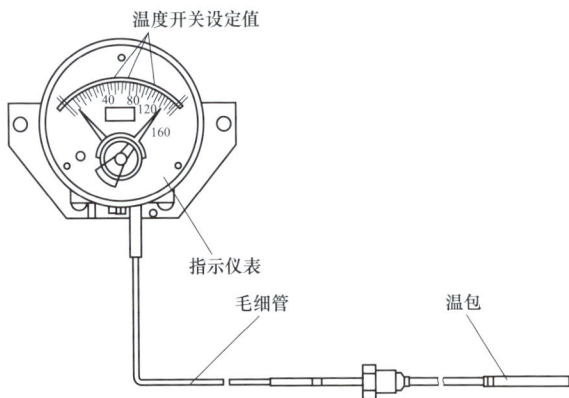

图 1-57　油面温度计结构图

油面温度计实物图如图 1-58 所示，油面探针（传感器）如图 1-59 所示，油面探针既可以同步在仪表盘上显示温度，也能将 Pt100 铂电阻信号传输给后台用于保护和测控。

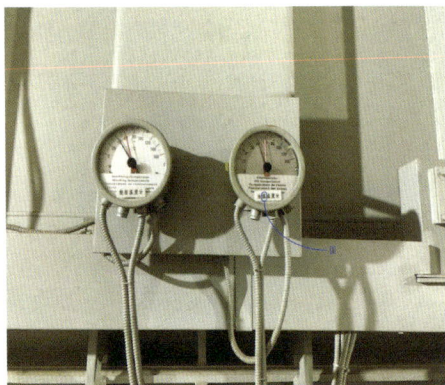

图 1-58　油面温度计（右）和绕组温度计（左）

2. 绕组温度计

变压器用绕组温度计实物图如图 1-58 所示，绕组探针（传感器）如图 1-59 所示。变压器绕组温度计利用热模拟原理间接测量绕组温度，它在使用油面温度计测量顶层油温的基础上增加了绕组对油的温升，即绕组温度 T_1 为变压器顶层油温 T_2 与绕组对油的温升 ΔT 之和，$T_1 = T_2 + \Delta T$。

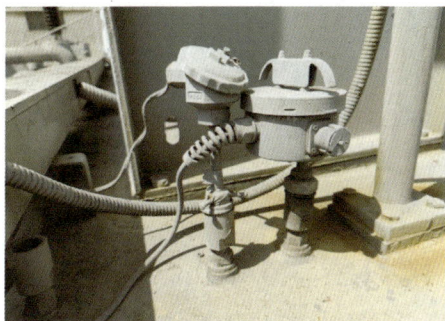

图 1-59　油面探针（左）和绕组探针（右）

绕组对油的温升即铜油温差，这一温升与绕组中的损耗和通过的电流大小有关，电流互感器二次侧电流正比于变压器的负载和绕组电流，可以通过电流互感器获得这一温差增量，从而得到绕组温度的平均指示值。

图 1-60（a）将电热元件置于指示仪表中，当变压器负载的电流通过电热元件时，电热元件产生热量，仪表内部的弹性元件产生一个附加位移，此增加量对应铜油温差。图 1-60（b）将电热元件和温包置于复合变送器中，将复合变送器置于变压器的温度计座中，复合变送器送出数据，对应变压器绕组温度，仪表指示出变压器绕组的温度。

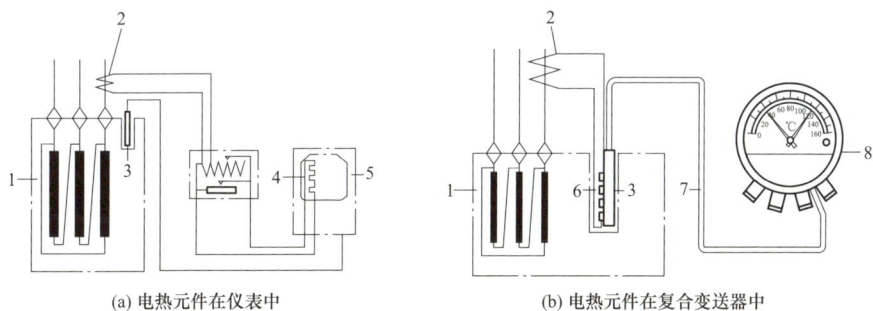

(a) 电热元件在仪表中　　　　　　　(b) 电热元件在复合变送器中

图 1-60　绕组温度计原理

1—变压器；2—电流互感器；3—温包；4—电热元件；5—仪表；

6—电热元件；7—毛细管；8—仪表

另一种绕组温度计如图 1-61 所示，仪表的表盘和温包通过毛细管连接，仪表的表盘下设置有可调的开关，可以设定开关工作的温度值。

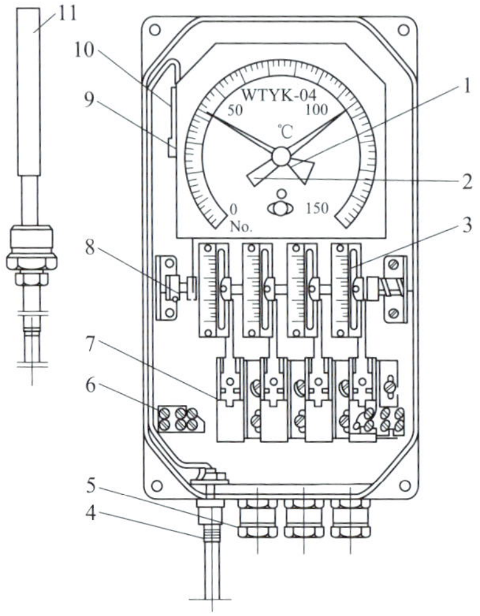

图 1-61　变压器绕组温度计

1—指示指针；2—设定指针；3—刻度筒；4—毛细管；5—引出线接头；6—引出线端子板；

7—微动开关；8—红色保险柄；9—电热元件；10—波纹管；11—温包

绕组温度计还可以配置热继电器，提供冷却装置的控制信号及报警触点信号，用于启动风扇，在绕组温度接近或超过最大运行限值时报警或断开变压器。

3. 干式变压器用温度计

干式变压器用空气冷却变压器绕组，因而不能像油浸式变压器那样使用油面温度计测量变压器油的温度、附加铜油温差后测量绕组温度。干式变压器通常在低压绕组内埋设电阻元件或热电偶来直接测量绕组的温度。

4. 光纤测温

利用传统热模拟方法间接测量变压器绕组温度时，与线圈热点真实温度间有几个小时的滞后，存在温度模拟精度差、反应速度慢、不能在线实时监测等问题。

而利用变压器光纤测温则能实时直接地测量绕组热点温度，准确度更高，它将一定能量和宽度的激光脉冲耦合到变压器绕组内的光纤并在光纤中传输，同时不断产生背向信号，调制解调后经信号处理系统，可获得各点温度信息。

1.6.11 变压器油

在电气设备中应用最多的绝缘液体是绝缘油。绝缘油是天然石油经过蒸馏、精炼、调和得到的一种矿物油，是由各种不同分子量的碳氢化合物所组成的混合物。

1. 变压器油的作用

变压器油的主要作用是绝缘和冷却散热。

变压器油作为绝缘介质，包裹在各种带电导体周围，使之相互绝缘，同时给设备内部的金属表面提供了抑制氧化等过程的保护层，避免因化学反应而导致生锈、影响导体良好连接、降低变压器绝缘水平。

变压器油作为冷却散热介质，可以通过传导、对流和辐射等形式将其所携带的热量传递分散到周围环境中。

此外，变压器有载分接开关中的油还能起到灭弧作用。

而且通过分析变压器油的状态还可以帮助判断变压器的运行状态。

2. 绝缘油试验

由于新油可能因提纯、运输、保管不当等原因影响性能，运行中的油可能因气候、环境、电场、杂质、高温、化学等作用不断氧化使性能和绝缘水平下降，故应进行绝缘油试验以发现这些变化、判断绝缘油性能状况，并及时采取措施，避免变压器事故。

在进行绝缘油试验前，应首先对绝缘油进行外观检查，观察其是否透明、无杂质、无悬浮物。质量好的新油一般呈无色或淡黄色，运行中逐渐加深，正常情况下油色变化很缓慢。如果油老化，形成沥青和污物，油色变暗，甚至呈棕色，若油的颜色剧烈加深，说明设备已出现过热或过负荷。

绝缘油试验包括测量油的电气强度、水溶性酸碱、酸值、闪点、介质损耗因数、油中微水以及进行油色谱分析等。

其中，电气强度试验也称击穿电压试验，它通过测量绝缘油的瞬时击穿电压值来检查油的电气强度，电气强度不合格的油绝对不允许注入电力设备，若运行中的绝缘油电气强度不合格，应立即停电或尽快联系停电处理。

影响绝缘油电气强度的主要因素是油中所含水分和杂质。油中水分主要来自空气、化学反应、变压器本身干燥不彻底、密封不严受潮等。绝缘油中一旦含有较多的水分，会使油的击穿电压急剧下降，还会发生化学反应产生低分子酸，腐蚀金属和固体绝缘材料，使绝缘水平大大降低。而且，由于水的介电常数比油的介电常数大许多倍，在电场作用下，油中的水珠变成细长形并且被吸至电场强度大的地方，容易产生电击穿。当油中还含有纤维杂质时，吸了水的杂质的介电常数比油显著增大，在电场作用下沿电场方向被拉长排列形成杂质小桥。如果小桥贯穿于电极之间，由于小桥的纤维及水分电导较大，使泄漏电流增大，发热增加，促使水分汽化，形成气泡；即使杂质小桥尚未贯穿全部极间间隙，在各段杂质链端部处油中的场强也增大很多，油在此局部的高场强下电离而分解出气体；小桥中气泡增多，促使游离过程增强，最后将小桥通道游离击穿。由于这一过程与热过程紧密联系，故称为热击穿。

油品的酸值指中和 1g 试品油中的酸性组分所需的氢氧化钾（KOH）毫克数，单位是 mgKOH/g。酸值能很灵敏地判断绝缘油是否处于氧化的开始阶段，根据酸值变化大小，可判断油老化程度。

油的介质损耗因数试验对油老化和污染严重程度很灵敏，是反应油质好坏的重要指标之一。电介质在交变电场作用下，因电导、松弛极化及游离会产生能量损耗，损耗增加时，介质损耗因数值随之增加。

3. 油中溶解气体与充油设备电气故障分析

油中含气量是指溶解在油中的气体总含量。一般用体积浓度表示油中气体组分浓度，又称为体积分数，单位为 μL/L。油的产气过程即为碳氢化合物的热解过程。

油中溶解气体主要来自空气的溶解、正常运行下产生的气体、故障运行下产生的气体，若存在过热或放电缺陷等，会加快气体的产生速度。

充油电气设备故障主要有热故障和电故障两大类。过热性故障一般为潜伏性故障，发展速度较慢，按照过热的严重程度可分为低温过热、中温过热、高温过热。电故障会破坏设备绝缘，严重时可引起气体继电器动作，设备跳闸。电故障按照能量密度的不同可分为低能量放电（火花放电和局部放电）、高能量放电（电弧放电）。对设备进行故障诊断时，应先进行故障识别，即判定有无故障；再判断故障的性质，包括故障类型、故障严重程度与故障发展趋势等。

由于电力变压器绝缘多为油纸组合绝缘，以烃类为基础的绝缘油在持续不断的氧化作用下、在过热或放电缺陷作用下，会发生化学反应生成一系列化合物、二氧化碳和水等。变压器内部潜伏性故障产生的烃类气体来源于油纸绝缘的热裂解，随着温度上升，油的分解反应速率上升。热裂解的产气量、产气速度以及生成烃类气体的不饱和度取决于故障点的能量密度，油裂解生成的每一烃类气体都有一个相应最大产气率的特定温度范围，油随着故障点的温度升高而裂解生成烃类的顺序是烷烃、烯烃和炔烃。故障性质不同，则能量密度不同，裂解产生的烃类气体组分和含量也不同。

在油纸等碳氢化合物的化学结构中，因原子间的化学键不同，各种键的键能和热稳定性也不同。油分解过程中，氢气生成需要的能量最低。在热性故障存在的情况下，伴随着氢气的产生，还会生成甲烷（CH_4）、乙烷（C_2H_6）和乙烯（C_2H_4），乙烯和乙烷的比例随着故障温度的升高而上升。在电弧存在的情况下，乙炔（C_2H_2）是变压器油高温裂解的产物之一，随着其他故障气体的产生而产生，是电弧放电的特征。乙炔是三价键的烃，温度需要高达千度以上才能生成，如果油的色谱分析结果表明，总烃和氢气的含量没有明显变化，只有乙炔增加很快，说明变压器内部存在高能量放电，故障温度很高，会在短时间内导致变压器停运甚至发生严重状况，需要特别重视。

（1）气相色谱法。气相色谱法可以根据变压器内部析出的气体分析判断变压器的潜伏性故障，如过热性、电弧性和绝缘破坏性故障等。

色谱法其实是一种分离方法，它根据混合物中各组分在性质和结构上的差异，利用样品中各组分在流动相和固定相中被吸附和溶解度的不同，即分配系数不同，将各组分进行分离，当流动相中所携带的混合物流过固定相时，就会和固定相发生作用（力的作用），样品不同组分在两相间进行反复多次分配，不同组分在色谱柱中运动速度不同，滞留时间也不同，从而按先后不同的次序从固定相中流出。分配系数越小的组分会越快地流出色谱柱；分配系数越大的组分流过色谱柱的速度越慢，越易滞留在固定相内。这样，当流经一定柱长后，样品中各组分就得到了分离，分离后的各组分流出色谱柱进入检测器时，记录仪会记录出各组分的色谱峰。当被分析样品经过色谱柱分离后的各组分全部流过检测器，即可得到检测器响应信号随时间或载气流出体积而分布的曲线图（色谱图）。

色谱法因其分离效率高、分析速度快、检测灵敏度高、样品用量少、选择性好，故应用范围较广。色谱法根据流动相的不同可以分为气相色谱法、液相色谱法和超临界流体色谱法。其中气相色谱法以气体作为流动相，具体又可以分为气固色谱法和气液色谱法，是监测分析充油电气设备绝缘的重要技术手段。

气相色谱仪主要由气路系统和电路系统两大部分构成。其中，气路系统是一个载气连续运行、管路密闭的系统，由载气及其所流经的部件组成，包括载气系统、进样气化系统、色谱柱等，其气密性、载气流速的稳定性以及流量测量的准确性都对色谱试验结果产生影响；气相色谱仪的电路系统则由检测系统和记录系统构成，包括电源、温度控制器、热导控制器、微电流放大器、记录仪或数据工作站、数据处理装置等。

（2）油中溶解气体组分含量分析。油中溶解气体组分含量分析主要用于判断充油电气设备内部故障类型和发展趋势。

采集样品是油中溶解气体组分含量分析的基础，样品需要具有代表性，样品保存和运输应保持密封性。在进行绝缘油中溶解气体色谱分析前，还需要进行油气分离，即将油中溶解的气体在注入色谱仪或色谱柱之前全部或部分地脱离出来，否则若直接将油注入会吸附在色谱柱上使其失效。目前我国常用的油气分离方法包括振荡脱气法、膜脱气法、溶液平衡法和真空脱气法等。

绝缘油中溶解气体组分分析的对象主要包括 H_2、CO、CO_2、CH_4、C_2H_6、C_2H_4、C_2H_2。根据油中溶解气体组分、含量和变化趋势，常用特征气体法和三比值法来判断变压器故障的性质和状态。

1) 特征气体法。利用油中特征气体诊断故障的方法称为特征气体法。设备故障类型及其油中溶解气体特征见表1-7。特征气体法有较强的针对性，较为直观方便，但是无具体量化值。

表1-7　　　　　　　　　设备故障类型及其油中溶解气体特征

故障类型		主要气体组分	次要气体组分
热故障	油过热	CH_4、C_2H_4	H_2、C_2H_6
	油和纸过热	CH_4、C_2H_4、CO、CO_2	H_2、C_2H_6
电故障	油纸绝缘中局部放电	H_2、CH_4、CO	C_2H_2、C_2H_6、CO_2
	油中火花放电	H_2、C_2H_2	
	油中电弧放电	H_2、C_2H_2	CH_4、C_2H_4、C_2H_6
	油和纸中电弧放电	H_2、C_2H_2、CO、CO_2	CH_4、C_2H_4、C_2H_6
受潮或油中气泡		H_2	

2) 三比值法。用五种特征气体的三对比值（C_2H_2/C_2H_4、CH_4/H_2、C_2H_4/C_2H_6）的编码组合来判断变压器故障性质的方法，称为三比值法。它根据电气设备内油纸绝缘故障下裂解产生气体组分的相对浓度与温度间的相互依赖关系，并选用了两种溶解度和扩散系数相近的气体组分的比值作为判断故障性质的依据，消除了油的体积效应的影响，可得出对故障状态较可靠的判据。

需要注意的是，只有根据气体各组分含量的注意值或气体增长率的注意值判断设备可能存在故障时使用三比值法判断才是有效的，否则无意义，另外由于充油设备内部故障复杂，且数据本身无法判断故障点的准确位置，故三比值法需要结合其他情况进行综合诊断分析，不可完全依赖。

三比值法编码规则见表 1-8，故障类型判断方法见表 1-9。

表 1-8　　　　　　　　三 比 值 法 编 码 规 则

特征气体的比值	比值范围编码		
	$\dfrac{C_2H_2}{C_2H_4}$	$\dfrac{CH_4}{H_2}$	$\dfrac{C_2H_4}{C_2H_6}$
<0.1	0	1	0
0.1~1	1	0	0
1~3	1	2	1
>3	2	2	2

表 1-9　　　　　　　　故障类型判断方法

编码组合			故障类型判断	故障参考实例
$\dfrac{C_2H_2}{C_2H_4}$	$\dfrac{CH_4}{H_2}$	$\dfrac{C_2H_4}{C_2H_6}$		
0	0	1	低温过热（低于150℃）	绝缘导线过热，注意 CO 和 CO_2 的含量以及 CO_2/CO 值
	2	0	低温过热（150~300℃）	分接开关接触不良，引线夹件螺栓松动或接头焊接不良，涡流引起铜过热，铁芯漏磁，局部短路，层间绝缘不良，铁芯多点接地等
	2	1	中温过热（300~700℃）	
	0, 1, 2	2	高温过热（高于700℃）	
2	1	0	局部放电	高湿度、高含气量引起油中低能量密集的局部放电
	0, 1	0, 1, 2	低能放电	引线对电位未固定的部件之间连续火花放电，分接抽头引线和油隙闪络，不同电位之间的油中火花放电或悬浮电位之间的放电
	2	0, 1, 2	低能放电兼过热	

续表

编码组合			故障类型判断	故障参考实例
$\dfrac{C_2H_2}{C_2H_4}$	$\dfrac{CH_4}{H_2}$	$\dfrac{C_2H_4}{C_2H_6}$		
1	0, 1	0, 1, 2	电弧放电	线圈匝间、层间短路，相间闪络、分接头引线间油隙闪络、引线对箱壳放电、线圈熔断、分接开关飞弧、因环路电流引起电弧、引线对其他接地体放电等
	2	0, 1, 2	电弧放电兼过热	

1.6.12 在线气体监测装置

传统变压器油色谱分析周期长，操作手续烦琐，对速度较快的故障反应不及时，故可以利用油中溶解气体在线监测装置对带电运行的电气设备的油中溶解气体状态参数进行连续监测，或以较短的周期进行定时在线监测，以便及时发现变压器故障，减少变压器突发事故的发生。某变电站中的变压器油色谱在线监测装置如图 1-62 所示。

1. 组成原理及各单元功能

油中溶解气体在线监测装置主要包括油样采集与油气分离部分、气体检测部分、数据采集与控制部分、通信部分、辅助部分等。

其中油样采集部分通过与变压器油箱相连的管路系统，完成对变压器本体油样的自动取样。油气分离部分实现溶解气体

图 1-62 某变电站中的变压器
油色谱在线监测装置

与变压器油的分离，采用的方法主要有真空分离法、动态顶空分离法、膜渗透分离法等。气体检测部分主要将气体组分的浓度转换为电子信号被检测，主要采用气相色谱法、光声光谱法等。数据采集与控制部分完成电信号的采集与数据处理、存储，实现分析过程的控制等。通信部分用于实现与控制部分的通信及远程维护、数据传输，应采用满足监测数据传输要求的可靠通信网络。辅助部分用于保证装置正常工作，主要包括恒温控制、载气瓶、管路等。

2. 按监测组分分类

油中溶解气体在线监测装置按照检测组分，可以分为多组分监测装置和少组分监测装置。

多组分监测装置是监测变压器油中溶解气体成分 6 种及以上的监测装置，可用于分析推测故障类型，监测量应包括氢气（H_2）、甲烷（CH_4）、乙烷（C_2H_6）、乙烯（C_2H_4）、乙炔（C_2H_2）、一氧化碳（CO）。常用的是包含二氧化碳（CO_2）在内的 7 种特征气体的监测装置，氧气（O_2）和氮气（N_2）为可选监测量。多组分监测装置具有检测灵敏度高、分析周期短、检测准确性高的优点。

少组分监测装置是监测变压器油中溶解气体成分少于 6 种的监测装置，监测量为特征气体中的一种或多种，应至少包括氢气（H_2）或乙炔（C_2H_2）气体组分，有一定检测局限性，常用于缺陷或故障预警。

3. 按检查原理分类

油中溶解气体在线监测装置按照检测原理，主要分为气相色谱型和光声光谱型等。

气相色谱检测主要通过色谱柱对变压器油中脱出的混合气体进行气体分离，从而测量出变压器油中色谱图，得到相应气体含量。

光声光谱检测主要是通过光声光谱效应来实现变压器油中气体和微水的检测，其利用一束强度可频率调制的单色光照射到密封于光声池中的样品上，样品吸收光能后，以释放热能的方式返回基态能量，释放的热能使样品和周围介质按光的调制频率产生周期性加热，从而导致介质产生周期性压力波动，压力波的强度与气体的浓度成比例关系，这种与光脉冲相同频率的压力波动可被灵敏的微音器或传声器检测到，并通过放大得到光声信号，从而可以通过检测到的光声信号的振幅来计算待测气体的浓度。光声光谱检测装置原理图如图 1-63 所示。

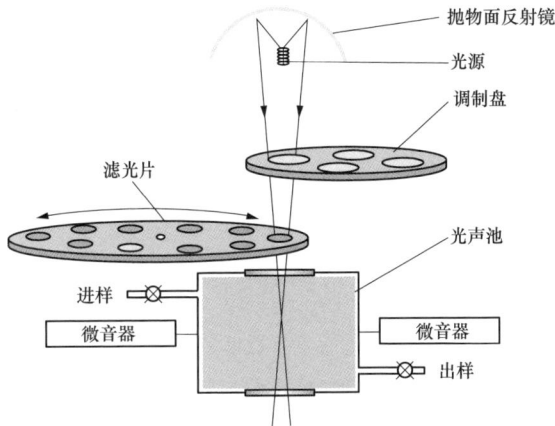

图 1-63　光声光谱检测装置原理图

随着半导体激光器、波长调制技术、锁相放大技术的发展，采用半导体激光器光源的光声光谱技术成为新时期提高气体检测灵敏度的新选择。激光光声光谱在线监测装置主要由半导体激光器、光声池、信号检测与控制装置组成。激光经过波长调制，通过光纤传输到准直器，入射到光声池中，采样气体吸收周期性红外激光的能量后由基态跃迁至激发态，再通过无辐射方式回到基态，这个过程伴随着周期性声波信号的产生。微音器可以将声压信号转换为电信号，再经锁相放大器检测即可得到该电信号的幅度。根据光声信号与气体浓度成正比例关系，可以得到光声池内样品气体受激发部分气体分子的含量。激光光声光谱在线监测装置原理图如图 1-64 所示。

4. 气体成分标准要求

对最低检测限值和最高检测限值之间气体含量的油样进行分析的同时，

取同一油样在气相色谱仪上检测，以色谱仪检测数据为基准，可以计算测量误差。在线监测装置的测量误差应符合表 1-10 和表 1-11 中的要求。

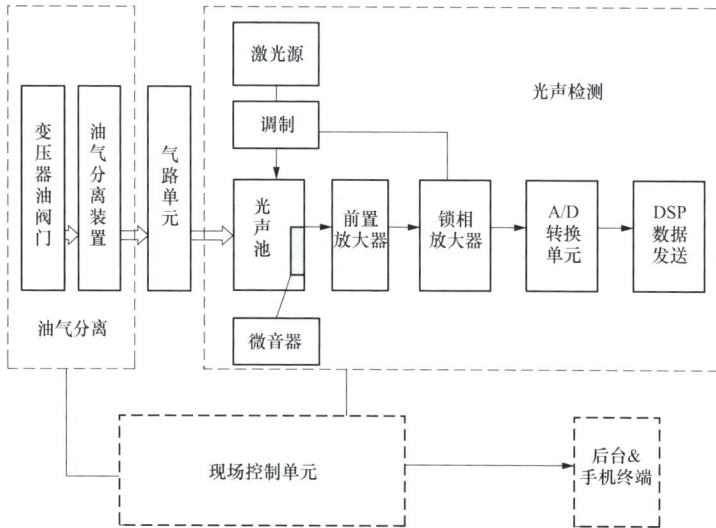

图 1-64　激光光声光谱在线监测装置原理图

表 1-10　　　　　　　　多组分在线监测装置测量误差限值要求

检测参量	最低检测限值 （μL/L）	最高检测限值 （μL/L）	测量误差要求
氢气（H_2）	2	2000	
乙炔（C_2H_2）	0.5	1000	
甲烷（CH_4）	0.5	1000	
乙烷（C_2H_6）	0.5	1000	最低检测限值 或 ±30%，测量误 差取两者最大值
乙烯（C_2H_4）	0.5	1000	
一氧化碳（CO）	25	2000	
二氧化碳（CO_2）	25	15000	
总烃	2	4000	

表 1-11　　　　　　　少组分在线监测装置测量误差限值要求

检测参量	最低检测限值（μL/L）	最高检测限值（μL/L）	测量误差要求
氢气（H$_2$）	5	2000	最低检测限值或±30%，测量误差取两者最大值
乙炔（C$_2$H$_2$）	1	200	
一氧化碳（CO）	25	2000	
复合气体（H$_2$、CO、C$_2$H$_4$、C$_2$H$_2$）	5	2000	

1.6.13　铁芯与夹件引出接地

变压器铁芯既是变压器的闭合磁路，又是套装绕组的骨架，由芯柱和铁轭组成，铁芯被绕组遮盖住的部分称为铁芯柱，其他未被绕组围住构成磁通闭合路径的部分称为铁轭。

为了降低磁滞及涡流损耗，铁芯一般由厚度为 0.35 ~ 0.5mm 且两面均涂有几微米厚的绝缘漆以保持相互绝缘的硅钢片叠压组装而成，硅钢片一般交错叠压，从而减小励磁电流。

硅钢片有冷轧硅钢片和热轧硅钢片两种，目前我国变压器普遍使用冷轧硅钢片，可以减少体积、降低质量，且其在生产过程中表面已形成绝缘层，一般不需要再涂绝缘漆。

铁芯柱和铁轭都是由一片片分散的硅钢片根据设计要求整齐排列叠装而成，变压器通过铁芯结构件（如上夹件、下夹件、绑扎带、撑板、垫脚等附件）保证叠片的充分夹紧，紧固铁芯，硅钢片叠片和这些附件之间均有绝缘件。

变压器铁芯和夹件结构如图 1-65 所示。

运行中的变压器，其铁芯及固定铁芯的其他附件等都处于绕组周围的强电场内，如果铁芯不接地，在外加电场的作用下，铁芯及其附件必然感应一定电压，具有较高的对地悬浮电位，当感应电压超过对地放电电压时，就会

图 1-65　变压器铁芯和夹件结构

产生放电现象。另外，在绕组的周围具有较强的磁场，铁芯和零部件都处在非均匀的磁场中，它们与绕组的距离各不相等，感应出的电势大小也各不相等，存在电位差，有可能击穿很小的绝缘间隙，引起持续性的微量放电。为防止运行中变压器铁芯、夹件等金属部件感应悬浮电位过高而造成放电，故需要将铁芯和夹件可靠接地。

铁芯接地有两种方式：

（1）小型变压器油箱内，结构件和油箱连接，在铁芯的上铁轭上插入接地片（铜带），接地片和上夹件连接，两个上夹件通过夹紧螺杆连接，上夹件通过拉杆和下夹件连接，下夹件和铁芯垫脚连接，在器身放入油箱中后，铁芯垫脚和油箱接通，铁芯接地。

（2）大型变压器为了方便试验和故障查找，通常将铁芯接地片通过套管从变压器油箱盖引出，在变压器油箱外部接地。其上夹件和下夹件通过拉板连接，上夹件通过其上部的撑板连接，下夹件通过垫脚连接。铁芯拉带必须和铁芯叠片绝缘，在变压器的一侧和夹件连接。

需要特别注意的是，变压器的铁芯及夹件必须接地，且只能一点接地。当变压器铁芯或其他金属构件有两点或两点以上接地时，接地点间就会形成闭合回路，造成环流，环流值有时可高达数十安培。该电流会引起铁芯及周围局部过热，损耗增加，甚至造成接地片熔断，或铁芯烧坏，导致铁芯电位悬浮，产生放电，使变压器不能继续运行。过热造成的温升还能导致变压器绝缘油分解，产生可燃气体，气体溶解于油中，引起变压器油性能下降，油中总烃大大超标，当油中气体不断增加并析出时可能导致气体继电器动作发出信号，甚至使变压器跳闸。

变压器铁芯多点接地故障在变压器事故中较为常见，主要原因是变压器在现场安装中不慎遗落金属异物造成多点接地，或铁轭与夹件短路、芯柱与夹件相碰等。铁芯、夹件的接地电流测试、油中溶解气体色谱分析、空载损耗试验等有助于判断铁芯、夹件的接地情况。

1.6.14 变压器灭火装置

变压器本体含有大量的易燃物质，比如数吨变压器绝缘油、纸板木材等绝缘有机可燃材料、故障产生的可燃气体等，一旦变压器在工作中由于故障等原因起火，很难扑灭，且火灾的高温可能引起变压器油箱破裂爆炸并蔓延至附近其他设备，甚至可能威胁到人身安全，会造成难以估量的严重损失，为此，国家防火规范规定发电厂和变电站要有防火装置。

常用的变压器灭火装置包括水喷雾灭火装置、泡沫喷雾灭火装置、排油注氮灭火装置、气体灭火装置等。

（1）水喷雾灭火装置。水喷雾灭火装置是目前国内室外大型油浸式变压器应用较多的一种灭火装置，由水源、供水设备、管道、雨淋阀组、过滤器和水雾喷头等组成，其灭火机理是当水以细小的雾状水滴喷射到正在燃烧的物质表面时，产生表面冷却、窒息、乳化和稀释的综合效应实现灭火。水喷雾灭火系统应具有自动控制、手动控制和应急控制三种启动方式。

水喷雾喷头一般可分为中速水喷雾喷头和高速水喷雾喷头，喷头宜布置在变压器周围，不宜布置在变压器的顶部，保护变压器顶部的水雾不应直接喷向高压套管，喷雾系统管道对变压器带电部分应保持安全距离。

水喷雾灭火系统技术较为成熟，适用范围广，不仅可以提高扑灭固体火灾的灭火效率，同时由于水雾不会造成液体飞火，电气绝缘性好，灭火效率高，在国内外均有较为广泛的应用。但该装置的使用必须有稳定充足的水源，而我国西北地区缺水，客观制约较大。另外，西北地区风沙较大，有可能影响喷头的使用效果；北方寒冷地区，冬天储水池易结冰，需要注意保温；对于特大型城市市内用变压器以及地下变电站来说，水喷雾灭火装置占地面积大，消防水源不易解决，需要定期试喷，防止管道等锈死，安装和维护成本较高。

（2）泡沫喷雾灭火装置。泡沫喷雾灭火装置主要由储液罐、泡沫预混液、分区阀、管网及水雾喷头、启动源、动力源、减压阀、安全阀、火灾探测器和电气控制盘等部分组成。

泡沫喷雾灭火装置采用水成膜类泡沫液的预混液作为灭火剂储存于储液罐中，其原理是，在动力源作用下，通过管道和专用的水雾喷头雾化，喷射到灭火对象上，泡沫喷雾覆盖在燃烧物体的表面，使可燃物与氧气隔绝停止燃烧，同时细水雾遇热汽化，降低燃烧的热量，稀释燃烧物周围氧气的浓度，水中添加剂热分解过程中发生吸热反应，使燃烧表面的温度降到燃烧物质的燃点以下，从而达到迅速灭火的效果。

（3）排油注氮灭火装置。排油注氮灭火装置是一种新的变压器灭火装置，以预防为主，防消结合，由温度探测器、排油系统、断流系统、注氮系统、消防控制柜和电控箱组成，不需要水源和水管路，对环境几乎没有污染，主要是通过采取立即切断油路、迅速排出热油、搅拌冷却油温、隔氧窒息灭火四种手段来达到消防灭火的目的。

排油注氮灭火装置与变压器的连接如图 1-66 所示。温度探测器安装于油箱顶部最易发生火灾处，当油箱超压和油箱顶部区域超温时，在自动控制方式下与气体继电器触点一起动作。断流系统安装于供油管道上、气体继电器和储油柜之间，运行变压器出现非正常溢油时，自动切断与油箱之间的油路。消防控制柜安装于变压器附近，由蝶阀、电磁机构、重锤、阀杆、检查孔、箱体、减压阀连杆、固定夹和氮气瓶组成，与变压器本体之间连有排油管道和注氮管道，与电控柜连接，执行排油注氮灭火任务。

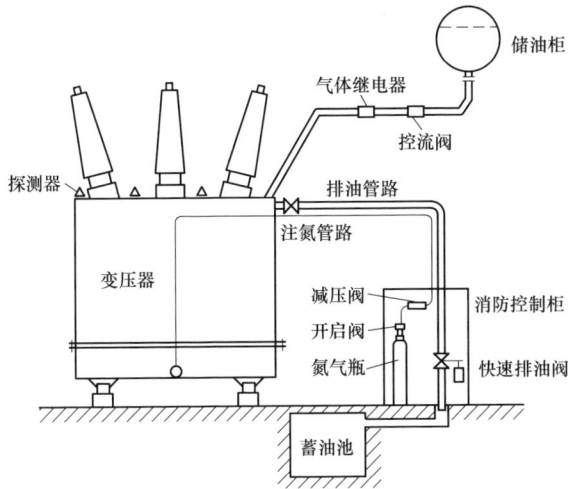

图 1-66　排油注氮灭火装置与变压器的连接

　　排油注氮灭火装置的工作原理及动作流程如图 1-67 所示。当变压器内部发生故障时，向消防控制柜发出火警信号，消防控制中心启动排油注氮系统，打开排油阀和氮气瓶阀门，排油泄压，防止变压器爆炸。同时，储油柜下面的控流阀自动关闭，切断储油柜向变压器油箱供油，部分油液通过排油阀门，将表面热油导入储油槽（蓄油池），变压器油箱油位降低。一定延时后，氮气释放阀开启，减压后的氮气通过注氮管从变压器箱体底部注入变压器油中，

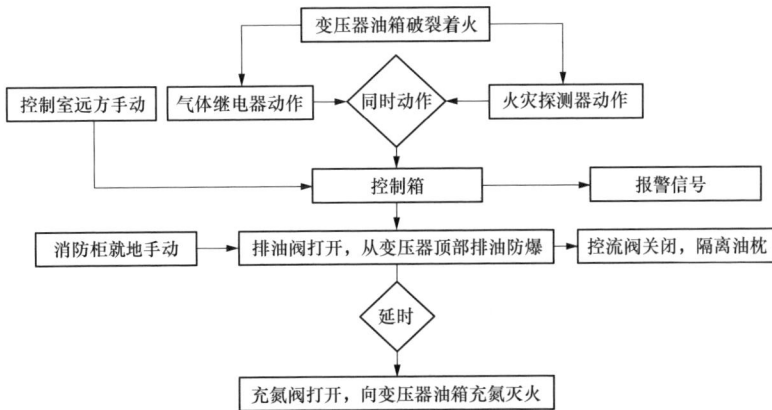

图 1-67　排油注氮灭火装置工作原理及动作流程图

带动底部凉油循环，搅动冷却降温，并覆盖在油液上面，隔绝油液与氧气的接触，进行灭火。

排油注氮灭火装置造价低、占地小、管理维护工作量小、运行费用低，对于初期火灾及变压器油箱内部的火灾，灭火效果较好，但是对于外部火灾，尤其是变压器外部下半部分以及分接开关箱内的火灾，灭火效果较差，且无法试喷，误报后影响正常运行，存在气体泄漏问题。

目前上海地区排油注氮灭火装置应用较少，仍以水喷雾灭火装置为主。

（4）气体灭火装置。气体灭火装置的灭火剂以气体或液体状态存贮于压力容器内，灭火时以气体（包括蒸汽、气雾）状态喷射作为灭火介质，主要用在不适于水灭火装置的环境中。

气体灭火装置根据灭火剂类型的不同而分为很多种。七氟丙烷气体灭火装置是一种高效能的灭火设备，七氟丙烷灭火剂是一种无色、无味、低毒性、绝缘性好、无二次污染的洁净气体，不导电，很容易挥发，并且在挥发后无任何残留物，对保护对象无二次破坏，但只能扑灭变压器表面火焰，在消除变压器火灾隐患和防止变压器复燃方面仍存在一定问题，且启动时若防范不够，易造成人窒息。

热气溶胶灭火装置是一种烟雾型全淹没式灭火装置，其灭火剂是一种由氧化剂、还原剂、燃烧速度控制剂和黏合剂组成的固体混合物，以固态常温常压储存，不存在泄漏问题，维护方便；无管网，不需要布置管道，安装灵活，工程造价相对较低。但气溶胶释放后，对火场逃生有不利影响，只适用于安装在室内的变压器，此灭火系统也只能扑灭变压器表面火焰，无法防止变压器复燃。

高压二氧化碳气体灭火装置的灭火剂为 100% 二氧化碳气体，价格低廉，长期贮存不变质，不会损坏设备，灭火时不污染火场环境，灭火后很快飘散，不留痕迹，但是需要注意二氧化碳在空气中的浓度，防止产生窒息等事故。

火探管气体灭火装置采用柔性可弯曲的火探管作为火灾的探测报警部件，柔性的火探管可以很方便地布置在每一个潜在着火点附近，同时还可兼作灭火剂的输送及喷放管道，报警灭火合一，探测反应时间快，一旦发生火灾，在火灾初期着火点附近火探管受热破裂，立即释放灭火剂进行灭火，无需电源和探测器，可大幅度降低成本。

IG541 混合气体灭火装置的灭火剂由氮气、氩气和二氧化碳气体按一定的比例混合而成，但其钢瓶气态存储，占地面积较大，系统成本高。

1.6.15　其他辅助设施

1. 蓄油池

变压器不仅要做好自身防火灭火措施，尤其还要注意事故排油和隔离，以免火灾扩大化。为了防止变压器发生事故时燃油流失致使事故范围扩大，应设置蓄油池，从而将油通过蓄油池底部的排油管迅速排到安全的地方，且不引起污染危害。排油管内径的选择应满足能尽快将油排除，油池壁采用清水混凝土施工工艺，表面应光洁，横平竖直，颜色一致，无蜂窝麻面，无气泡，油池壁与主变压器、排油注氮灭火设备基础及电缆沟间应柔性连接。蓄油池内铺设鹅卵石，粒径为 50~80mm，铺设厚度不小于 250mm，可帮助吸收变压器漏油，防止变压器着火时油泄至地面时仍然燃烧，泄油时冷却油温，同时防止小动物从排油管进入。

2. 防火墙

当变压器着火或喷油时，应不危及邻近变压器或其他设备和建筑物的安全。

防火墙有很多不同材料和工艺，其中混凝土框架清水砌体防火墙基础上部的钢筋混凝土梁、柱应一次施工，表面应密实光洁，棱角分明，颜色一致，不得抹灰修饰。当外部环境对混凝土影响严重时，可外刷透明混凝土保护涂料，用于封闭孔隙、防止大气的腐蚀、防止裂缝，延长耐久年限。防火墙的高度不宜低于变压器储油柜的顶端高度。

3. 防爆管

变压器防爆管的作用与压力释放阀相同，即当变压器内部压力过大时动作，释放压力，以防事故扩大。在事故喷油时，变压器防爆管不应喷及电缆头、母线和邻近的变压器或其他电气设备，必要时应装设弯头、挡板或采取其他措施。

4. 变压器基础

变压器基础是对变压器起支撑作用的结构，一般采用清水混凝土施工工艺，基础高度应保证变压器出线绝缘套管底部对地距离在 25m 以上，不宜布置在跨越水工建筑物的伸缩缝或沉陷缝处。表面应平整、光滑，棱角分明，颜色一致，接槎整齐，无蜂窝麻面，无气泡，表层混凝土内宜设置钢筋网片。当外部环境对混凝土影响严重时，可外刷透明混凝土保护涂料，封闭孔隙，延长使用年限。基础混凝土应根据季节和气候采取相应的养护措施，冬期施工应采取防冻措施。

1.7

变 压 器 的 电 气 试 验

为了便于掌握电气设备的状态、及时发现潜在隐患，常开展设备电气试验。

按试验目的，电气试验一般分为型式试验、出厂试验、交接试验、大修试验、例行试验、诊断性试验、抽检试验等。根据试验性质和内容，电气试验还可以分为绝缘试验和特性试验两大类，绝缘试验主要考察设备的绝缘水平，特性试验主要考察设备的电气或机械特性等。各类试验方法各有所长、各有局限，应结合试验结果和设备具体情况进行综合分析。

本章将重点介绍例行试验和交接试验两方面的相关内容。其中，例行试验的标准主要参见《国家电网公司变电检测通用管理规定》；交接试验的标准参见 GB 50150—2016《电气装置安装工程　电气设备交接试验标准》。

1.7.1　例行试验项目

变压器例行试验项目主要包括绝缘电阻及吸收比、极化指数试验，绕组连同套管的介质损耗因数试验，铁芯、夹件绝缘电阻试验，套管主屏绝缘电阻、电容量、介质损耗因数试验，末屏绝缘电阻及介质损耗因数试验，绝缘油的电气和理化试验，短路阻抗试验，变比试验，直流电阻试验，有载开关特性试验等。

（1）绝缘电阻、吸收比和极化指数试验及套管主屏绝缘电阻、末屏绝缘电阻试验有助于判断设备的绝缘状况，能有效发现变压器、套管及套管末屏的绝缘整体受潮、部件表面受潮、末屏受潮、脏污，以及贯穿性的集中性缺陷，如瓷件破裂、引出线接地等。

（2）铁芯、夹件绝缘电阻试验用于检查铁芯是否存在多点接地、夹件是否存在多点接地以及铁芯与夹件之间的绝缘是否良好。

（3）介质损耗因数和电容量试验，可以检查变压器及套管的整体受潮、绝缘老化、油质劣化及电容层缺陷、严重的局部性缺陷等，从绕组的介质损耗因数值还能推测出绝缘纸的含水量。

（4）绝缘油的电气和理化试验，有助于及时发现绝缘油的变化情况，判断绝缘油性能。

（5）短路阻抗试验，可以核对变压器短路阻抗，确定变压器是否能够并列运行，确定变压器的温升，计算变压器的效率、热稳定和动稳定，检查变压器绕组在受到机械力或短路电流冲击后是否存在变形情况。

（6）直流电阻试验检查绕组接头的焊接质量、绕组有无匝层间短路、分接开关的各个位置接触是否良好、实际位置与指示位置是否相符、引出线有无断裂、多股导线并绕的绕组是否有断股等情况。

（7）有载分接开关试验用于检查有载分接开关的切换程序、过渡时间、过渡波形、过渡电阻、储能机构等是否正常，可以发现变压器经过运输、安装后开关内部有无变形、卡涩、螺栓松动等现象，各导电连接部位接触情况、触点接触压力是否正常；分接开关切换程序顺序是否无误。

1.7.2　交接试验项目

变压器在投入运行前的试验项目主要包括绝缘电阻及吸收比、极化指数试验，绕组连同套管的介质损耗因数试验，绕组连同套管的泄漏试验，铁芯、夹件绝缘电阻试验，套管主屏绝缘电阻、电容值、介质损耗因数试验，末屏绝缘电阻及介质损耗因数试验，绝缘油的电气和理化试验，短路阻抗试验，变比和联结组别试验，直流电阻试验，外施工频交流耐压试验、局部放电试验，有载开关特性试验，绕组变形试验，套管型电流互感器试验等。

（1）绕组连同套管的泄漏试验，有助于发现套管密封不严进水、变压器瓷质绝缘裂纹、夹层绝缘内部受潮、局部松散断裂、绝缘油劣化、绝缘沿面碳化及其他未完全贯通的集中性缺陷，发现有些用其他绝缘试验项目所不能发现的局部缺陷。

（2）变比和联结组别试验，可以检查变压器联结组别是否和铭牌上标注的一致，检查每个分接挡位的实际电压比是否和铭牌上的一致，确定变压器是否能并列运行，确定分接开关位置正确且接触状况良好、绕组无断路短路情况。

（3）各项耐压和局部放电试验，主要用于检查变压器的主绝缘、纵绝缘等性能，及时发现绝缘薄弱点、是否有局部放电现象。

（4）绕组变形试验，可以用来判断绕组有无变形，及时发现安全隐患。

1.8

变 压 器 的 运 行 维 护

为进一步提升设备运维管理水平，保障变压器和电网安全稳定运行，还需对变压器进行巡视和维护，从而及时发现和解决变压器的潜在隐患。

1.8.1　变压器巡视

变压器巡视主要包括日常巡视、例行巡视和特殊巡视。

变压器的日常巡视和例行巡视主要包括检查变压器外观是否正常，检查变压器各部位是否有渗漏油，检查油温、油位、温度计、电源和各类信号指示等是否正常，检查变压器各组件如冷却系统、油流继电器、吸湿器、压力释放器、防爆装置、有载分接开关、气体继电器、控制箱和二次端子箱等是否工作正常，检查设备有无电晕、放电、过热、异常声响等情况，缺陷有无发展，检查设备防火、防小动物、防误闭锁等有无漏洞，检查接地网及引线是否完好等。

在大风、雾天、冰雪、冰雹及雷雨后，或设备新投入运行后，或设备经过检修、改造或长期停运重新投入运行后，都应对变压器进行特殊巡视检查。当出现过负荷或负荷剧增、超温、设备发热、系统冲击、跳闸、接地故障、设备缺陷有发展时，应加强巡视。

1.8.2　变压器维护

（1）吸湿器维护。检查吸湿器应完好，呼吸孔应通气，吸附剂应干燥，油封油位应正常。当吸湿剂受潮变色超过 2/3、油封内的油位超过上下限、吸湿器玻璃罩及油封破损时应及时维护。当吸湿剂从上部开始变色时，应立即查明原因，及时处理。更换吸湿器及吸湿剂期间，应将相应重瓦斯保护改投信号，对于有载分接开关还应联系调控人员将调挡功能退出。

（2）分接开关维护。检查分接开关接触是否良好，有载调压分接开关的分接位置、在线滤油装置工作位置及电源指示是否正常，传动机构是否灵活，储油柜油位是否正常，无励磁调压分接头位置是否指示正确。

（3）冷却系统维护。检查冷却器装置控制系统是否完好正常，检查风扇是否无异物缠绕，检查风扇及潜油泵的转向及声音，各冷却器手感温度应相近，风扇、油泵、水泵运转正常，油流继电器工作正常，对于有油流监视器的必须监察油流量正常。冷却器（散热器）上下连管、油箱管接头处的蝶阀处于开启位置，气体继电器内充满油，内部无气体。水冷却器的油压应大于水压（制造厂另有规定者除外）。运行中发现冷却系统指示灯、空气开关、热耦合接触器损坏时，应及时更换，并尽量保持型号相同，更换完毕后应检查接线正确，电源自投、风机切换正常。

（4）变压器事故蓄油池维护。蓄油池内不应有杂物，并应视积水情况及时进行清理和抽排。

（5）气体继电器放气。取气进行气体检测时，应装设专用接头及进出口测量管路，接头及管路应连接可靠无漏气。放气后应及时关闭排气阀，确保关闭紧密，无渗漏油。严禁在取、放气口处以及变压器周围、充油充气设备周围进行气体点火检测。无气体地面采集装置时，若需将气体继电器集气室的气体排出，为防止误碰探针造成瓦斯保护跳闸可将变压器重瓦斯保护切换为信号方式；排气结束后，应将重瓦斯保护恢复为跳闸方式。

（6）变压器铁芯、夹件接地电流测试。检查变压器铁芯、夹件是否可靠接地，接地电流在直接引下线段进行测试（历次测试位置应相对固定），严禁将变压器铁芯、夹件的接地点打开测试，当接地电流超过注意值时需要引起注意。

（7）红外检测。重点检测套管油位、储油柜油位、引线接头、套管及其末屏、电缆终端、二次回路等是否存在异常。

（8）在线监测装置载气更换。气瓶上高压指示下降到报警值时应更换气瓶，更换完毕后应检测气路系统是否漏气。

1.9

常见故障及异常处理

1.9.1　变压器渗漏油

由于变压器制造工艺和安装质量问题、密封不良、恶劣的运行环境、部件锈蚀变形、机械振动等原因，油浸式变压器渗漏油现象时有发生，比如变压器取油口发生渗漏油，如图 1-68 所示，变压器顶盖渗漏油，如图 1-69 所示。严重的渗漏油将降低变压器的绝缘性能和使用寿命，影响系统安全稳定运行。

图 1-68　变压器取油口渗油

图 1-69　变压器顶盖渗漏油

1.9.2　变压器油位异常

变压器有时会出现油位异常现象，若变压器油位过低，则可能导致瓦斯保护误动作，情况严重时，甚至有可能使变压器引线或线圈从油中露出，造成绝缘击穿；若是油位过高，则容易产生溢油。长期漏油、温度过低、渗油、检修变压器放油之后没有及时补油等都是导致油位过低的原因。影响变压器油位变化的因素很多，如冷却装置运行状况的变化、壳体渗油、负荷变化以及周围环境变化等。

变压器油温会因负荷与环境因素的影响而变化，若油温出现变化，但油标中油位却没有跟着变化，那么油位就是一个假象，造成这种状况的原因可能是油标管堵塞、呼吸管堵塞、防爆管通气孔堵塞等。

故需要经常对变压器油位计的指示状况进行检查，当油位异常时，应结合红外探测设备来确定真实油位，查明油位异常原因，看变压器是否存在严重渗漏油，检查吸湿器呼吸是否畅通、管道是否堵塞，对储油柜胶囊、呼吸管道、旁通阀、油位表、浮球、转轴、放气螺丝等与油位有关的部件进行全面细致的检查、测试，确定故障原因后采取相应措施，比如对卡滞或损坏的部件进行维修、更换，或进行放油、补油等操作。

如图 1-70 所示，变压器呼吸器油位异常，低于下限值，检查和处理时应注意做好瓦斯保护误动措施。

图 1-70　变压器呼吸器油位异常

1.9.3　变压器储油柜胶囊破损

变压器储油柜的胶囊若破损进油，则其位置下降，很有可能将本体与储油柜连接的通道堵塞。当本体油位下降时，储油柜的油无法进入变压器本体，气体继电器中少油或无油后动作。故可以在本体与储油柜的通道处加装防护网，防止胶囊损坏后直接堵塞油流路径。

1.9.4　变压器冷却系统波纹管变形

由于变压器设计和制造问题、机械振动等原因，导致变压器冷却系统波纹管明显弯曲变形，如图 1-71 所示，且弯曲变形和机械振动等造成该波纹管有一较大的裂缝并漏油。对于该种问题可以在波纹管两侧适当位置加装硬支撑，且波纹管应采用直连方式固定，如图 1-72 所示。

1.9.5　变压器内部声音异常

变压器正常运行时会产生均匀的"嗡嗡"声，这是由于铁芯中交变的磁通在铁芯硅钢片间产生的力造成振动的结果。变压器日常出现最多的异响就是过电压和过电流情况下"嗡嗡"声会比原来大但无杂音，也可能随着负荷的急剧变化呈现出不均匀的"嗡嗡"声，同时变压器对应的电压或电流仪表也会发生相应变化。另外，变压器个别零件松动、变压器铁芯故障或匝间短路等也会导致振动发出异响，如果是由于变压器铁芯故障或匝间短路造成的异响，应将变压器退出运行并处理。

图 1-71　变压器冷却系统波纹管变形

图 1-72　波纹管采用直连方式固定

小结

　　变压器是变电站中非常重要的电力设备，变压器的铭牌包含了变压器的重要参数信息，短路阻抗、联结组别等反映变压器的特性、影响变压器的运行方式，变压器的绝缘水平反映变压器的绝缘性能。变压器的铁芯、绕组、套管、冷却方式、调压装置、箱体、保护及安全装置等是变压器的重要组成部分，变压器油能起到绝缘和冷却作用，油的理化试验及在线监测装置有助于分析判断变压器的绝缘和健康状况。做好变压器的运行、检修与维护工作对及时发现潜在隐患、消除变压器缺陷、保证电网安全稳定运行具有重要意义。

习题与思考题

1-1 何为变压器无励磁调压和有载调压？ 它们各有何优缺点？

1-2 简述两台变压器并列运行的条件。

1-3 简述油浸式变压器的基本结构。

1-4 简述变压器储油柜的作用。

1-5 简述变压器呼吸器、内部硅胶、油封杯的作用。

1-6 列举油浸式变压器常用的冷却方式。

1-7 为何需要特别关注油中乙炔的含量？

1-8 简述变压器的铁芯和夹件只能一点接地的原因。

1-9 请画出变压器联结组别 Yd11 的绕组接线图和电压相量图。

1-10 一台单相变压器，$S_N = 20000\text{kVA}$，$\dfrac{U_{1N}}{U_{2N}} = \dfrac{220/\sqrt{3}}{11}$ kV，$f_N = 50\text{Hz}$，绕组由铜线绕制，在 15℃时做短路试验，电压加在高压侧，测得 $U_k = 9.24\text{kV}$，$I_k = 157.4\text{A}$，$P_k = 129\text{kW}$，试求折算到高压侧的短路参数 Z_k、r_k、x_k，并求折算到 75℃时的值。

1-11　当主变压器轻瓦斯发出告警信号时，可能是由哪些缺陷引起的？　可采取哪些处理措施？

1-12　简述油浸式变压器的主要在线监测技术手段，试思考未来在线监测技术在变压器上的应用前景。

第 2 章　CHAPTER TWO

断路器

02

　　断路器是电力系统中重要的控制设备。在日常的电力生产工作中，断路器往往被称作开关。断路器是一种机械开关装置，能够关合、承载和开断正常电路条件下的负荷电流，可通过断路器将一部分电力设备、线路投入或退出运行，起到控制作用。同时，断路器也能在规定的时间内，关合、承载和开断异常电流。当电流超过保护整定值时，断路器可在继电保护装置的指令下，将故障部分从电网快速切除，起到保护电网中的无故障部分正常运行的作用。

国网上海市电力公司电力专业实用基础知识系列教材
交流变电站电气主设备

2.1

断 路 器 的 分 类

断路器可以按照安装地点、结构特点、灭弧介质、运行位置、灭弧室断口数量等进行分类。

2.1.1 按照安装地点分类

断路器按照安装地点的不同，主要分为户内型和户外型两种，图 2-1 为 40.5kV 户内型手车式断路器，图 2-2 为 40.5kV 户外型瓷柱式断路器。户内和户外断路器的根本区别在于所采用的外部封装、外壳材料以及外绝缘防污水平等方面，户内断路器只能用于建筑物内或不受气候影响的遮蔽物内。此外，按地理环境不同，断路器可分为普通型、高原型、防振型及防污型等。

图 2-1　40.5kV 户内型手车式断路器　　图 2-2　40.5kV 户外型瓷柱式断路器

2.1.2 按照结构特点分类

（1）按照相数可分为单相断路器和三相断路器。

（2）按照外形结构可分为瓷柱式断路器和落地罐式断路器。

（3）按联动结构可分为三相机械联动断路器和三相电气联动断路器。三相机械联动断路器的全部三相灭弧室由一个操动机构同时进行操作，这种断路器分合闸时各极的同步性可以得到保证。三相电气联动断路器则使用三台操动机构分别控制三相灭弧室。

图 2-3 为 550kV 落地罐式三相电气联动断路器，图 2-4 为 252kV 瓷柱式三相电气联动断路器，图 2-5 为 252kV 瓷柱式三相机械联动断路器。

图 2-3　550kV 落地罐式三相
电气联动断路器

图 2-4　252kV 瓷柱式三相
电气联动断路器

2.1.3　按照灭弧介质分类

按灭弧介质进行分类，是断路器最重要的分类方式。电弧是一种电路开合时产生的物理现象，是断路器触头间形成的等离子体通道，是在灭弧介质中形成的大电流放电过程。大多数情况下，机械式开关设备在开合过程中，伴随触头分离产生电弧。只有在极低的电流和电压下，例如空载情况下，才可能出现无弧开合。电弧的高温将烧损触头及绝缘，严重情况下甚至引起相间短路、设备爆炸，从而酿成火灾、危及人员及设备

图 2-5　252kV 瓷柱式
三相机械联动断路器

的安全。因此，断路器需要设置灭弧室来减少电弧对触头的烧损并限制电弧的扩展空间。

目前，根据灭弧介质的不同，断路器的种类主要分为油断路器、SF_6 断路器以及真空断路器等。20 世纪 80 年代后，真空断路器和 SF_6 断路器占据了电力市场的主导地位。在断路器的发展历史中，还有一种以压缩空气作为灭弧介质的断路器。由于压缩空气断路器绝缘耐受能力低，结构复杂，目前在上海的电力系统中已经不再使用。

1. 油断路器

油断路器以绝缘油作为绝缘和灭弧介质。根据用油量的不同可以分为多油断路器和少油断路器。多油断路器的结构原理图如图 2-6 所示。

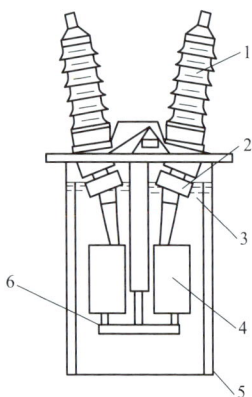

图 2-6　多油断路器结构原理图

1—绝缘套管；2—电流互感器；3—绝缘油；

4—静触头和灭弧室；5—油箱；6—动触头

少油断路器中的绝缘油用来熄灭电弧和作为触头间的绝缘介质。与多油断路器用绝缘油实现对地绝缘不同，少油断路器的对地绝缘主要采用固体绝缘件，如瓷件、环氧树脂浇注件等，所以绝缘油的用量比多油断路器少很多，图 2-7 为 SW2-40.5 型少油断路器结构示意图。

多油断路器因油量过大，存在爆炸火灾隐患，目前已淘汰使用。在上海的电网中，目前仍有极少的 40.5kV 少油断路器在保留运用。

2. SF_6 断路器

SF_6 断路器是采用 SF_6 气体作为绝缘和灭弧介质的断路器，SF_6 断路器的通流能力及开断能力强、断口电压高、电寿命长，可满足频繁操作。

SF_6 断路器根据对地绝缘的不同方式，分为罐式和瓷柱式两种类型。

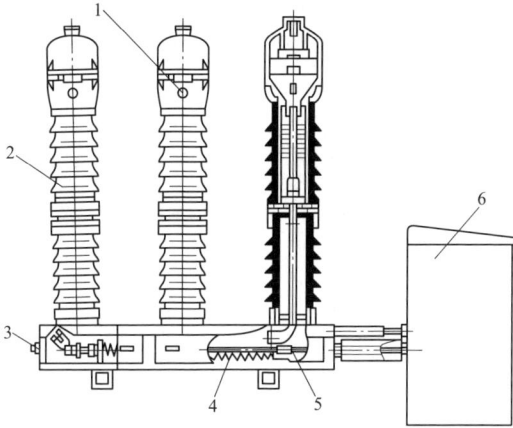

图 2-7 SW2-40.5 型少油断路器结构示意图

1—油位指示；2—断路器本体；3—油缓冲器；4—分闸弹簧；5—水平拉杆；6—操动机构

（1）罐式型。这类断路器对地绝缘方式的特点，是触头和灭弧室装在充有 SF_6 气体并接地的金属罐中，触头与罐壁间采用环氧支持绝缘子固定，引出线靠绝缘瓷套管引出，如图 2-8 所示。可以在套管上装设电流互感器，在使

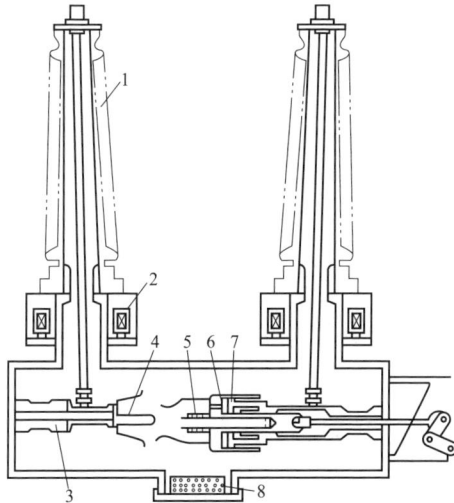

图 2-8 罐式 SF_6 断路器

1—套管；2—电流互感器；3—绝缘子；4—静触头；5—动触头；6—压气缸；7—压气活塞；8—吸附剂

用时不需要再配专用的电流互感器。罐式断路器的优点是整体重心低、抗震能力强，在低电位下断路器两侧都可以安装多个电流互感器，工厂内进行装配调整后可以整体运输。

（2）瓷柱型。瓷柱型 SF_6 断路器的灭弧室可布置成 T 形或 Y 形。灭弧室采用单断口则可以布置成单柱式结构，如图 2-9 所示。灭弧室 4 位于高电位，靠支柱绝缘套管对地绝缘。瓷柱式断路器优点是成本低、安装空间要求小、灭弧介质用量小。

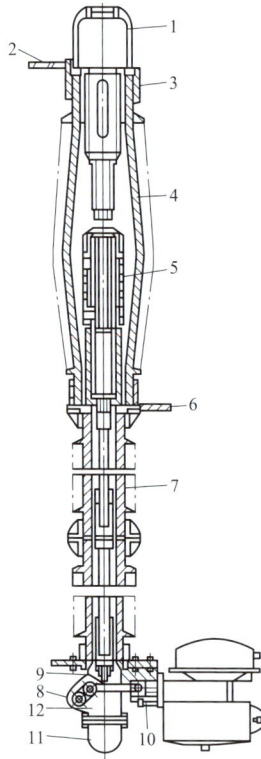

图 2-9　瓷柱型 SF_6 断路器

1—罩壳；2—上接线板；3—密封圈；4—灭弧室；5—动触头；

6—下接线板；7—支柱绝缘套；8—轴；9—操动机构传动杆；

10—辅助开关传动杆；11—吸附剂；12—传动机构箱

3. 真空断路器

真空断路器是利用真空的高介质强度来灭弧的断路器，主要用于 10~35kV 电力系统中，真空断路器的结构如图 2-10 所示。它具有触头开距短（一般约为 10mm）、电弧电压低、熄弧快、体积小、质量轻、寿命长、无污染等优点。目前，考虑到环保因素，减少断路器中 SF_6 气体的使用成为一种研究趋势。真空断路器正逐渐往高电压等级发展，在110kV 的电网中真空断路器的使用开始逐渐增多，适用于 220kV 电网的真空断路器正在研发当中。

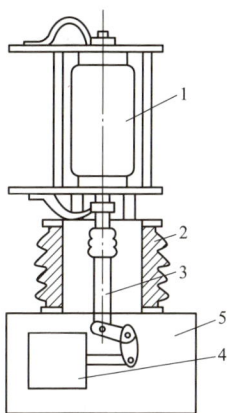

图 2-10　真空断路器组成结构图

1—真空灭弧室；2—绝缘支撑；3—传动机构；4—操动机构；5—基座

2.1.4　按照运行位置分类

（1）线路断路器：用于在正常工作时关合、开断以及发生短路时开断高压输电线路。用于架空输电线路时，应具有自动重合闸功能；用于电缆线路时，不需使用自动重合闸；用作联络断路器时，能开断失步故障。

（2）变压器断路器：用于变电站内变压器各侧的断路器。额定短路开断电流很大，应具有开合空载变压器的能力，不需使用快速自动重合闸。

（3）母联断路器：用于变电站电气主接线为双母线接线方式时两条母线之间连接的断路器。主接线为双母线带旁母的情况下，母联断路器可作为旁路断路器联合使用。在母联接线方式中，母联断路器是两条母线电气联系的纽带，一般情况下母联断路器是合闸状态，即母线并列运行；如母联断路器处于分闸状态，即两条母线分列运行。

（4）分段断路器：连接两段母线的断路器，可将两段母线分段运行，也可实现单母线运行。变电站采用母线分段的供电方式，可更大程度地提高供电可靠性。

高压断路器按照断口数量的不同可以分为单断口和多断口断路器。图 2-11 为 550kV 双断口型瓷柱式断路器。多断口断路器每相采用两个或更多的断口串联，在断路器分闸时，由操动机构将断路器各个串联断口同时拉开，断口把电弧分割成多个小电弧段，把长弧变成短弧。在相等的触头行程下，多断口比单断口的电弧拉得长，而且电弧被拉长的速度也增加，加速了弧隙电阻的增大。同时，由于加在每个断口的电压降低，使弧隙恢复电压降低，也有利于熄灭电弧。

图 2-11　550kV 双断口型瓷柱式断路器

2.2
断 路 器 的 基 本 结 构

断路器的基本结构如图 2-12 所示，主要由灭弧室、绝缘支撑、操动机构、提升和传动机构等组成。绝缘支撑是用于断路器的导电杆与灭弧室触头系统等对地绝缘的绝缘部件，如绝缘套管、绝缘拉杆等。断路器作为复杂的机电一体化设备，电磁铁、缓冲器、密度继电器等相关附件在断路器的运行过程中同样发挥了重要作用。

2.2.1　灭弧室

灭弧室是断路器中用于限制电弧并协助电弧熄灭的装置。

1. 油断路器灭弧室

油断路器中的灭弧室是典型的自能式灭弧室，自能式灭弧室主要利用电弧本身能量进行灭弧。电弧在油中燃烧时，油迅速分解、蒸发并在电弧周围形成气泡。在灭弧室内由气体、油和油蒸气形成的气流和液流，按照具体的灭弧装置结构，可对电弧形成横向吹弧、平行于电弧的纵向吹弧或横纵结合方式吹弧，加速去游离过程，缩短熄弧时间，从而使电弧在电流过零时熄灭。图 2-13 为少油断路器的灭弧室结构图。多油断路器和少油断路器的灭弧室基本类似，但由于多油断路器的分闸速度较慢且灭弧室的密闭性差，导致灭弧室内压力低，吹弧效率差，所以其开断能力比少油断路器低。

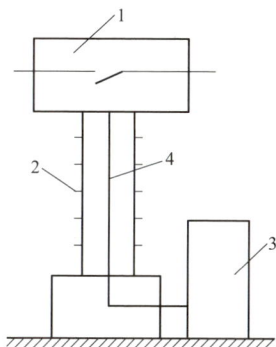

图 2-12　断路器的基本结构图

1—灭弧室；2—绝缘支撑；3—操动机构；4—提升和传动机构

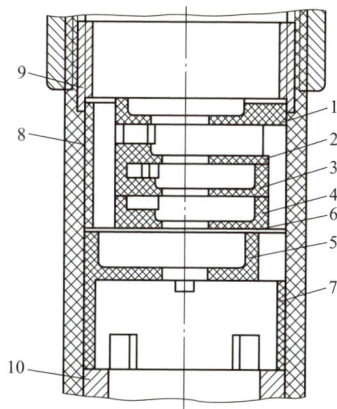

图 2-13　少油断路器灭弧室结构图

1~5—灭弧片；6—调整垫片；7—绝缘衬圈；8—隔弧壁；9—上压环；10—下压环

2. SF_6 断路器灭弧室

SF_6 气体是一种无色、无味、无毒和不可燃的惰性气体，化学性能稳定，具有优良的灭弧和绝缘性能。SF_6 气体是一种重气体，分子量大，容易液化，因此 SF_6 使用压力不宜太高，一般都在 1.5MPa 以下。当使用压力超过 0.6MPa 时，在低温环境中应加装电加热装置。

SF_6 气体具有很强的灭弧能力，在静止 SF_6 气体中的灭弧能力为空气的 100 倍以上。利用 SF_6 气体吹弧时，气体压力和吹弧速度甚至不需要很大，就能在高电压下开断相当大的电流。

SF_6 气体在高温时分解出的硫、氟原子和正负离子，与其他灭弧介质相比，在同样的弧温时有较大的游离度；在维持相同游离度时，弧柱温度较低。SF_6 中电弧的电压梯度为空气中的 1/3。因此，SF_6 气体中电弧电压也较低，即燃弧时的电弧能量较小，对灭弧有利。

SF_6 气体分子的负电性强。SF_6 气体分子吸附电子和正离子复合时，复合速度快，消游离作用也特别强。尤其在电流过零前后，可使弧隙中带电粒子减少，导电率下降。在电弧电流过零后，弧柱温度将急剧下降，分解物也就急速复合。因此，SF_6 气体弧隙的介质性能、恢复速度很高，能耐受很高的恢复电压，电弧在电流过零后不易重燃。

（1）压气式 SF_6 断路器灭弧室。SF_6 断路器的灭弧室采用的是由压缩空气灭弧原理发展而来的压气式灭弧室。压气式 SF_6 断路器灭弧室的结构有单压式和双压式两种。

1）单压式灭弧室。单压式灭弧室是根据活塞压气原理工作的，工作原理如图 2-14 所示。气缸与活塞之间形成压气缸，并且气缸或者活塞有且只有一个跟随动触头一起运动，在分闸过程中压气缸内的 SF_6 气体被压缩。在正常运行情况下，灭弧室中的 SF_6 气体压力为 0.3～0.7MPa，起绝缘作用。在开断短路电流时，由动触头系统带动压气缸或活塞发生相对运动，从而产生压气作用，使气缸内 SF_6 气体压强升高，气体从喷口排出，对电弧产生纵吹使其在电流过零时熄灭。在没有电弧的空载情况下，压气缸内部的最大压力一般是充气压力的 2 倍。其 SF_6 气体是在封闭系统中循环使用，不能排向大气。

根据灭弧时触头间开距的变化情况，单压式灭弧室又分定开距和变开距两种。

图 2-15 为单压式变开距灭弧室工作原理，压气活塞是固定不动的。图 2-15（a）所示触头在合闸位置。分闸时，操动机构通过拉杆 7 使动触头 4、动弧触头 3、绝缘喷嘴 8 和压气缸 5 运动，在压气活塞 6 与压气缸 5 之间产生压力。图 2-15（b）所示为产生压力的情况。等到动静弧触头脱离后，在这两个触头间产生电弧，同时压气缸内 SF6 气体在压力作用下吹向电弧，使电弧熄灭，如图 2-15（c）所示。图 2-15（d）所示为电弧熄灭后，触头在分闸位置。在这种灭弧室结构中，电弧可能在触头运动的过程中熄灭，所以称为变开距。

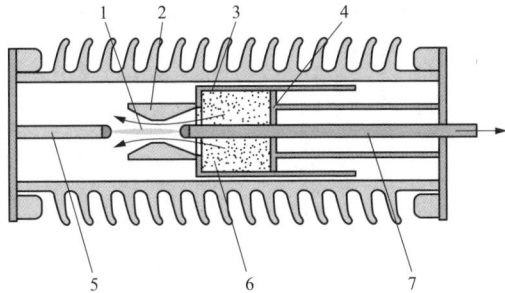

图 2-14　SF6 单压式断路器的工作原理

1—电弧；2—喷口；3—气缸；4—压器活塞；5—静触头；6—压气缸；7—动触头

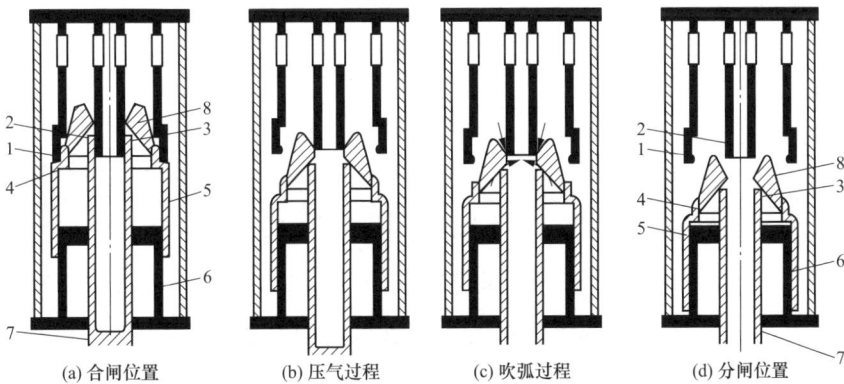

(a) 合闸位置　　(b) 压气过程　　(c) 吹弧过程　　(d) 分闸位置

图 2-15　变开距灭弧室工作原理

1—静触头；2—静弧触头；3—动弧触头；4—动触头；5—压气缸；6—压气活塞；7—拉杆；8—喷嘴

图 2-16 所示为单压式定开距灭弧室工作原理。压气活塞 6 是固定不动的，静触头 2 和静触头 3 之间开距也是固定不变的。图 2-16（a）所示触头在合闸位置，动触头 1 跨接在静触头 2、3 之间，构成电流回路。分闸时，操动机构通过连杆带着动触头 1 和压气缸 5 向下运动，在压气活塞 6 与压气缸 5 之间产生压力。图 2-16（b）所示为产生压力的情况。当动触头 1 脱离静触头 2 后，产生电弧 7，同时压气缸 5 内的 SF_6 气体在压力作用下，通过压气栅 4 吹向电弧 7，如图 2-16（c）所示。当电弧熄灭后，触头处在图 2-16（d）所示的分闸位置。

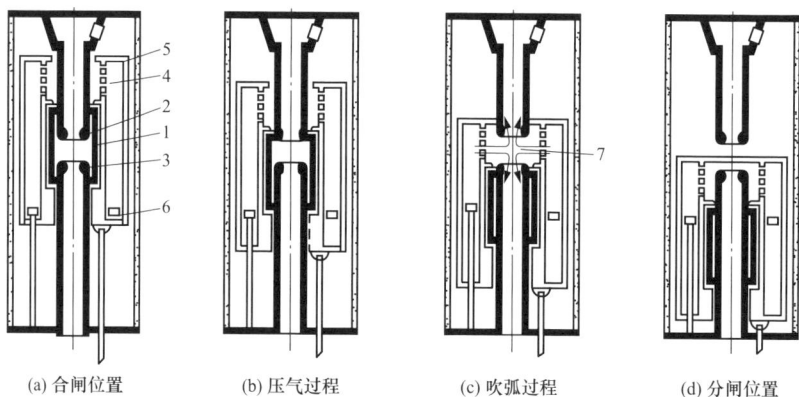

(a) 合闸位置　　(b) 压气过程　　(c) 吹弧过程　　(d) 分闸位置

图 2-16　单压式定开距灭弧室工作原理

1—动触头；2、3—静触头；4—压气栅；5—压气缸；6—压气活塞；7—电弧

变开距与定开距的灭弧室的对比如下：

（a）气吹情况。变开距的气吹时间比较充裕，压气缸内的气体利用比较充分；定开距吹弧时间短促，压气缸内的气体利用稍差。

（b）断口情况。变开距的开距大，断口间的电场均匀度较差，绝缘喷嘴置于断口之间，经电弧多次灼伤后，可能影响断口系统；定开距的开距短，断口间电场比较均匀，绝缘性能较稳定。

（c）电弧能量。变开距的电弧拉得较长，电弧能量较大；定开距的电弧长度一定，电弧能量较小，对灭弧有利。

（d）行程与金属短接时间。变开距可动部分的行程较小，超行程与金属短接时间也较短；定开距的行程较大，超行程与金属短接时间较长。

2）双压式灭弧室。双压式灭弧室有高压和低压两个气压系统。灭弧时，高压控制阀打开，高压 SF_6 气体经过喷嘴吹向低压系统，再吹向电弧使其熄灭。双压式的吹弧能力不受开断条件或操作速度的影响，能维持稳定强力的吹气条件，因此开断能力强，燃弧时间短。但在两个压力系统的 SF_6 气体之间，必须有一套控制装置，以维持压力差，并且必须加装加热器，以避免 SF_6 气体在高压力的情况下液化。由于双压式的结构复杂，辅助设备多，随着单压式的发展，双压式逐渐被单压式取代。

（2）自能式 SF_6 断路器灭弧室。自能式灭弧原理就是最大限度地利用电弧能量。在压气式灭弧室中，利用由操动机构提供的机械能来压缩 SF_6 气体，而自能式灭弧室的操动机构仅提供触头运动所需要的能量，气吹的压力完全由电弧释放的热量来提供，因此可以采用操作功更小的操动机构。但当开断小电流时，电弧释放的热量不足以产生足够高的气体压力进行有效的气吹灭弧，所以一般采用自能式和压气式灭弧原理相结合的方式。

图 2-17 为自能式 SF_6 灭弧室结构示意图，其原理是当开断大短路电流时，电弧在封闭燃烧阶段利用自身热量就可将热膨胀气室内的 SF_6 气体升温升压，

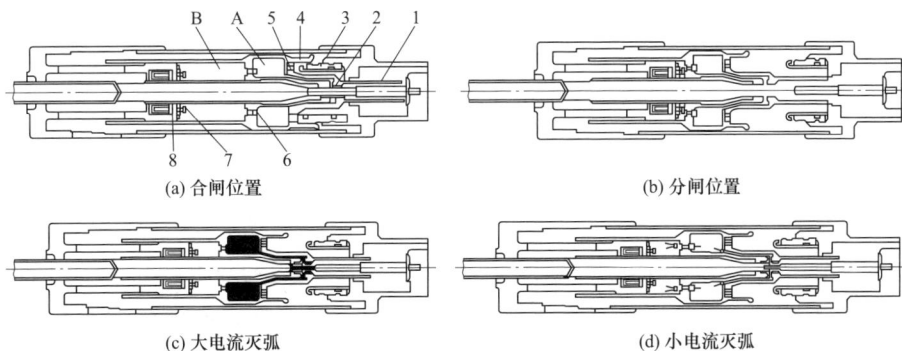

(a) 合闸位置   (b) 分闸位置

(c) 大电流灭弧   (d) 小电流灭弧

图 2-17　自能式 SF_6 灭弧室结构示意图

1—喷嘴；2—静弧触头；3—静触头；4—动弧触头；5—动触头；6—逆止阀；7—外气阀；8—活塞；

A—热膨胀室；B—压气缸

产生可以熄灭电弧的高压气体。此时，热膨胀室内的压力大于压气缸内的压力，逆止阀将两气室隔离。当开断小短路电流或其他小电流时，电弧自身热量不足以产生熄灭电弧的高压气体，则主要依靠辅助压气装置进行灭弧。此时压气缸内的压力大于热膨胀室内的压力，逆止阀将两气室连通。

3. 真空灭弧室

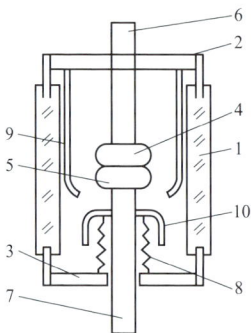

图 2-18 真空灭弧室结构示意图

1—绝缘筒；2—静端盖；3—动端盖；4—静触头；5—动触头；6—静导电杆；7—动导电杆；8—波纹管；9—主屏蔽罩；10—波纹管屏蔽罩

真空灭弧室是真空断路器中的重要部件，其结构如图 2-18 所示。真空灭弧室外壳是由绝缘筒 1、金属端盖 2、3 和波纹管 8 所组成的密封容器。真空断路器的灭弧室内的真空度一般为 $10^{-4} \sim 10^{-2} \mathrm{Pa}$。灭弧室内的静触头 4 固定在静导电杆 6 上，它穿过静端盖并与之焊成一体。动触头 5 固定在动导电杆 7 的一端上，动导电杆在中部与波纹管 8 的一个端口焊在一起，波纹管的另一端口与动端盖 3 的中孔焊接，动导电杆从中孔穿出外壳。由于波纹管在轴向上可以伸缩，因而这种结构既能实现在灭弧室外带动动触头作分合运动，又能保证真空外壳的密封性。在动、静触头和波纹管周围装有屏蔽罩 9 和 10。在触头周围设置屏蔽罩，可以阻挡电弧生成物，防止绝缘外壳因电弧生成物的污染而引起绝缘强度降低和绝缘破坏。

由于大气压力的作用，灭弧室在无机械外力作用时，其动静触头始终保持闭合位置。当外力使动导电杆向外运动时，触头才分离。

真空中的灭弧与热电弧不同，其触头间电弧的维持是依赖电极上不断产生的金属离子，其电弧的熄灭，必须依赖一定的技术措施使电弧不断地启动和冷却，或尽量降低电弧电压，使短路电流过零后能可靠熄灭。为此，真空断路器的灭弧措施是利用不同的触头结构使电弧在开断过程中形成横向磁场或纵向磁场，利用电流过零时电极离子蒸汽密度急速下降的有利条件而使电弧熄灭。

2.2.2 操动机构

断路器的操动机构有多种类型，但所有机构的共同点是在弹性媒介中储存势能，该势能可以在较长时间内由小功率源储能来获取。在关合或开断操作时，积累的能量在数毫秒时间内释放，在触头分离前提供很大的操作力以使触头加速到需要的速度。

1. 对操动机构的要求

断路器的分、合闸动作是通过操动机构来实现的。因此，操动机构的工作性能和质量的优劣，对断路器的工作性能和可靠性起着极为重要的作用。对于操动机构的主要要求如下：

（1）合闸。正常工作时，用操动机构使断路器合闸，这时电路中流过的是工作电流，关合是相对容易的。但在关合短路故障电流时，断路器受到阻碍合闸的电动力，可能出现不能可靠合闸的情况，即触头合不足，从而引起触头严重烧伤，甚至会发生断路器爆炸等严重事故。因此，操动机构必须足以克服短路电动力的阻碍能力，即具有关合短路故障的能力。

对于气动、液压等操动机构，还应考虑到气压和液压在一定范围内变化时，仍能可靠工作。当气压和液压在下限值（数值需参照具体设备）时，操动机构仍应使断路器具有关合短路故障的能力。而当气压和液压在上限值时，操动机构不应出现由于操作力、冲击力过大等原因使断路器的零部件损坏的情况。

（2）保持合闸。在断路器合闸过程中，合闸命令的持续时间很短，而且操动机构的操作功也只在短时间内提供。因此，操动机构中必须有保持合闸的部分，以保证在合闸命令和操作功消失后，断路器保持在合闸位置。

（3）分闸。操动机构应具有电动和手动分闸功能。当接到分闸指令后，为满足灭弧性能要求，断路器应能快速分闸，分断时间尽可能缩短，以减少短路故障存在的时间。为了实现快速分闸，同时减少分闸功率，在操动机构中应有分闸省力机构。

对于气动、液压等操动机构，还应考虑到气压和液压在一定范围内变化时，仍能可靠工作。当气压和液压在下限值时，操动机构仍应使断路器正确分闸，而当气压和液压在上限值时，操动机构不应出现操作力和冲击力过大，导致断路器零件损坏的情况。

（4）自由脱扣。自由脱扣的含义是：在断路器合闸过程中，如操动机构又接到分闸命令，操动机构不应继续执行合闸命令而应立即分闸。

当断路器关合有短路故障的电路时，若操动机构没有自由脱扣能力，则必须等到断路器的动触头关合到底后才能分闸。对有自由脱扣的操动机构，则不管触头关合到什么位置，也不管合闸命令是否解除，只要接到分闸命令，断路器都应能立刻分闸。

（5）防跳跃。当断路器关合有短路故障电路时，断路器将自动分闸。此时若合闸命令还未解除，则断路器分闸后又将再次短路合闸，接着又会短路分闸。这样，有可能使断路器连续多次合分短路电流，这一现象称为跳跃。出现跳跃现象时，断路器将连续多次合分短路电流，造成触头严重烧伤，甚至引起断路器爆炸事故。可采用在操动机构的分闸电磁铁可动铁芯上装设防跳跃触点，或在断路器控制回路中装设防跳跃继电器等方法进行防跳跃。

（6）复位。断路器分闸后，操动机构中的各个部件应能自动地回复到准备合闸的位置。因此，在操动机构中还需装设一些复位用的零部件。

（7）联锁。为了保证操动机构的动作可靠，要求操动机构有一定的联锁装置。常用的联锁装置有：

1）分合闸位置联锁；

2）低气（液）压与高气（液）压联锁；

3）弹簧机构中的位置联锁。

（8）缓冲。断路器的分合闸速度很高，要使高速运动的零部件立即停下来，不能简单地采用在行程终了处装置止钉的办法，而必须用缓冲装置来吸收运动部分的动能，防止断路器中某些零部件受到很大的冲击力而损坏。

2. 弹簧操动机构

利用已储能的弹簧为动力使断路器动作的操动机构，称为弹簧操动机构。弹簧操动机构利用低功率的电源和电动机，将电能转变为机械能储存在弹簧中，为不同额定短路开断电流的断路器提供所需的合闸能源。弹簧操动机构的输出功率取决于弹簧所使用的材质、力矩特性、压缩量等。

在合闸过程中，已储能的合闸弹簧释放所产生的力使断路器进行合闸操作，关合灭弧室并给分闸弹簧储能。当达到合闸位置时，电动机启动给合闸弹簧再次储能。当合闸、分闸弹簧都被储能时，即使是在电动机供能失效的情况下，断路器仍可实现"分-合-分"的操作。因此在检修工作中，需特别注意释放弹簧机构的储能，以免操动机构动作伤人。

图2-19为弹簧操动机构的示意图，合闸和分闸采用的弹簧为螺旋式拉簧，其储能和分合闸过程如下：

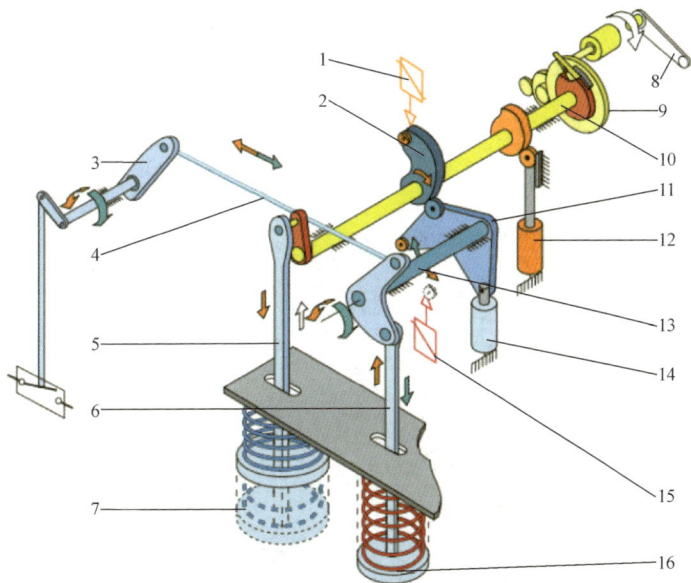

图2-19 弹簧操动机构的示意图

1—合闸脱扣；2—凸轮；3—连杆；4—操作杆；5—合闸弹簧连杆；6—分闸弹簧连杆；7—合闸弹簧；

8—手动储能手柄；9—储能机构；10—储能轴；11—曲柄；12—合闸缓冲器；13—转轴；

14—分闸缓冲器；15—分闸脱扣；16—分闸弹簧

（1）储能。储能电动机得电后，电动机通过传动齿轮，带动储能轴 10 顺时针方向旋转，使合闸弹簧拉伸储能。储能完毕后，储能轴上的凸轮 2 被合闸脱扣 1 锁住，储能电动机由转换开关切除电源。

（2）合闸。合闸线圈得电，合闸脱扣 1 释放储能轴 10，合闸弹簧的能量释放，使凸轮 2 顺时针加速转动，带动曲柄 11 逆时针运动，通过操作杆 4 和连杆 3 带动使断路器合闸，同时带动分闸弹簧连杆 6 动作，拉紧分闸弹簧 16，使分闸弹簧储能，曲柄 11 到位后由分闸脱扣 15 锁住，处于待分闸状态。合闸操作完成后，储能电动机电源被接通，合闸弹簧进行储能以备再次合闸操作。

（3）分闸。分闸线圈得电，分闸脱扣器 15 释放曲柄 11，在分闸弹簧的作用下，曲柄 11 顺时针旋转，带动操作杆 4 和连杆 3 使断路器分闸。

弹簧操动机构比气动或液压操动机构要简单、直观，并且不存在渗漏问题。但是对合闸储能弹簧的制造和热处理工艺要求极高，并且其输出功率相比气动和液压操动机构要低。由于弹簧机构的机械传动部件较多，由卡涩造成的断路器拒动概率一般要高于液压操动机构，图 2-20 所示为一种 40.5kV 真空断路器弹簧操动机构。

图 2-20　40.5kV 真空断路器弹簧操动机构

3. 液压操动机构

液压操动机构是利用高压航空液压油作为动力传递的介质，利用储压器中储存的能量间接驱动操作活塞，通过一系列管路和阀系统实现断路器分、合闸操作的操动机构。由于液压油不可压缩，所以液压油仅仅作为储压器和操作活塞之间能量传输的介质，能量通常是存储在压缩的氮气或弹簧等媒质中。

图 2-21 所示为断路器液压操动机构的原理图，断路器的运动部分是由工作缸的活塞推动的，图中工作缸活塞可以在水平方向左右移动，推动断路器分合闸。活塞运动方向由阀门控制，图 2-21 中工作缸左侧直接与储压器的高压油连通，右侧接阀门。当阀门与储压器连通时，如图 2-21（a）所示，工作缸右侧也接高压油，活塞两侧受压面积不等，右侧受压面积大，活塞向左移动而带动断路器合闸。当阀门转到与低压力的油箱连通时，活塞左侧高压油压力大于右侧低压油，如图 2-21（b）所示，活塞向右移动使断路器分闸。从图 2-21 中可以看到液压操动机构的 4 个主要组成部分如下：

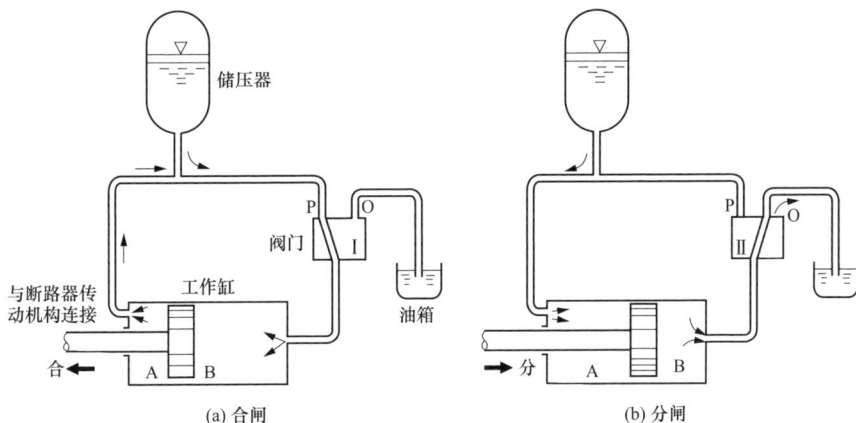

图 2-21　断路器液压操动机构原理图

（1）储能部分——储压器、油泵、电动机等。储压器是充有高压力气体（氮气）的容器，能量以气体压缩的形式储存。当液压操动机构操作时，气体膨胀释放出能量，经液压油传递给工作缸而转变成机械能。油泵和电动机供储压器储能用，电动机带动油泵向储压器压油，使气体受压缩，所以液压操动机构的能源仍然来自电源。液压操动机构的储能过程一般需几分钟，而液压操动机构一次操作过程的时间，即释放能量的时间却很短，一般小于 0.1s，两者相差 10^3 倍。因此储能用的电动机功率也就降低了 10^3 倍，大大减轻了对电源容量的要求。

（2）执行元件——工作缸。它把能量转变为机械能，驱动断路器。

（3）控制元件——阀门。用来实现分、合闸动作的控制、联锁、保护等要求。

（4）辅助元件——低压油箱、连接管道以及油过滤器、压力表继电器、辅助开关等。

由此可见，在液压操动机构中，油主要起传递能量的作用。液压操动机构的优点如下：

（1）体积小，操作力大，需要的控制能量小。

（2）操作平稳无噪声。

（3）油具有润滑、保护作用。

（4）容易实现自动控制。

液压操动机构的缺点是结构比较复杂，加工精度要求高，油系统的工作压力高，易渗漏。

CY3 型液压式操动机构是我国最早使用的液压操动机构之一，主要由油箱、油泵、储压器、管路、阀系统、工作缸及分、合闸控制回路等组成。图 2-22 所示为 CY3 型液压式操动机构的系统图，机构为分闸已储能状态。工作过程如下：

（1）储压器储能。接通电源时，电动机开始转动，油箱 9 里面的低压油经过过滤器和管路进入油泵 2，建压成高压油以后，再经过管路进入储压器 3 的底部，顶起活塞，压缩氮气。于是储压器储能，操动机构进到准备合闸位置。储能到停泵压力时，联锁开关的触点断开，把电动机的电源切断。

当储压器的油压降到油泵启动压力时，联锁开关的相应触点接通，电动机自动启动，带动油泵使储压器储能；到油压升到停泵压力时，联锁开关再次切断电动机的电源。

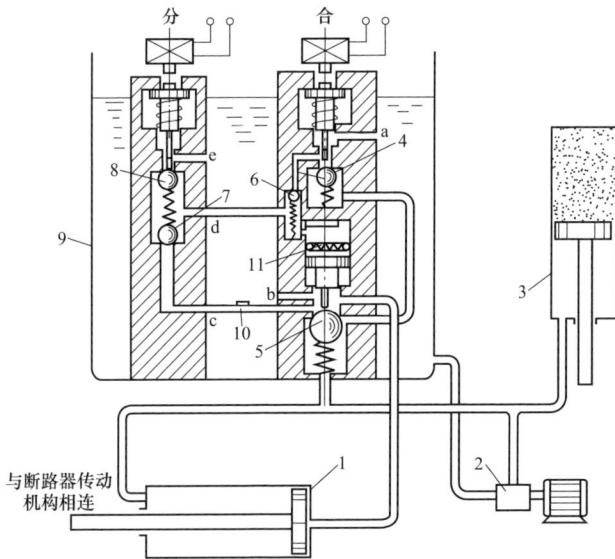

图 2-22　CY3 型液压式操动机构的系统图

1—工作缸；2—油泵；3—储压器；4—合闸控制阀；5—主控阀；6、7—单向阀（逆止阀）；

8—分闸控制阀；9—油箱；10—节流孔；11—防慢分装置

（2）合闸。接通合闸线圈的电源时，合闸电磁铁被吸引，压下合闸控制阀 4 的一级阀杆，将钢球顶开。同时，合闸控制阀活塞把排油孔 a 封闭，高压油从钢球下面进入单向阀 6 并使之开启。高压油通过阀 6 分为两路，一路通向主控阀 5 活塞的顶杆，使活塞向下运动，顶开钢球，同时关闭了通向低压油箱的小孔 b，高压油经过主控阀 5 进入工作缸 1 的右侧。由于工作缸 1 的活塞的两侧受压面积不同，工作缸活塞的右侧面积大于左侧的面积，在压力差的作用下，活塞迅速地向左运动，于是操动机构进到合闸位置，使断路器合闸。另一路高压油通过单向阀 6 及小管 d 进入分闸控制阀 8 使之闭锁。

在合闸电磁铁断电后，合闸控制阀 4 及单向阀 6 关闭，而主控阀 5 依靠节流孔 10、小管 c、单向阀 7、小管 d 进来的高压油使其活塞及钢球维持在开启位置，工作缸及断路器维持在合闸状态。

（3）分闸。接通分闸线圈的电源时，分闸电磁铁被吸引，压下分闸控制阀的阀杆，把分闸控制阀 8 的钢球推开。主控阀 5 活塞顶部的高压油经过小管 d、分闸控制阀 8 与孔 e 排到油箱 9 里面。主控阀 5 的钢球关闭，工作缸 1 的活塞的右侧高压油也迅速地从小孔 b 排到油箱 9 里面。在左侧高压油的作用下，活塞迅速地向右运动，于是操动机构进到分闸位置，使断路器分闸。分闸完毕，分闸线圈的电路被辅助开关切断，分闸控制阀 8 复位。

（4）防慢分。差动式工作缸的液压操动机构存在着"慢分"问题。当机构处于合闸状态，由于某种原因机构的油系统失压，主控阀 5 活塞上面的维持油压也因泄漏而逐渐降低，致使球形阀 5 在弹簧作用下自动闭合。这时工作缸活塞两侧都没有高压油，而断路器处于合闸位置。如果这时油泵启动打压，由于主控阀已关闭，高压油只进入工作缸活塞左侧分闸侧，右侧为低压油，随着压力上升，工作缸活塞连同断路器作缓慢分闸。这种慢分动作是非常危险的，可能酿成严重事故。所以液压机构一般设有防慢分闭锁装置。

在图 2-22 中，11 为防慢分装置，它由弹簧和钢球组成，置于主控阀 5 活塞上面。由于某种原因机构的油系统失压，这时主控阀 5 由于受到防慢分装置 11 的作用而仍保持开启位置，主控阀 5 的钢球不会自动闭合。当机构故障被排除时，油泵再启动打压，由于主控阀 5 在开启位置，高压油同时进入工作缸活塞两侧，由于工作缸活塞合闸侧截面积较大，所以合闸力也较大，可以使断路器维持在合闸位置上。

尽管液压操动机构有着诸多优点，但泄漏问题始终是影响高压断路器运行可靠性的一个关键因素。各大断路器生产厂始终在不断地对液压操动机构的密封性能、阀系统的设计、管路连接以及工艺材质和装配等方面进行完善和改进，以减少管路连接的数量和密封环节，提高密封性能，降低渗漏的概率。

目前，液压操动机构基本上都是采用模块式功能元件的设计，元件数量和管路的连接数量已大大减少，密封元件的设计和工艺质量已有很大的提高，也有将氮气储压改为碟形弹簧储压的产品，如图 2-23 所示。

图 2-23　碟形弹簧储压式液压操动机构

液压弹簧驱动适用于需要较小操作功来执行开关操作的自能式 SF_6 断路器，其体积小，没有储压器的气体泄漏问题，消除了环境温度对储存能量的影响，具有一定的优势。

4. 气动操动机构

利用压缩空气作为能源的操动机构称为气动操动机构，常应用在 SF_6 和油断路器中。气动操动机构还可以与弹簧相结合，例如操动机构用气动提供分闸能，弹簧提供合闸能，在气动带动分闸活塞来驱动灭弧室的同时，给合闸弹簧储能。或是气动提供合闸能，弹簧提供分闸能。

气动机构以压缩空气作为能源，不需要大功率的直流电源，也不需要敷设大截面的直流电源电缆，并且具有独立的储气罐，当短时失去电源时，储气罐内的压缩空气仍能供给气动机构多次操作。然而，由于高操作压力，空气泄漏的危险始终存在，并且压缩空气中的水分存在腐蚀风险。在低温的情况下，压缩空气中的冷凝水也会产生问题。目前，电力系统中的气动操动机构正在逐渐被其他操动机构代替。

2.2.3　提升和传动机构

提升机构是带动断路器动触头运动的机构。它能使动触头按照一定的轨迹运动，通常为直线运动或近似直线运动。

传动机构是连接操动机构和提升机构的中间环节。由于操动机构与提升机构之间常常相隔一定距离，而且它们的运动方向往往也不一致，因此需要增设传动机构。但有些情况下也可不要传动机构，提升机构与传动机构通常由连杆机构组成。图 2-24 为 LW12-252 型断路器的传动连杆，图 2-25 为550kV 双断口断路器灭弧室内的连杆机构。

图 2-24　LW12-252 型断路器的
传动连杆

图 2-25　550kV 双断口断路器
灭弧室内的连杆机构

2.2.4　断路器附件

1. 电磁铁

电磁铁是高压断路器操动机构中的重要元件之一。电磁铁的结构多种多样，但在操动机构中采用的大都是螺管电磁铁。这种电磁铁的基本结构如图2-26 所示，主要部件有动、静铁芯，线圈和铁轭等。当线圈中通过电流时，在电磁铁内产生磁通，动铁芯受磁力吸动，使断路器分闸或合闸。从能量角度看，电磁铁的作用是把来自电源的电能转化为磁能，并通过动铁芯的动作转换成机械功输出。

按电磁铁线圈的电源不同，分为交流电磁铁和直流电磁铁。操动机构中使用的绝大部分是直流电磁铁。

2. 缓冲器

高压断路器的分合闸速度很高，但触头的行程并不大。要使速度很高的

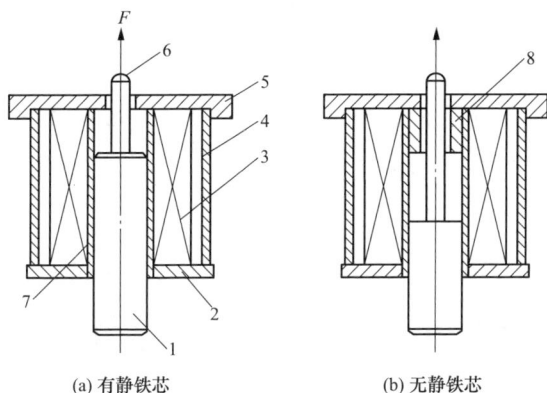

(a) 有静铁芯　　　　　　　(b) 无静铁芯

图 2-26　螺管式电磁铁

1—动铁芯；2—下铁轭；3—线圈；4—侧铁轭；5—上铁轭；6—顶杆；

7—衬套；8—静铁芯；F—动铁芯所受磁力方向

运动部件在较短的行程内停止下来，不能简单地采用在行程终了处装置止钉的办法，而必须用缓冲器来吸收运动部分的动能，防止断路器中某些零部件受到很大的冲击力而损坏。此外，在行程终了处，运动部分不应有显著的反弹。高压断路器中常用的缓冲器有弹簧缓冲器、油缓冲器、橡皮缓冲器和气体缓冲器。

（1）弹簧缓冲器。图 2-27 所示为 SN2-10 少油断路器中采用的弹簧缓冲器，作为合闸缓冲用。当运动部分与弹簧缓冲器相碰后，撞杆向上运动，弹簧被压缩，将运动部分动能中的一部分转变为弹簧的机械能。另外，在达到合闸位置后，如不将运动部分用操动机构中的锁扣等来保持合闸，则在缓冲器的弹簧作用下，运动部分还将反弹回来，所以一般只用它作为合闸缓冲器。弹簧缓冲器结构简单，可以适用不同制动力的要求，缓冲性能不受温度的影响，作为合闸缓冲器还能起提高刚分速度的作用。

（2）油缓冲器。图 2-28 所示为油缓冲器的原理图，图 2-29 和图 2-30 为油缓冲器实物图，油缓冲器通常作为断路器的分闸缓冲用。由于油基本不能压缩，因此活塞下面的油只能以高速通过活塞与油缸之间的窄缝流到活塞上方。油流流过窄缝隙时需要克服很大的黏性摩擦力，这样在活塞上即出现很大的制动力。油缓冲器的优点是缓冲能力强、没有反弹力，因为它能把运动部分的动能转化为热能。它的缺点是缓冲性能受环境温度的影响很大，低温时油的黏性很大，制动力将显著增大。

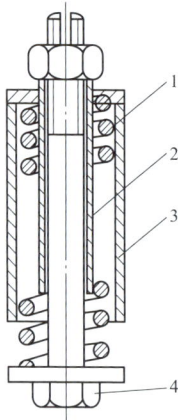

图 2-27　弹簧缓冲器

1—弹簧；2—导杆；3—底座；

4—撞杆

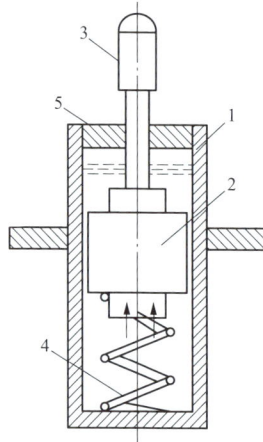

图 2-28　油缓冲器

1—油缸；2—活塞；3—撞杆；

4—返回弹簧；5—端盖

图 2-29　LW12-252 型断路器

油缓冲器

图 2-30　KYN44A-40.5 型断路器

手车油缓冲器

（3）橡皮缓冲器。图 2-31 所示为橡皮缓冲器的结构图。在橡皮垫圈之间放有金属垫圈。橡皮具有一定弹性，起缓冲作用。橡皮垫圈沿着轴向压缩，并沿半径方向向外膨胀，使橡皮垫圈与金属垫圈之间产生摩擦。运动部分的一部分动能就消耗在压缩橡皮、克服橡皮内部的摩擦力以及克服橡皮与金属垫圈之间的摩擦力上，这样可以在一定程度上减小反弹作用。橡皮缓冲器的优点是结构简单，缺点是有反弹力，且低温下橡皮的弹性变差，影响缓冲性能。图 2-32 为 40.5kV 断路器弹簧机构中的橡皮缓冲器。

（4）气体缓冲器。气体缓冲器的结构，如图 2-33 所示。当断路器的运动部分与撞杆相碰后，活塞向下运动，活塞下面的气体被压缩，压力增高产生制动作用。调节排气小孔的面积可以改变制动力的大小。

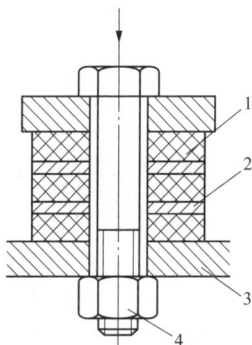

图 2-31　橡皮缓冲器

1—橡皮垫圈；2—金属垫圈；

3—平板；4—螺杆

图 2-32　40.5kV 断路器弹簧机构中的橡皮缓冲器

3. 压力表和密度继电器

（1）压力表。压力表是一种以弹性元件为敏感元件，测量并指示高于环境压力的仪表，在电气设备中广泛应用。通过表内的弹性元件在不同压力下的形变，再由表内的转换机构，将压力传导至指针以显示压力，常见的弹性元件有波登管、波纹管、膜盒等。压力表是以大气压为参考压力的，而大气压随着海拔的升高而逐渐降低，因此压力表的实测值应予以校正。

压力表按照压力介质的不同有气压表和油压表两种，图 2-34 所示为气动

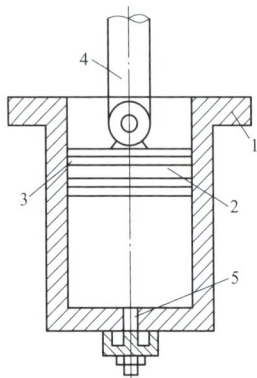

图 2-33 气体缓冲器

1—气缸；2—活塞；3—密封胀圈；

4—撞杆；5—可调节的排气小孔

操动机构的空气压力表，图 2-35 所示为液压操动机构的液压表。在压缩空气操动机构中，装设空气压力表以监测压缩空气的压力。在液压操动机构中，液压油的压力对断路器的分合闸性能有着重要的影响，装设液压表用来监测液压操动机构内的液压油压力。

（2）密度继电器。密度继电器即带温度补偿的压力继电器，主要用于发出报警信号和闭锁信号，在监测中起到控制和保护的作用。一些密度继电器与压力表结合，具有和压力表一样的显示功能，可直观监测电气设备内 SF_6 气体的压力变化，如图 2-36 所示。

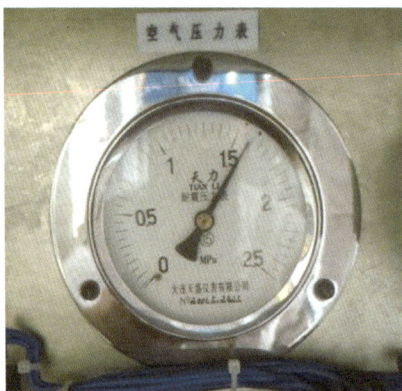

图 2-34 空气压力表

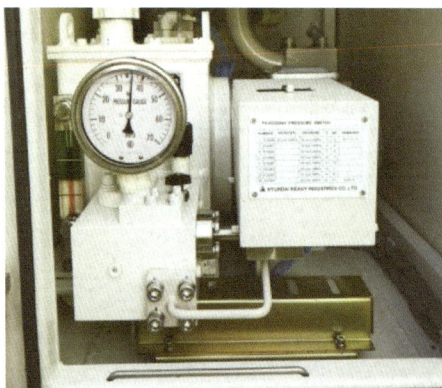

图 2-35 液压表

SF_6 密度继电器一般都提供有 2 对及以上的触点，以监视 SF_6 设备内气体压力值，当压力下降至其报警值时，密度继电器报警触点动作发报警信号，提示设备压力降低。对于断路器而言，当压力下降至闭锁值时，断路器将被闭锁，不能进行分合操作。

因 SF_6 密度继电器同其他压力表计一样在使用一段时间后，其报警和闭锁值会产生一定的偏移。再加上密度继电器触点动作不频繁，因而可能出现触点动作不灵敏或失效的情况，所以需要对密度继电器进行校验。习惯上把 20℃ 时的 SF$_6$ 气体压力作为标准值，在现场校验时，不同的环境温度下测量的压力值都要换算成其对应 20℃ 时的压力值，用以判断 SF$_6$ 密度继电器的性能。

4. 辅助开关

辅助开关是主开关的一部分，配置于断路器、隔离开关等电力设备中作为二次控制回路的分闸、合闸、信号控制以及联锁保护作用，同时也可以作为组合开关和转换开关使用。辅助开关之所以名称里面有"辅助"两个字，是因为它不是独立的一个开关，它在操控系统中是一个辅助性的分断、接通、联锁功能实现的载体。辅助开关实物图如图 2-37 所示。

图 2-36　SF$_6$ 密度继电器

图 2-37　辅助开关

5. 合闸电阻和均压电容

（1）合闸电阻。合闸电阻是在断路器断口间通过辅助触头接入的电阻，是限制空载输电线路合闸与重合闸引起的过电压的一种有效措施。合闸电阻通常在 363kV 及以上电压等级的、作为线路开关的断路器上设置。通过合闸电阻将电网的部分能量吸收和转化为热能，以达到削弱电磁振荡、限制过电压的目的。

但是由于装有辅助开关的合闸电阻的机械复杂性，导致其可靠性的保障和维护工作成为难题。再加上关合长空载输电线路过程中的操作过电压，非常依赖于关合时刻，目前越来越多地采用相控或同步合闸来替代合闸电阻。

（2）均压电容。多断口断路器每个断口在开断位置的电压分配和开断过程中的电压分配是不均匀的。为使每个断口电压得到平衡分配，通常在每个断口上并联一个容量适当的电容器，叫作均压电容。均压电容还能够限制断路器在开断过程中断口间恢复电压的幅值，有利于减轻断路器开断故障电流时的负荷，利用的是容性元件电压不可跃变的原理。

在多断口断路器的高压断口上并联均压电容后，解决了断口的均压问题。但在运行操作中，即便是各串联触头均已断开，电路仍可通过各串联的均压电容而连通，均压电容仍投入系统运行。由于母线上带有中性点直接接地的电压，有可能导致串联基波谐振，从而引起过电压，其幅值最高可达 2 倍额定相电压。因此，对于均压电容也有一定的要求。断路器的合闸电阻和均压电容示意图如图 2-38 所示。

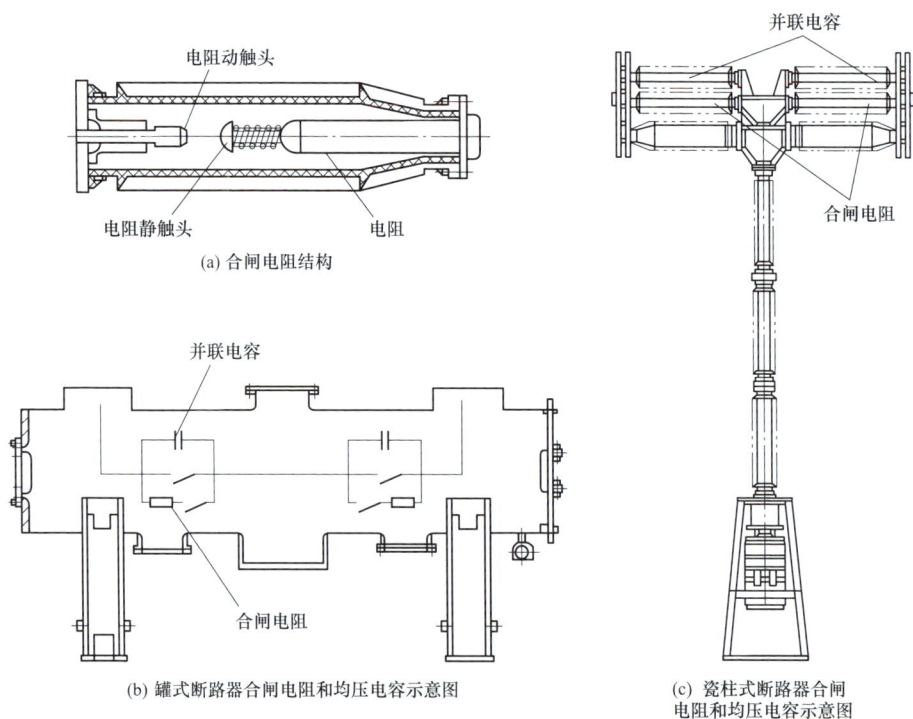

(a) 合闸电阻结构

(b) 罐式断路器合闸电阻和均压电容示意图

(c) 瓷柱式断路器合闸电阻和均压电容示意图

图 2-38　断路器的合闸电阻和均压电容示意图

6. 动作次数计数器

断路器的动作次数计数器用来记录断路器的合闸次数，并以此作为评估断路器机械寿命的基础数据。断路器动作次数计数器不得带有复归机构，如果其具备归零或回拨功能，将影响机械寿命记录和机械磨合试验的可信度，现场应实际检查。图2-39所示为断路器的动作次数计数器。

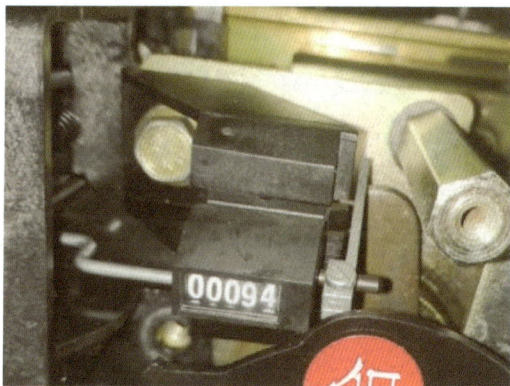

图2-39　动作次数计数器

2.3

断路器的主要电气参数

2.3.1　额定电压

断路器的额定电压是指其所在电力系统的最高电压。通常情况下，断路器在电力系统的标称电压下工作。但在实际运行中，电网的电压会有一定的波动。因此，在进行高压断路器的设计和试验时，应按系统的最高电压进行设计和试验，额定绝缘水平和各种开合试验的相关参数均以断路器的额定电压为基础。交流变电站中常用断路器的额定电压与系统标称电压的对应关系见表 2-1。

表 2-1　　　　　　　交流变电站中常用断路器的额定电压与

系统标称电压的对应关系　　　　　　　　kV

标称电压	10	35	66	110	220	330	500	750	1000
额定电压	12	40.5	72.5	126	252	363	550	800	1100

2.3.2　额定电流

额定电流是断路器在规定的使用和性能条件下（额定频率和不超过 40℃ 的周围空气温度下），主回路能持续承载的电流有效值，并且断路器各部件、触头、材料和绝缘介质总的温度和温升不应超过允许的极限值。额定电流的数值从 GB/T 762—2002《标准电流等级》中规定的 R10 系列中选取。一般断路器常用的额定电流为 400、630、800、1250、1600、2000、2500、3150、4000、5000、6300、8000A。R10 系列包括数字 1、1.25、1.6、2、2.5、3.15、4、5、6.3、8 及其与 10^n 的乘积。

2.3.3　额定短路开断电流

额定短路开断电流是衡量和标志断路器开断短路故障能力的参数，是规定的使用条件下，能开断的最大短路电流。额定短路开断电流由交流分量有效值和触头分离时刻的直流分量百分数两个值表征。如果触头分离时刻的直流分量百分数不超过 20%，额定短路开断电流仅由交流分量的有效值表征。开断能力是断路器最重要的性能之一，电力系统发生短路故障时其短路电流较正常运行时的负荷电流大得多，断路器应能断开直到额定短路开断电流的任一短路电流。

2.3.4　额定短路关合电流

额定短路关合电流关系到断路器的合闸能力。当断路器合闸于系统有潜伏故障时，在关合过程中，动触头尚未接触前，在系统电源电压作用下，触头间隙形成预击穿，随即出现短路电流，这将对断路器的成功关合造成较大阻力。为防止关合故障电流时电动力阻止断路器合闸到位，就必须保证断路器也应具有一定的合闸能力。额定短路关合电流在数值上应等于额定峰值耐受电流，以保证关合与开断能力相匹配。

2.3.5　额定短时耐受电流

额定短时耐受电流是在规定的使用和性能条件下，以及规定的短时间内，断路器在合闸位置能够承载的电流有效值，在通过该电流后，断路器的任何部件不应出现机械或过热方面的损坏，如触头部分不得发生熔焊、绝缘件不得开裂等。额定短时耐受电流又称为热稳定电流。额定短时耐受电流数值上等于额定短路开断电流。

在系统短路时，只有靠近故障点的断路器才执行开断动作，其他断路器仍处于合闸状态。处于闭合的断路器在故障电流持续时间内应能承受很大的电流冲击，触头应不熔焊和损坏。

2.3.6　额定峰值耐受电流

额定峰值耐受电流是在规定的使用和性能条件下，断路器在合闸位置能够承受的额定短时电流第一个大半波的电流峰值。这一技术参数主要反映断路器承受短路电流所产生的电动力的能力，所以又称为动稳定电流。额定峰值耐受电流数值上等于额定短路关合电流。

2.3.7　额定短路持续时间

开关设备和控制设备在合闸状态下能够承载额定短时耐受电流的时间间隔。

（1）550~1100kV 的开关设备和控制设备的额定短路持续时间为 2s。

（2）363kV 及以下的开关设备和控制设备的额定短路持续时间为 3s。

2.4

断 路 器 的 电 气 试 验

断路器的电气试验包括型式试验、出厂试验、交接试验、例行试验等。本节对断路器的交接试验和例行试验进行简要介绍。

2.4.1 交接试验

通过交接试验，可以确认断路器经运输、储存、安装和调试后，设备完好无损、装配正确。

断路器的交接试验项目一般包括：

（1）测量绝缘电阻。

（2）测量每相导电回路的电阻。

（3）交流耐压试验。

（4）断路器均压电容器的试验。

（5）测量断路器的分、合闸时间。

（6）测量断路器的分、合闸速度。

（7）测量断路器的分、合闸同期性及配合时间；真空断路器还需测量合闸时触头的弹跳时间。

（8）测量断路器合闸电阻的投入时间及电阻值。

（9）测量断路器分、合闸线圈绝缘电阻及直流电阻。

（10）断路器操动机构的试验。

（11）套管式电流互感器的试验。

（12）测量断路器内 SF_6 气体的含水量。

（13）密封性试验。

（14）气体密度继电器、压力表和压力动作阀的检查。

2.4.2 例行试验

断路器在运行中长期承受来自化学、机械、湿度、电力等方面因素的作用，可能导致断路器的绝缘和某些特性发生变化，影响设备正常运行。通过例行试验，可以及时发现绝缘缺陷以及某些特性的现状及变化情况，防患于未然。

1. 主回路电阻测试

主回路电阻即导电回路直流电阻，一般也叫作接触电阻，是断路器、气体绝缘金属封闭开关设备（GIS）、隔离开关等一次设备的重要参数。

接触电阻由收缩电阻和表面电阻两部分组成。由于两个导体接触时，如果表面并非绝对的光滑、平坦，则只能在其表面的一些点上实现接触，这就使导体中的电流线在这些点接触处剧烈收缩，实际接触面积大大缩小，而使电阻增加，此原因引起的接触电阻称为收缩电阻。另外，各导体的接触面因氧化、硫化等各种原因会存在一层薄膜，该膜使接触过渡区域的电阻增大，此原因引起的接触电阻称为表面电阻（或膜电阻）。

接触电阻的存在，增加了导体在通电时的损耗，使接触处的温度升高，其值的大小直接影响设备正常工作时的截流能力。通过测量电气设备中主回路电阻值，能够反应导电回路各接触部位接触的状态。因此，在断路器试验工作中，必须对主回路电阻进行测量。

主回路电阻测量应在断路器合闸状态下进行。采用回路电阻仪用直流压降法进行测量时，由于导电回路的直流电阻很小，为测量准确，应注意必须有足够容量的直流电源，以供给 100A 以上的电流。当这个电流流过导电回路时，可以使回路中接触面上的一层极薄的膜电阻击穿，所测得的主回路电阻值与实际工作时的电阻值比较接近。

对于 SF_6 断路器、油断路器、GIS、隔离开关设备其主回路电阻应不大于制造商规定值，真空断路器主回路电阻的初值差应小于 30%，高压开关柜内断路器导电回路电阻初值差不大于 20%，交接验收与出厂值进行对比，不得超过 120% 出厂值。

2. 断路器机械特性试验

断路器机械特性指断路器触头动作时间和运动速度。主要包括断路器的分合闸时间、分合闸速度、主辅触头分合闸的同期性、分合闸线圈的动作电压等。以上参数直接影响断路器的关合与开断性能。

（1）分合闸时间、同期性及速度。开断时间（又称全开断时间）是指从断路器的操动机构接到开断指令起，到三相电弧完全熄灭为止的一段时间。开断时间可划分为分闸时间和燃弧时间两部分。

分闸时间（又称固有分闸时间）是指自断路器接到分闸指令起，到首先分离相的触头刚分开为止的一段时间。这一段时间的长短通常主要和断路器及所配操动机构的机械特性有关，受开断电流大小的影响较小，可以看成是一个定值。燃弧时间是指自先分离相的触头刚分开起，到三相电弧完全熄灭为止的一段时间。这段时间的长短随开断电流的大小而变动。

合闸时间（又称固有合闸时间）是指自断路器的机构接到合闸指令起，到各相触头均接触时为止的一般时间。合闸时间的长短，主要取决于断路器的操动机构及传动机构的机械特性。

分闸速度是指断路器分闸过程中，动触头与静触头分离瞬间的运动速度，如果以时间为定义标准，一般定义为刚分后 10ms 内的平均速度。

合闸速度是指断路器合闸过程中，动触头与静触头接触瞬间的运动速度，如果以时间为定义标准，一般定义为刚合后 10ms 内的平均速度。

值得注意的是，不同型号的断路器分合闸时间及速度的标准值各不相同，需参考相关断路器厂家的说明书。

分闸相间同步是用来反映三相触头分开时间差异的。这一性能的衡量，是以断路器接到分闸指令，自首先分离相的触头刚分开起，到最后分离相的触头刚分开为止这一段时间的长短来表示。一般分闸相间同步应不大于 3ms。同一相内串联几个断口时，还有断口间分闸同步的要求。断口间分闸同步应不大于 2ms。

合闸相间同步是指断路器接到合闸指令，首先接触相的触头刚接触起，到最后相触头刚接触为止的一般时间。一般合闸相间同步不大于 5ms。同一相内串联几个断口时，有断口间合闸同步要求，断口间合闸同步不大于 2.5ms。

分合闸时间、同期性及速度是保证断路器正常工作和系统安全运行的主要参数，分合闸时间的长短关系到分合故障电流的性能。如果分合闸严重不同期，将造成线路或变压器的非全相接入或切断，从而可能出现危害绝缘的过电压，威胁电力系统的运行。

断路器动作速度过快，易造成断路器部件的损坏，缩短断路器的使用寿命，同时由于强烈的机械冲击和振动还将使触头弹跳时间加长，甚至造成事故；断路器分闸速度过慢，可能会延长灭弧时间、烧坏触头，造成越级跳闸、断路器爆炸等事故。合闸速度的降低将导致合闸操作无法克服阻碍触头关合的电动力的作用，使触头振动或运动停滞，若发生在合闸短路故障时，断路器可能爆炸。

（2）分合闸线圈动作电压。分合闸线圈的动作电压是关系断路器正常运行的重要参数。并联合闸脱扣器在合闸装置额定电源电压的 85%～110% 范围内，应可靠动作；并联分闸脱扣器在分闸装置额定电源电压的 65%～110%（直流）或 85%～110%（交流）范围内，应可靠动作；当电源电压低于额定电压的 30% 时，脱扣器不应脱扣。在使用电磁机构时，合闸电磁铁线圈通流时的端电压为操作电压额定值的 80%（关合峰值电流等于或大于 50kA 时为 85%）时应可靠动作。

3. SF_6 湿度检测

根据 SF_6 气体的特性，断路器中的 SF_6 气体在湿度超标后，不仅会降低 SF_6 气体的绝缘强度，而且在断路器灭弧过程中还容易产生具有腐蚀性的氟化物，对灭弧室的部件造成损害。因此在 SF_6 断路器的小修预试中，需要对 SF_6 进行湿度检测。

SF_6 气体湿度检测的标准（20℃，0.1013MPa）：

（1）断路器灭弧室气室：新充气后不大于 150μL/L，运行中不大于 300μL/L。

（2）无电弧分解物气室：新充气后不大于 250μL/L，运行中不大于 500μL/L。

4. 绝缘电阻试验

测量电气设备的绝缘电阻，可有效检测出绝缘是否有贯通的集中性缺陷、整体受潮或贯通性受潮等。应当指出，只有当绝缘缺陷贯通于两极之间时，绝缘电阻测量才比较灵敏。

绝缘电阻是指在设备绝缘结构的两个电极之间施加的直流电压值与流经该对电极的泄漏电流值之比。若无特殊说明，均指加压 1min 的测试值。测量绝缘电阻是所有型式断路器的基本试验项目，对于不同型式的断路器则有不同的要求，应使用不同电压等级的绝缘电阻表。

2.5

断 路 器 的 运 行 维 护

投入运行的断路器应定期进行巡视检查，这样可以确保断路器保持在最佳状态，同时可以及时发现缺陷，提升电网的可靠性。巡视检查一般由运行部门负责，主要对设备的外观、表计及机构箱进行检查。

2.5.1 外观检查

（1）名称、编号、铭牌齐全、清晰，相序标志明显。

（2）检查断路器的外观是否清洁、无异物、无异常声响。

（3）外绝缘无裂纹、破损及放电现象，增爬伞裙黏接牢固、无变形，防污涂料完好，无脱落、起皮现象。

（4）引线弧垂满足要求，无散股、断股，两端线夹无松动、裂纹、变色现象。

（5）均压环安装牢固，无锈蚀、变形、破损。

（6）套管防雨帽无异物堵塞，无鸟巢、蜂窝等。

（7）金属法兰无裂痕，防水胶完好，连接螺栓无锈蚀、松动、脱落。

（8）传动部分无明显变形、锈蚀，轴销齐全。

（9）机构箱、汇控柜箱门平整，无变形、锈蚀，机构箱锁具完好。

（10）基础构架无破损、开裂、下沉，支架无锈蚀、松动或变形，无鸟巢、蜂窝等异物。

（11）接地引下线标志无脱落，接地引下线可见部分连接完整可靠，接地螺栓紧固，无放电痕迹，无锈蚀、变形现象。

2.5.2　指示表计检查

（1）油断路器本体油位正常，无渗漏油现象，油位计清洁。

（2）分、合闸指示正确，与实际位置相符。

（3）液压、气动操动机构压力表指示正常。

（4）液压操动机构油位、油色正常。

（5）弹簧储能机构储能正常。

（6）SF_6 密度继电器（压力表）指示正常、外观无破损或渗漏，防雨罩完好。

2.5.3　操动机构检查

操动机构是巡视检查的重点，应定期打开机构箱门进行检查，需要关注的有计数器、加热器，包括：

（1）箱体密封良好，密封条无老化开裂，内部无进水、受潮、锈蚀、凝露。

（2）驱潮加热装置运行正常，温湿度控制器参数设定正确，手动加热器按照环境温湿度变化投退。

（3）箱内电缆孔洞封堵严密，防火板无变形翘起，封堵无塌陷、变形。

（4）发现指示灯不能正确反映设备正常状态时，应予以检查，确定为指示灯故障时应更换。

（5）液压机构有无渗漏油。

（6）箱内端子无变色、过热，无异味，空气开关无过热、烧损。

（7）箱内二次接地线及二次电缆屏蔽层与接地铜排可靠连接，压接螺栓无松动，箱门接地软铜线完好，无松动、脱落。

（8）电缆绑扎牢固，电缆号牌、二次接线标示清晰正确、排列整齐；备用电缆芯线绝缘包扎无脱落，无短路接地隐患。

（9）发现储能空气开关故障时，应进行更换。

（10）密封条老化或破损造成密封不严时，及时更换箱体密封条，更换后检查箱门关闭密封良好。

（11）箱门铰链或把手损坏造成箱门关不严，及时维修或更换铰链和把手，维护完毕后检查箱门关闭良好、严密、无卡涩现象。

（12）处理箱体锈蚀部分，喷涂防腐材料，喷涂需均匀、光滑。

（13）箱体、箱门、二次接地松动或脱落时，应紧固螺栓或更换。加热器、照明装置、熔断器、空气开关、接触器、插座等部件如损坏应更换。

2.5.4　断路器的维护

断路器的维护工作应根据断路器运行记录、缺陷情况，制定相应的维护措施，应尽可能配合停电机会。

（1）瓷套或支持绝缘子进行清扫，并检查断路器的外绝缘部分（瓷套）、法兰连接部位应完好，无损坏、脏污及闪络放电现象。

（2）检查紧固件应无松动、脱落，分、合闸铁芯应动作灵活，无卡涩现象。

（3）按使用说明书规定，定期对操动机构及传动和转动部位添加润滑油。

（4）根据 SF_6 气体压力、油位变化情况进行必要的补充气（油）。

（5）压力表和 SF_6 密度继电器按规定校验。

（6）断路器的连接引线、导电部位发热的检查处理。

（7）检查液压机构储能正常、动作可靠，压力正常，油泵打压时间符合要求，液压油按规定要求进行过滤。

（8）清扫气动机构空气过滤器，对空气压缩机润滑油进行更换。

（9）断路器故障跳闸达到规定次数的，进行相应维护处理。

（10）完成断路器的各项试验项目，不超期，试验结果符合规程要求。

（11）消除运行中发现的设备缺陷。

2.6

常见故障及异常处理

2.6.1　断路器拒动异常

断路器的拒动是拒分和拒合的统称，是指分闸或合闸信号发出后，断路器未进行相应动作的现象。通常拒分比拒合造成的后果严重，在正常工况下，断路器无法断开回路，会影响系统运行方式；在短路故障情况下，由于无法断开故障而引起越级跳闸，扩大事故范围，这不仅会导致更大面积的停电，也可能因短路电流持续时间延长造成设备损坏。

1. 原因分析

（1）机械原因。断路器拒动的机械原因主要由生产制造、安装调试、检修等环节引发。具体的故障表现有机构卡涩，部件变形或损坏，分合闸铁芯松动，脱扣失灵，轴销松动、断裂等。其中，机构卡涩是造成拒动的最主要原因，主要体现在以下 3 个方面：

1）由于分合闸线圈铁芯配合精度差，或锈蚀等原因，造成铁芯运动过程中所受阻力过大，导致脱扣器无法打开；

2）因为机构脱扣器及传动部件（包括轴承）发生机械变形或损坏；

3）因为气动机构或液压机构阀体中的阀杆等部件锈蚀卡涩。

（2）电气原因。断路器拒动故障中，因电气控制和辅助回路问题而造成的拒动比例也很高。具体的故障表现有分合闸线圈烧毁、辅助开关故障、二次接线故障、操作电源故障、闭锁继电器故障等。其中，大部分分合闸线圈烧毁是由机械故障导致线圈长时间得电所致；二次接线故障基本是由于二次线接触不良、断线或端子松动引起的。辅助开关及闭锁继电器故障虽表现为二次故障，实际多为触点转换不灵，或没有切换等机械原因引起。此外，SF_6气体压力不足或液压系统油压过低，也会对断路器造成电气闭锁，造成断路器拒动。

2. 处理方法

对于断路器的拒动异常，应结合现场实际情况综合判断后进行处理。由机械传动卡涩造成的故障常发生在采用弹簧机构的断路器中，由于弹簧断路器传动部件较多，增大了发生卡涩的概率。应检查操动机构的各个传动部件是否变形卡涩、分合闸线圈铁芯是否卡涩变形，对卡涩的部件进行润滑并更换变形的部件。在处理的过程中，应注意首先将操动机构的能量释放。对于液压机构，机构内部阀体的卡涩概率较小，更多的是由于电气控制系统不良造成的拒动，可检查控制线是否完好，接线端子是否连接紧固可靠，分合闸线圈是否完好，辅助开关触点是否转换到位，同时应检查 SF_6 气体压力和液压油压力是否正常。

2.6.2　弹簧机构储能异常

弹簧机构储能异常的主要故障现象为机构未进行储能、机构储能未到位、储能过程中打滑等。

1. 原因分析

机构未进行储能可能原因是电动机过电流保护动作、接触器回路不通或触点接触不良、电动机损坏或虚接、机械系统故障等。储能未到位则大概率是限位开关位置不当引起的。棘轮、棘爪损伤，或者储能棘爪卡涩，将会造成储能过程中打滑。

2. 处理方法

机构未进行储能时，应检查储能电动机是否过电流保护；检查接触器回路和触点接触情况，进行修理使其控制良好；检查机械系统是否故障，进行修理，必要时更换零件。储能未到位时，应检查限位开关位置，重新进行调整。储能过程中打滑时，应检查棘轮、大小棘爪是否有损伤，必要时应更换。如果棘爪卡涩不能复位，应对棘爪进行润滑。

2.6.3 液压机构打泵建压异常

液压机构打泵建压异常主要有液压机构打泵超时和液压机构频繁打泵两种情况。

1. 原因分析

液压机构打泵建压异常有多种原因，需结合断路器具体情况进行综合分析。

打泵超时的主要原因有吸油回路堵塞、油箱油位过低、柱塞座与吸油阀之间的尼龙密封垫封不住高压油，高压油放油阀未关严、安全阀动作未复位、油泵本身故障等。

频繁打泵的原因有液压机构外泄漏或内泄漏，外泄漏的原因主要有工作缸活塞杆出口密封不良、储压器活塞杆出口端密封不良、管路连接头渗漏、高压放油阀密封不良或未关严等。内泄漏的主要原因有工作缸活塞上密封圈失效、一级阀或二级阀密封不良、液压泵止回阀关闭不严等。

液压油老化、油中溶解气体增多也是造成液压机构打泵建压异常的原因。打泵触点卡涩或接触不良，启停泵继电器故障等也将造成液压机构的打泵异常。

2. 处理方法

对于打泵超时，应检查吸油回路是否堵塞而引起吸油不通畅，对其进行清理；检查滤油器是否有脏污堵住，必要时，过滤或更换新的液压油。检查油箱油位是否过低，必要时加注油；修理或更换柱塞座与吸油阀之间的尼龙垫；检查高压放油阀是否关严，修理或更换零件；检查安全阀动作是否复位，必要时更换安全阀。

对于频繁打泵，应拆下检查工作缸、储压器的活塞出口端密封性，更换接头或密封圈；检查管路连接头密封性，更换接头或密封圈；检查高压放油阀密封性；检查液压泵止回阀的密封性，更换密封圈；检查一级阀和二级阀的密封性，清洗一级阀和二级阀，必要时更换液压泵。

对于没有泄漏的液压机构，通过对低压油泵泵头进行放气，或更换新的液压油，可以解决因液压油老化导致的打泵建压异常。检查启停泵节点及继电器，对卡涩和故障的元件进行更换。

2.7

常 见 断 路 器 介 绍

2.7.1　ZN63A 型户内真空断路器

1. 概述

ZN63A 型户内真空断路器总体结构如图 2-40 所示，采用操动机构和灭弧室前后布置的形式，主导电回路部分为三相落地式结构。真空灭弧室纵向安装在一个管状的绝缘筒内，绝缘筒由环氧树脂浇注而成。这种结构设计，可以防止真空灭弧室受到外部因素的影响，即使在湿热及严重污秽环境下，也可对电压效应呈现出高阻态。断路器设计成前后分装结构，既可以作为固定安装的单元，也可与底盘车配装作单独手车使用。图 2-41 为 ZN63A 型断路器的外观图。

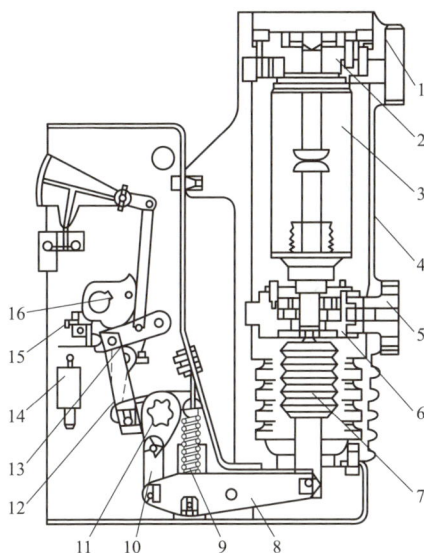

图 2-40　ZN63A 型户内真空断路器总体结构图

1—上出线座；2—上支架；3—真空灭弧室；4—绝缘筒；5—下出线座；6—下支架；7—绝缘拉杆
（内加触头簧）；8—传动拐臂；9—分闸弹簧；10—传动连板；11—主轴传动拐臂；12—分闸
保持掣子；13—连板；14—分闸脱扣器；15—手动分闸顶杆；16—凸轮

图 2-41　ZN63A 型断路器外观图

2. 灭弧室

ZN63A 型断路器配用中间封接式陶瓷或玻璃真空灭弧室，采用铜铬触头材料，杯状纵磁场触头结构，其触头的电磨损率小，电寿命长，触头的耐压水平高，介质绝缘强度稳定，弧后恢复速度快，开断能力强。

3. 操动机构

ZN63A 型户内真空断路器的操动机构为弹簧操动机构，具有手动和电动两种储能方式。其弹簧操动机构结构图如图 2-42 所示，实物图如图 2-43 所示。

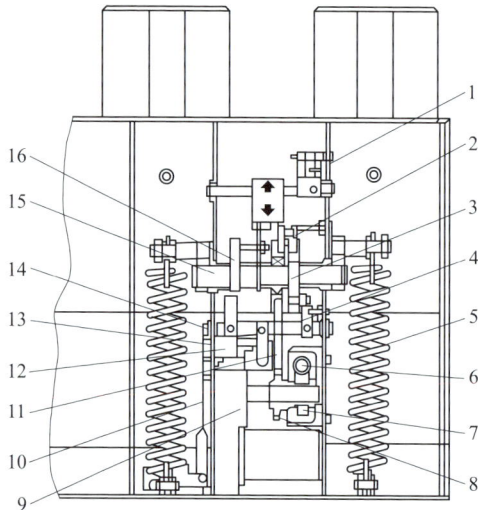

图 2-42　ZN63A 弹簧操动机构结构图

1—储能到位切换用微动开关；2—储能传动链轮；3—储能传动轮；4—储能保持掣子；5—储能拉簧；

6—手动储能蜗杆；7—手动储能传动涡轮；8—电动机传动链轮；9—储能电动机；10—联锁传动

弯板；11—传动链条；12—闭锁电磁铁；13—闭锁电磁铁闭锁铁芯；14—储能保持轴；

15—传动凸轮轴；16—凸轮

2.7.2　LW8-40.5、LW8-40.5A 型 SF_6 断路器

1. 概述

LW8-40.5、LW8-40.5A 型 SF_6 断路器适用于 35kV 输配电系统的控制和

图 2-43　ZN63A 弹簧操动机构实物图

保护，也可用于联络断路器及开合电容器组的场合，可内附电流互感器供测量与保护用。断路器配用 CT14 型弹簧操动机构。

　　LW8-40.5 型断路器为落地罐式结构，如图 2-44（a）所示。LW8-40.5A型断路器为瓷柱式结构，如图 2-44（b）所示。均三相分立，具有压气式灭弧

(a) 罐式

(b) 瓷柱式

图 2-44　LW8-40.5 型断路器外观

室，三相气体通过铜管连通。LW8-40.5 型断路器由瓷套、电流互感器、灭弧室、外壳、吸附器、传动箱、连杆、底架及弹簧操动机构等部分组成。LW8-40.5A 型断路器由支柱绝缘子、灭弧室、吸附器、传动箱、连杆、底架及弹簧操动机构等部分组成。

2. 灭弧室

LW8-40.5 型断路器的灭弧室主要由静触头、动触头、外壳、气缸及喷口等部件组成。上、下绝缘子及绝缘拉杆构成了动、静触头的对地绝缘。LW8-40.5A 型断路器的灭弧室主要由静触头、动触头、瓷套、气缸及喷口等部件组成。瓷套及绝缘拉杆构成了动、静触头的对地绝缘。灭弧室结构如图 2-45 和图 2-46 所示。

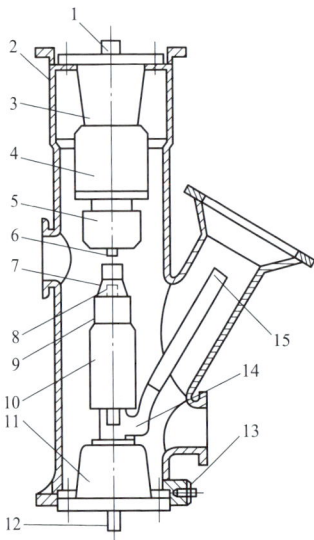

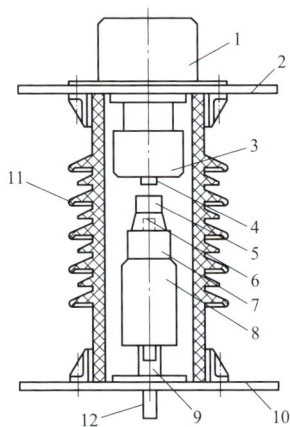

图 2-45　LW8-40.5 型罐式断路器灭弧室

1—导电杆；2—外壳；3—上绝缘子；4—冷却室；

5—静触头；6—静弧触头；7—喷口；8—动弧

触头；9—动触头；10—气缸；11—下绝缘子；

12—绝缘拉杆；13—接地装置；14—

动触头支座；15—导电杆

图 2-46　LW8-40.5A 型瓷柱式

断路器灭弧室

1—冷却帽；2—上接线板；3—静触头；4—

静弧触头；5—喷口；6—动弧触头；7—

动触头；8—气缸；9—动触头支座；

10—下接线板；11—瓷套；12—绝缘拉杆

3. 操动机构

CT14 型弹簧操动机构采用夹板式结构,如图 2-47 所示。机构的储能驱动部分和合闸驱动部分为凸轮-四连杆机构,在机构的右、中侧板之间布置着凸轮、半轴、扇形板、输出轴、缓冲器、分合指示牌、合闸电磁铁等零部件;在机构的左、中侧板之间布置着棘轮、驱动块等零部件;辅助开关、计数器、手动分合按钮等分别布置在机构的上中部,储能电动机等布置在机构的下方。在左侧板的外面装有接线端子、自动开关等;切换电机回路的行程开关布置在右侧板上边;储能弹簧分别布置在左右侧板的外侧;机构通过固定在机构下部的两个角钢和后面的两个角钢上的安装孔,用螺栓安装在机构箱内,机构箱再用螺栓与断路器相连接。图 2-48 为 LW8-40.5 型断路器弹簧机构实物图。

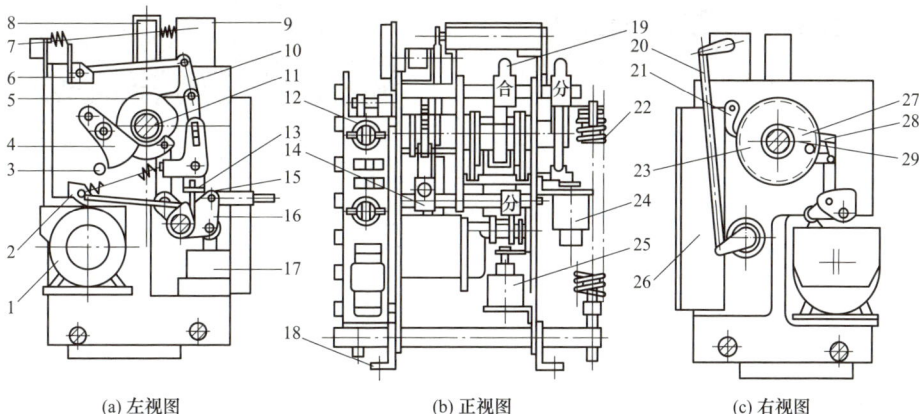

(a) 左视图　　　　　　　(b) 正视图　　　　　　　(c) 右视图

图 2-47　LW8-40.5 型操动机构结构简图

1—储能电动机;2—分合闸指示;3—半轴;4—扇形板;5—凸轮;6—手动分闸按钮;7—计数器;

8—行程开关;9—辅助开关;10—定位件;11—储能轴;12—接线板;13—分合闸联锁板;

14—驱动块;15—顶杆;16—输出轴;17—缓冲器;18、26—角钢;19—手动合闸按钮;

20—拉杆;21—保持棘爪;22—储能弹簧;23—棘轮;24—分闸电磁铁;

25—合闸电磁铁;27—驱动板;28—靠板;29—驱动棘爪

2.7.3　LW10B-252 型 SF$_6$ 断路器

1. 概述

LW10B-252 型 SF$_6$ 断路器如图 2-49 所示。是三相交流 50Hz 户外高压电力设备，主要用于输电线路的控制和保护，也可作联络断路器使用。该断路器为单柱、单断口型式。

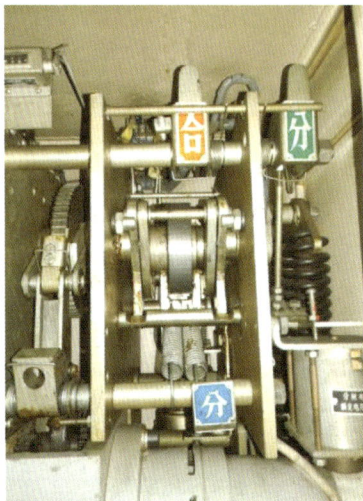

图 2-48　LW8-40.5 型断路器弹簧机构实物图

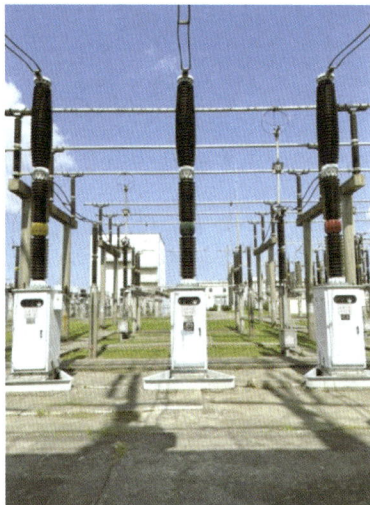

图 2-49　LW10B-252 型 SF$_6$ 断路器

灭弧断口不带并联电容器，具有结构紧凑、灭弧室小巧、操作方便、性能稳定可靠、使用寿命长等优点，而且液压操动机构采用了管状二级阀结构，减少了液压阀的级数，简化了结构，降低了漏油的风险。

该断路器使用 SF$_6$ 气体作为灭弧介质。采用单压变开距灭弧室结构，用以切断额定电流和故障电流，转换线路，实现对高压输电线路和电气设备的控制和保护，每相均有一套独立的液压系统，可分相操作，实现单相自动重合闸；通过电气联动也可三相联动操作，实现三相自动重合闸。

2. 灭弧室

灭弧室主要由静弧触头、动弧触头、压气缸、动触头、静触头、拉杆、止回阀等部件组成，结构如图 2-50 所示。合闸时，动弧触头首先插入静弧触头中，紧接着动触头的前端插入触指中，直到合闸动作完成。合闸过程中，止回阀阀片打开，使灭弧室内 SF$_6$ 气体进入压气缸内。在分闸时，首先动触头和触指脱离接触，然后动弧触头和静弧触头分离。在动触头向下运动过程中，止回阀阀片关闭，压气缸腔内的 SF$_6$ 气体被压缩后适时向电弧区域喷吹，使电弧去游离和熄灭。

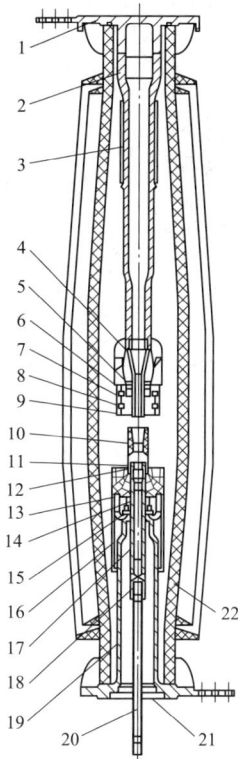

图 2-50 LW10B-252 型 SF$_6$ 断路器灭弧室结构图

1—静触头接线座；2—触头支座；3—分子筛；4—弧触头座、5—静弧触头；6、15—触座；

7—触指；8—触指弹簧；9—均压罩；10—喷管；11—压环；12—动弧触头；13—止回阀；

14—滑动触指；16—压气缸；17—动触头；18—接头；19—缸体；

20—拉杆；21—导向板；22—瓷套装配

3. 操动机构

LW10B-252 型 SF$_6$ 断路器的液压操作方式为分相操作，三相分别配有相同的液压操动机构，操动机构如图 2-51 所示。

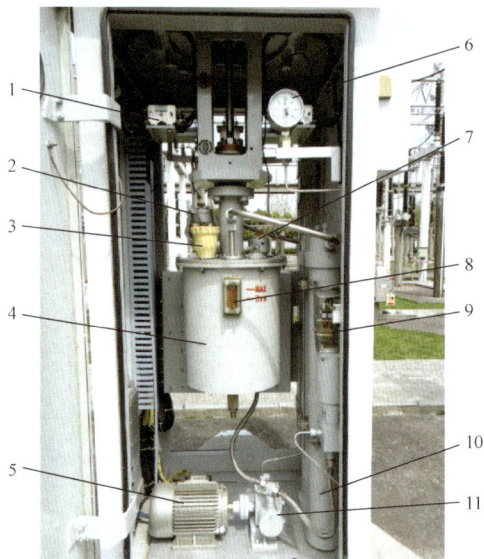

图 2-51 LW10B-252 型 SF$_6$ 断路器操动机构

1—辅助开关；2—分闸电磁铁；3—注油口；4—油箱；5—电动机；6—压力表；7—合闸电磁铁；

8—油位指示；9—压力开关；10—储压器；11—油泵

2.7.4 LW12-252 型 SF$_6$ 断路器

1. 概述

LW12-252 型 SF$_6$ 罐式断路器是三相交流 50Hz 户外高压电力设备，主要用于输电线路的控制和保护，也可作联络断路器使用。

LW12-252 型 SF$_6$ 罐式断路器是断路器和电流互感器构成的复合电器，采用单极、单断口结构，每台断路器由 3 个单极组成，由一个独立的汇控柜控制断路器三相分、合闸。汇控柜的安装可根据需要放在断路器一侧或断路器正面。断路器的外观如图 2-52 所示。

LW12-252 型 SF$_6$ 罐式断路器采用三相独立，分相操作。配用气动操动机构，可使断路器进行手动分合操作，电动分合操作，三相电气联动操作和一次自动重合闸操作。同时，借助手动操作杆可以进行手动慢分、慢合操作。

图 2-52　LW12-252 型 SF$_6$ 罐式断路器

LW12-252 型 SF$_6$ 罐式断路器采用具有优良灭弧性能的高绝缘强度的 SF$_6$ 气体作为灭弧和绝缘介质。灭弧系统利用单压式设计原理，采用变开距同步吹弧方式。该断路器具有结构简单、开断短路电流大、绝缘水平高、重心低及耐地震性能好、安全可靠、检修周期长、安装维护方便等特点。

断路器的每个单极有一个落地罐，罐内装有压气式灭弧室，在罐的斜上方装进出线套管，在罐与瓷套管的连接处，可根据用户要求内装环形测量及保护电流互感器。在罐的一端装有气动操动机构，通过传动机构与灭弧室运动系统相连接。

套管主要包括瓷套管、导电杆、套管式电流互感器、屏蔽罩、均压环及接线端子等元件组成。

2. 灭弧室

灭弧室装配主要由压气式灭弧室及支持绝缘子、屏蔽罩、喷口、压气缸、动触头、静触头等部件组成。为了吸收 SF$_6$ 气体的电弧分解物，在灭弧室下部装有吸附剂。灭弧室结构如图 2-53 所示，灭弧室实物结构如图 2-54 所示。

3. 操动机构

LW12-252 型 SF$_6$ 罐式断路器采用气动机构操作，单机供气、分相操作，

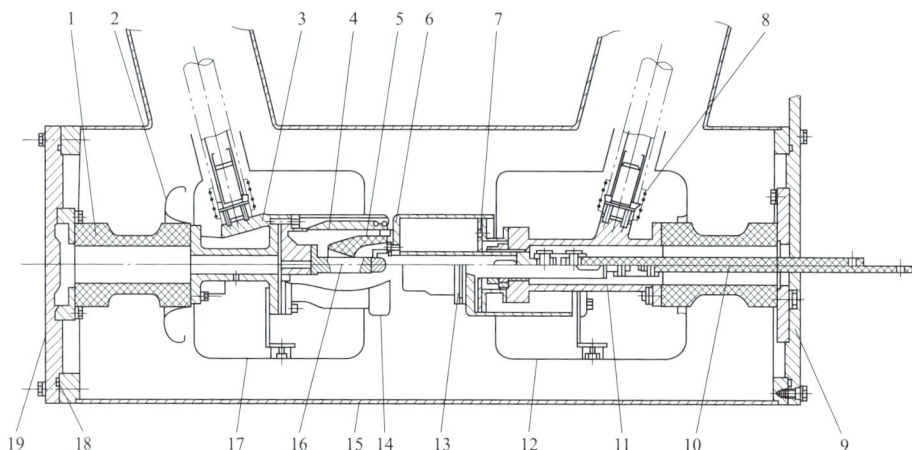

图 2-53　LW12-252 型 SF$_6$ 罐式断路器灭弧室结构图

1—绝缘子；2、12—屏蔽罩；3、11—支座；4—触头座；5—喷口；6—压气缸；7—活塞；

8—梅花型接头；9—传动机构；10—绝缘拉杆；13—动触头；14—均压环；15—罐；

16—静触头；17—屏蔽罩；18—密封圈；19—盖板

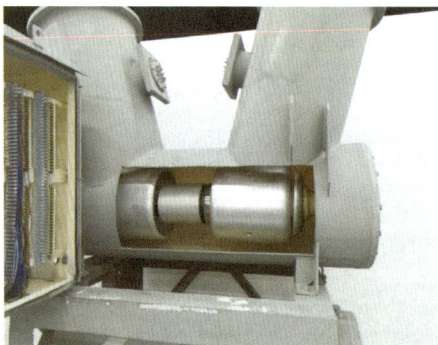

图 2-54　LW12-252 型 SF$_6$ 罐式断路器

灭弧室实物结构图

每相机构上装有一个容积为 495L 的贮气罐，三相贮气罐通过管路相互与汇控柜（或独立空压机柜）内空压机系统连通，形成一个完整的供气系统。

为了保证断路器长期工作在额定压力下，不受环境温度的影响，气动机构设计成自然泄漏结构，每分钟泄漏量为 300～700mL，因此，压缩机的工作是比较频繁的。正常运行时，压缩机的补压时间在 10min 左右。为了监视由于压缩机系统或控制回路异常造成长时间补压，因此，特设压缩机运转时间控制回路，当压缩机运转时间超过整定值时，将自动切除压缩机控制回路并发出信号（压缩机运转时间出厂整定在 30min 左右）。

LW12-252 型 SF$_6$ 断路器气动机构主要是由分、合闸电磁铁，气缸，主阀，密度继电器，辅助开关，加热器和机构箱等组成。实物图如图 2-55 所示，结构图如图 2-56 所示。

传动机构室及合闸弹簧装配主要由传动机构室、拐臂轴、合闸弹簧、油缓冲器等元件组成。

操作过程：气动机构的工作缸活塞带动传动机构室拐臂，通过接头、绝缘拉杆，带动灭弧室中的压气缸及动触头运动，从而实现断路器的分、合闸操作。

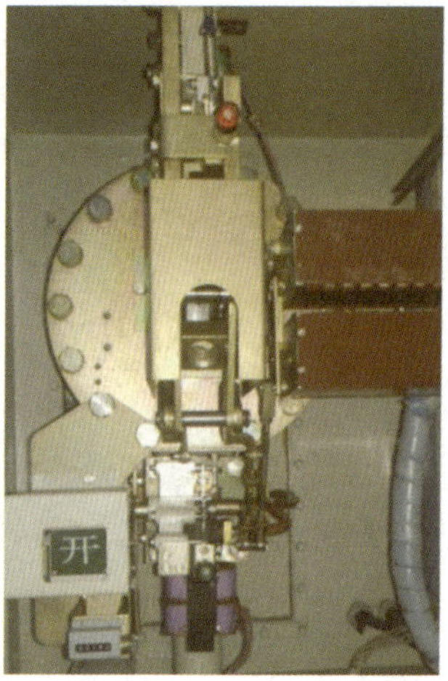

图 2-55 LW12-252 型 SF$_6$ 罐式断路器气动操动机构

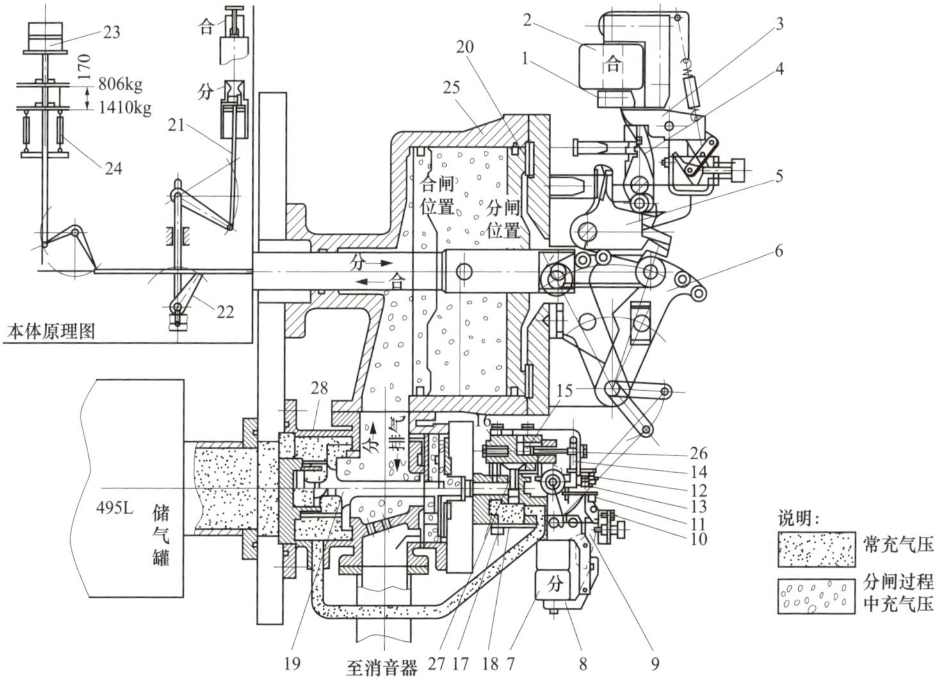

图 2-56 LW12-252 型 SF$_6$ 罐式断路器气动机构结构图

1、8—静铁芯；2—合闸线圈；3、9—衔铁；4、5、12—掣子；6—连杆；7—分闸线圈；10、11—扣板；13—凸轮；14—弹簧；15—阀杆；16~18—活塞；19—主阀活塞；20—气缸活塞；21—绝缘拉杆；22—拐臂；23—油缓冲器；24—合闸弹簧；25—工作缸；26—一级阀；27—二级阀；28—主阀（三级阀）

小结

　　断路器是交流变电站中重要的主设备之一，同时也是电力系统中重要的控制设备。本章主要由断路器的分类、基本结构、主要电气参数、电气试验、运行维护、常见故障及异常处理等内容组成，重点介绍了不同灭弧介质的断路器的特点、灭弧室结构、操动机构等内容，断路器中的附件虽然不是断路器的主要组成，但在断路器的运行过程中发挥了重要作用，同样是工作中需要关注的部分。断路器作为较为复杂的机电一体化设备，在运行中难免会发生一些缺陷，比如拒动、机构卡涩、储能异常、SF_6泄漏、液压机构渗漏油等，应针对不同类型断路器的特点，并结合综合情况进行判断处理。

习题与思考题

2-1 罐式断路器与瓷柱式断路器相比有哪些优点?

2-2 何为断路器的均压电容?

2-3 简述回路电阻试验的目的。

2-4 断路器的机械特性一般包括哪些参数?

2-5 简述断路器液压机构的优点和缺点。

2-6 何为断路器的动稳定电流?

2-7 何为密度继电器,其在断路器中起到哪些作用?

2-8 为什么在相同的开断能力要求下,自能式 SF_6 灭弧室可以采用操作功更小的操动机构?

2-9 液压机构中的压力表指示什么压力? 根据压力如何判断机构故障?

2-10 何为断路器的跳跃现象?

2-11 SF_6 气体断路器解体检修时,应完成哪些工序后才能进行解体工作?

2-12 随着人们对环保的重视,减少断路器中 SF_6 气体的使用成为一种趋势,试论述断路器的灭弧介质如何向更加环保的方向发展?

第 3 章

CHAPTER THRE

隔离开关

03

　　隔离开关是电力系统中一种不带灭弧装置的开关电器，隔离开关的主要作用是隔离电源、倒闸操作以及可以用于接通和断开较小的负荷电流。隔离开关在分闸位置时，触头间有符合规定要求的绝缘距离和明显的断开标志；在合闸位置时，应能长期承载负荷电流直至额定电流，同时还应能够在规定时间内承载短路电流，直至额定短时耐受电流和额定峰值耐受电流。在隔离开关本身或其操动机构上应有锁扣装置，以防其在通过短路电流时由于电动力作用而自动分开。带有接地装置的隔离开关，在其本身或操动机构上，应采取相互联锁的措施，保证只有在隔离开关触头分开后，接地开关的触头才能闭合；相反，只有接地开关触头分开后，隔离开关的触头才能闭合。

国网上海市电力公司电力专业实用基础知识系列教材

交流变电站电气主设备

3.1

隔 离 开 关 的 分 类

　　隔离开关具有多种分类方式，本节仅针对敞开式隔离开关进行分类，不包含 GIS 和柜式气体绝缘开关柜（C-GIS）中的隔离开关。

3.1.1　按照安装地点分类

　　隔离开关按安装地点的不同，可分为户内与户外两类。户外型要能够适应恶劣的气候条件，包括在覆有一定厚度冰层的情况下仍能顺利地分闸与合闸，而户内无此要求。

3.1.2　按照附装接地开关数量分类

　　按断口两端有无接地装置及附装接地开关的数量不同，分为不接地（无接地开关）、单接地（有一台接地开关）和双接地（有两台接地开关）三类，图 3-1（a）所示为单接地隔离开关，图 3-1（b）所示为双接地隔离开关。

(a) 单接地隔离开关　　　　　　　　　　　(b) 双接地隔离开关

图 3-1　单接地和双接地隔离开关

3.1.3　按照结构形式分类

（1）按隔离开关绝缘支柱数量可分为单柱式、双柱式、三柱式、组合式等。

（2）按触头分合形式可分为垂直分合式、水平分合式、直臂分合式、折叠分合式等。

典型隔离开关结构形式见表3-1。

此外，系统中还有一种单相隔离开关专用于变压器中性点。在运行中，其断口的一端接变压器的中性点，另一端直接（或串接入供继电保护用的电流互感器）接地，以实现变压器中性点接地运行或不接地运行两种不同的运行方式。图3-2所示为变压器中性点接地用隔离开关。

表3-1　　　　　　　　　　　　　　典型隔离开关结构形式

结构形式		简　　图
双柱	直臂式	
单柱	直臂式	

续表

结构形式	简　图
单臂 折叠式 隔离 开关	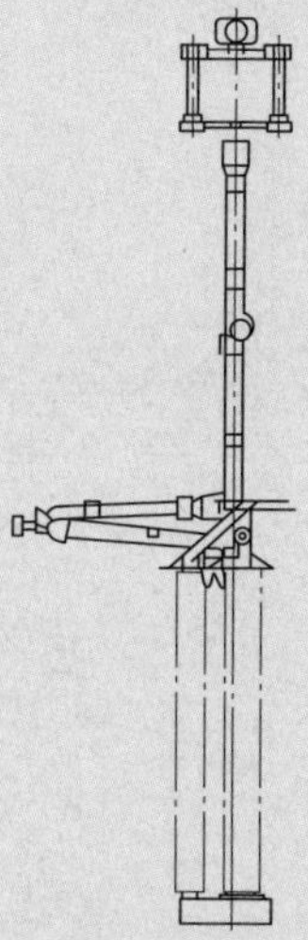
双臂 折叠式 隔离 开关	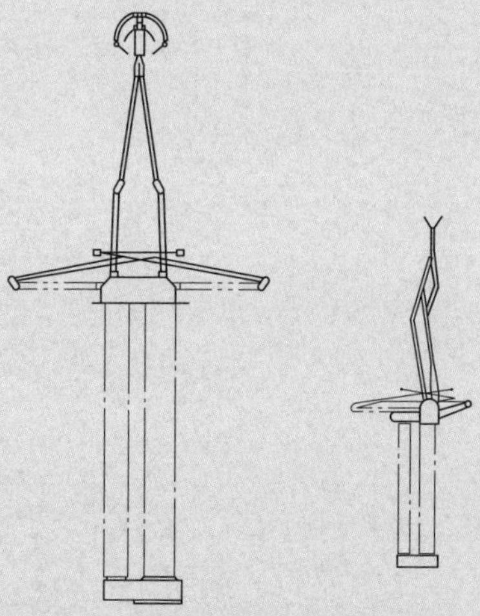

单柱

续表

结构形式	简　　图
水平直臂式隔离开关	
双柱　水平折叠式隔离开关	
直臂立开式隔离开关	

续表

结构形式		简 图
双柱组合式	水平折叠共静触头隔离开关	
三柱式	水平分合隔离开关	

图 3-2 变压器中性点接地用隔离开关

3.2

隔离开关的基本结构

3.2.1　导电回路

隔离开关的导电回路主要包括接线端子或接线座、导电杆、动触头、静触头等，决定隔离开关导电性能的关键是动、静触头之间的接触状态，以及接线座、导电杆、触头之间的连接情况。

静触头目前从结构形式上分为两种，一种是自力型触头，它由特殊的铬锆铜合金制成，具有良好的弹性，靠触头自身的弹性与动触头保持稳定的接触压力；另一种是触指加触头弹簧的组合形式，接触压力完全由触头弹簧的力矩特性所决定，触头弹簧如图 3-3 所示。

隔离开关触头弹簧应进行防腐防锈处理，应采用可靠的绝缘措施防止弹簧分流。触头弹簧应采用不锈钢材质的弹簧，非不锈钢触头弹簧应进行电镀、磷化等防腐处理。

图 3-3　隔离开关触头弹簧

动、静触头之间的结合除应确保长期运行不致过热外，还必须确保在短路电流的短时作用下不发生触头间的熔焊，并且在电动力的作用下或其他外力偶然作用下不会自行分闸，即应具有在合闸状态下的自锁功能。动触头采用插入式或采用翻转式都是为了保证动、静触头之间的可靠接触和通流能力。

转动部位的连接是确保导电系统可靠运行的重要环节。隔离开关转动部位导电连接方式有转动触指盘、铜编织带、叠片式软导电带、导电轴承等。转动触指盘塑料外壳在户外运行时容易老化脆裂或进水，造成发热；铜编织带在户外污秽环境中运行时，局部腐蚀容易发展为整节变质，导致断裂散股、焊点脱落等；导电轴承可维护性差。采用外覆不锈钢片保护的软导电带作为转动部位导电连接，导电接触面固定，强度较优，可有效地减少发热缺陷，减轻检修维护工作量。图3-4为某型隔离开关结构图。

图3-4　某型隔离开关结构图

3.2.2　支柱绝缘子和操作绝缘子

隔离开关的支柱绝缘子用来支撑其导电回路并使其与地绝缘，同时它起到支撑隔离开关进、出引线的作用；操作绝缘子则通过转动的方式将操动机构的操作力传递至隔离开关的动触头系统，使得动触头向静触头运动，完成分合闸的操作。对于一些形式的隔离开关，支柱绝缘子同时也作为操作绝缘子使用，既起支持作用，也起操作作用，如双柱式或三柱式隔离开关。但对于单柱式隔离开关，则要分设支柱绝缘子和操作绝缘子。

3.2.3　操动机构和机械传动系统

隔离开关的分合闸是通过操动机构和包括操作绝缘子在内的机械传动系统来实现的，操动机构分为人力操动机构和电动操动机构两种。敞开式隔离开关一般都采用电动机电动操动机构，电动操动机构的输出部分由电动机、减速装置和输出轴组成，电动机的功率、减速装置的结构和输出轴转角根据产品的结构形式和传动系统的设计而定。此外，GIS 中的隔离开关也会采用快速分合闸操动机构。

人力操动机构通过人力带动传动连杆操作隔离开关的分合闸。图 3-5 为 GN-40.5 型隔离开关，图 3-6 为 GN-40.5 型隔离开关人力操动机构。

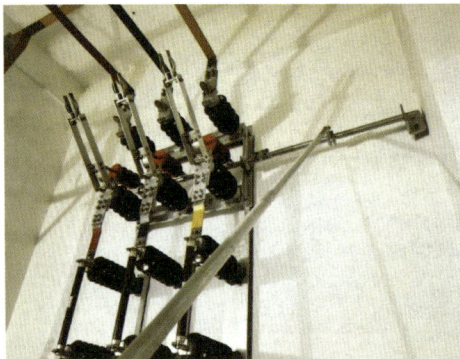

图 3-5　GN-40.5 型隔离开关　　图 3-6　GN-40.5 型隔离开关人力操动机构

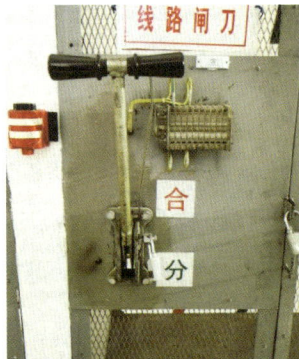

CJ 系列电动机操动机构是最常见的隔离开关操动机构之一，属户外产品，可进行远方控制，也可就地用电动控制或用摇把进行人力操作。图 3-7 为 CJ2 型电动机构的外形示意图和结构原理图。

图 3-8 为 CJ 系列操动机构电气原理图，现场就地操作 CJ 系列电动机操动机构时，转换开关（QC）打在近控位置，进行电动分闸、电动合闸、电动停止操作。

1. 电动分闸

按下分闸按钮（SB3），分闸接触器（KM2）线圈接通，接触器动合触头闭合并自锁，使电动机启动，电动机驱动蜗轮蜗杆减速装置，主轴逆时针方向转动，带动与主轴相连的隔离开关分闸。当主轴接近分闸终点位置时，装在主轴上定位件使终点限位开关（SL2）分开，切断分闸接触器的控制线圈电源，接触器动合触头打开，切断电动机电源，机械限位装置使机构限制在分闸位置。

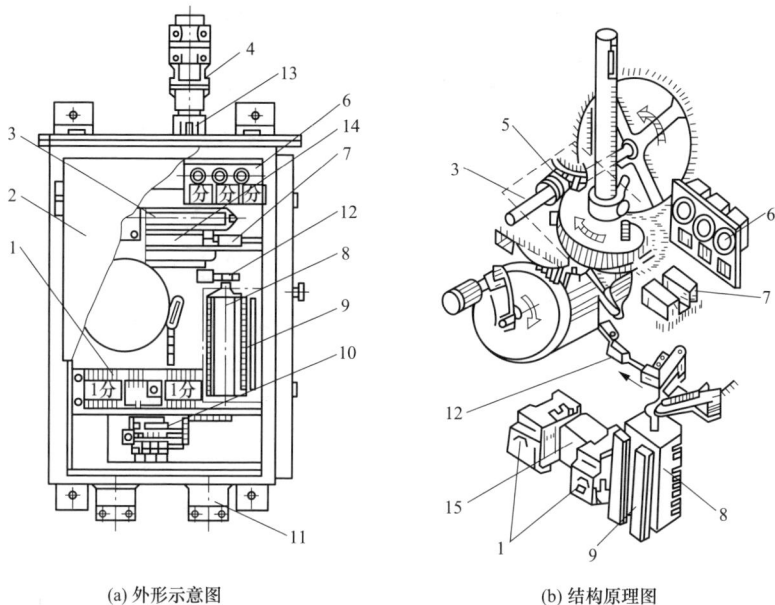

(a) 外形示意图   (b) 结构原理图

图 3-7 CJ2 型电动操动机构的外形示意图结构原理图

1—分、合闸接触器；2—机构箱；3—减速箱；4—抱夹；5—限位块；6—分、合闸操作按钮；

7—分、合闸限位开关；8—辅助开关；9—端子排；10—空气开关；11—出线盒；

12—拐臂连杆；13—分、合闸指示；14—弹性压片；15—热耦继电器

2. 电动合闸

按下合闸按钮（SB1），合闸接触器（KM1）线圈接通，接触器动合触头闭合并自锁，使电动机启动，电动机驱动蜗轮蜗杆减速装置，主轴顺时针方向转动，带动与主轴相连的隔离开关合闸。当主轴接近合闸终点位置时，装在主轴上定位件使终点限位开关（SL1）分开，切断合闸接触器的控制线圈电源，接触器动合触头打开，切断电动机电源，机械限位装置使机构限制在合闸位置。

3. 电动停止

在分、合闸过程中，需要中途停止时，可按下停止按钮（SB2），切断控制电源。

控制回路										电机回路		
遥控合闸	就地合闸	合闸保持	遥控分闸	就地分闸	分闸保持	闭锁回路	近控信号	遥控信号	停止信号	过载缺相保护	合闸主回路	分闸主回路

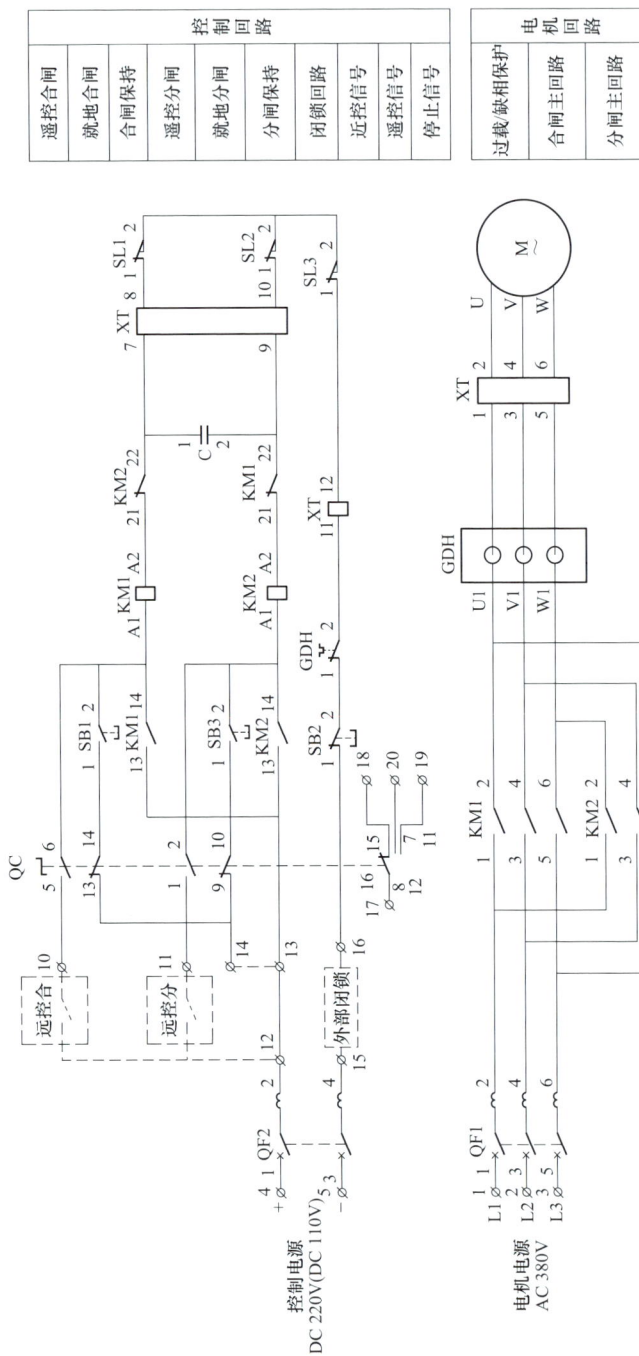

图 3-8　CJ 系列机构电气原理图

4. 现场人力操作分、合闸

用摇把直接操作蜗杆轴，进行分、合闸操作。摇把插入电动机构蜗杆时，摇把使得微动开关（SL3）打开，控制回路失电，此时能手动操作，不能电动；将摇把拔出时，微动开关（SL3）合上，控制回路得电，即可进行电动操作。从而实现手动、电动相互闭锁。

3.2.4　接地开关

接地开关是专门用来将已停电的线路、母线或其他一次设备进行安全接地的机械开关，它的结构与隔离开关基本相同。可以与隔离开关配套，也可以独立安装使用。图 3-9 所示为一种母线接地开关。

图 3-9　母线接地开关实物图

接地开关由动触头、静触头、绝缘支柱、支架和操动机构组成。结构形式主要由闸刀式、分步动作式和折叠式结构；动、静触头有破冰和触头自净能力。折叠式应用于 500kV 以上的超高压。

隔离开关与其所配装的接地开关之间应有可靠的机械联锁，机械联锁应有足够的强度。发生电动或手动误操作时，应能可靠联锁，不得损坏任何元器件。

接地开关存在开合感应电流的情况，在多路架空输电线布置的情况下，不带电并且接地的输电线路上可能通过电流，这是由于与相邻带电线路的电容和电感耦合的结果，因此，用于这些线路接地的接地开关应能保证下列运行条件：

（1）当接地连接线的一端开路，接地开关在线路的另一端操作时开断和关合容性电流；

（2）当线路的一端接地，接地开关在线路的另一端操作时开断和关合感性电流；

（3）持续承载上述容性和感性电流。

3.3

隔离开关的主要电气参数

3.3.1　额定电压

额定电压是指隔离开关所在系统的最高电压。通常情况下，隔离开关在系统标称电压下运行，但在实际运行中，电网的电压会有一定的波动。因此，隔离开关的设计和试验应按其额定电压进行，额定绝缘水平和各种开合试验的相关参数均以其额定电压为基础。隔离开关的额定电压与系统标称电压的对应关系见表3-2。

表3-2　　常用隔离开关的额定电压和系统标称电压的对应关系　　　　kV

标称电压	10	35	66	110	220	330	500	750	1000
额定电压	12	40.5	72.5	126	252	363	550	800	1100

3.3.2　额定电流

额定电流是指隔离开关在额定频率下，在规定的使用和性能条件下，能长期通过而任何部分的温升不超过长期工作时最大容许温升的最大标称电流的有效值。额定电流的大小取决于隔离开关主导电回路导体、触头以及接线端子的材料、尺寸和结构。

3.3.3　额定短时耐受电流和额定短路持续时间

额定短时耐受电流是指在规定的使用条件和性能下，以及规定的短时间内，隔离开关在合闸状态下能够承载的电流的有效值，这一技术参数主要反映隔离开关承载短路电流热效应的能力。在通过此电流后，高压交流隔离开关应能继续正常工作，触头不得打开也不得熔焊。

规定的短时间指的就是额定短路持续时间，即隔离开关在合闸状态下能够承载额定短时耐受电流的时间间隔，不同电压等级的额定短路持续时间要求见表3-3。

表 3-3　　　　　不同电压等级的额定短路持续时间的要求

额定电压	363kV 及以下	500~1100kV
额定短路持续时间	3s	2s

3.3.4　额定峰值耐受电流

额定峰值耐受电流是指在规定的使用和性能条件下，隔离开关在合闸状态下能够承受的额定短时耐受电流第一个大半波的电流峰值，这一技术参数主要反映隔离开关承受短路电流所产生的电动力的能力。在通过此电流后，高压交流隔离开关应能继续正常工作，触头部分不得分开和熔焊。

3.4

隔离开关的电气试验

隔离开关的电气试验包括型式试验、出厂试验、交接试验、例行试验等。

本章对隔离开关的交接试验和例行试验进行简要介绍。

3.4.1 交接试验

通过交接试验，可以确认隔离开关经运输、储存、安装和调试后，设备完好无损、装配正确。

隔离开关的交接试验项目一般包括：

（1）测量绝缘电阻。

（2）交流耐压试验。

（3）检查操动机构线圈的最低动作电压。

（4）操动机构的试验。

（5）测量导电回路的电阻。

3.4.2 例行试验

隔离开关在运行中长期承受来自化学、机械、湿度、电力等方面因素的作用，可能导致隔离开关的绝缘和某些特性发生变化，影响设备正常运行。通过例行试验，可以及时发现绝缘缺陷以及某些特性的现状及变化情况，防患于未然。

1. 主回路电阻试验

通过测量隔离开关的主回路电阻值，能够反应隔离开关导电回路各接触部位的接触状态。与断路器类似，隔离开关的主回路电阻主要取决于隔离开关的动静触头间的接触电阻，同时，整个导电回路中，各个部件的接触连接情况，都将影响接触电阻的数值。由于导电回路的直流电阻很小，为测量准确，应注意必须有足够容量的直流电源，以供给100A以上的电流。

2. 绝缘电阻试验

绝缘电阻是指在设备绝缘结构的两个电极之间施加的直流电压值与流经该对电极的泄漏电流值之比。隔离开关的绝缘电阻试验主要分为支持瓷柱的绝缘电阻测量和辅助回路与控制回路的绝缘电阻测量，可有效检测出绝缘是否有贯通的集中性缺陷，整体受潮或贯通性受潮等。

3. 检查操动机构动作情况

隔离开关操动机构动作情况检查，主要是测试在控制回路的额定操作电压下操作回路是否完好，分、合闸是否正常、机械传动部分是否灵活可靠。

其具体要求如下：

（1）额定的操作电压下电动分、合闸 5 次，动作正常，其中包括隔离开关和接地开关均应动作正常。

（2）手动操动机构操作时应灵活，无卡涩现象。

（3）机械或电气闭锁装置应准确可靠。

4. 检查瓷绝缘子胶装部位防水密封胶

《国家电网有限公司十八项电网重大反事故措施（2018 年修订版）及编制说明》中规定，例行试验中应检查瓷绝缘子胶装部位防水密封胶完好性，必要时重新复涂防水密封胶。如果防水密封胶失效，将导致水分进入瓷绝缘子间的空隙，影响瓷绝缘子的绝缘性能。在极端天气温度骤降时，瓷绝缘子中的水分结冰膨胀，可能造成瓷柱断裂的情况。

3.5

隔离开关的运行维护

投入运行的隔离开关应定期进行巡视检查，这样可以确保隔离开关保持在最佳状态，同时有利于及时发现缺陷。巡视检查一般由运行部门负责，主要对隔离开关的绝缘支柱、导电回路、传动机构及操动机构等进行检查。

3.5.1 绝缘支柱检查

（1）绝缘子外观清洁，无倾斜、破损、裂纹、放电痕迹或放电异声。

（2）金属法兰与瓷件的胶装部位完好，防水胶无开裂、起皮、脱落现象。

（3）金属法兰无裂痕，连接螺栓无锈蚀、松动、脱落现象。

3.5.2　导电回路检查

（1）合闸状态的隔离开关触头接触良好，合闸角度符合要求；分闸状态的隔离开关触头间的距离或打开角度符合要求，操动机构的分、合闸指示与本体实际分、合闸位置相符。

（2）触头、触指（包括滑动触指）、压紧弹簧无损伤、变色、锈蚀、变形，导电臂（管）无损伤、变形现象。

（3）引线弧垂满足要求，无散股、断股，两端线夹无松动、裂纹、变色等现象。

（4）导电底座无变形、裂纹，连接螺栓无锈蚀、脱落现象。

（5）均压环安装牢固，表面光滑，无锈蚀、损伤、变形现象。

3.5.3　传动机构检查

（1）传动连杆、拐臂、万向节无锈蚀、松动、变形现象。

（2）轴销无锈蚀、脱落现象，开口销齐全，螺栓无松动、移位现象。

（3）接地开关平衡弹簧无锈蚀、断裂现象，平衡锤牢固可靠；接地开关可动部件与其底座之间的软连接完好、牢固。

（4）防误闭锁装置完好、齐全、无锈蚀变形。

3.5.4　操动机构检查

（1）隔离开关操动机构机械指示与隔离开关实际位置一致。

（2）各部件无锈蚀、松动、脱落现象，连接轴销齐全。

（3）机构箱无锈蚀、变形现象，机构箱锁具完好，接地连接线完好。

3.5.5　隔离开关的维护

（1）对各导电部分及引线部分加以紧固，保证接触良好。

（2）清扫绝缘子表面，检查法兰及铁瓷结合部位；为 110kV 及以上隔离开关支柱绝缘子按规定进行绝缘子探伤检查。

（3）清除传动机构各部分锈蚀，检查传动杆件、拐臂连接是否可靠，并对传动机构转动点加注润滑脂。

（4）检查操动机构内各元件应完好且安装牢固，二次回路接线正确，接触良好；清除机械活动部分锈蚀，按规定加注润滑脂。

（5）电动、手动操作灵活，动作准确，分合闸位置正确。

（6）按规定完成隔离开关预防性试验要求的各项内容，试验结果应符合规程要求。

3.6

常见故障及异常处理

3.6.1 隔离开关发热异常

隔离开关的发热异常可基本分为两类，一类是隔离开关的接线端子过热，另一类是隔离开关自身触头接触电阻过大导致的触头过热。

1. 原因分析

（1）负荷电流长时间超过隔离开关额定电流造成触头过热损坏。

（2）接线端子和触头的接触电阻增大，造成隔离开关发热异常。导致接触电阻增大的主要原因有：

1）触头的接触面在电流和电弧的热作用下，以及长期暴露在空气中会产生烧蚀痕迹和氧化膜，导致接触电阻增大。隔离开关处于分闸状态时更容易受大气污染，在接触面上构成电阻率较高的覆盖层，使隔离开关合闸后造成触头过热。

2）触指弹簧在长期的运行过程中过热退火、锈蚀或变形，使触头和触指间的接触压力减小，导致接触电阻增大。

3）弧触头引弧功能受损，导致主触头被电弧损伤。

4）隔离开关镀银质量不良，硬度不够。

5）隔离开关合闸未到位。

6）机械原因导致隔离开关触头或触指变形，造成接触不良。

7）接线端子紧固力矩不足或未涂抹电力脂。

2. 处理方法

（1）如果负荷电流长期过载，需校核隔离开关电流发热效应，必要时更换符合负荷电流要求规格的隔离开关。

（2）清化隔离开关发热的接触面，去除氧化膜和污垢，对烧蚀部位用0号砂纸进行轻轻打磨，直至接触面平整具有金属光泽，重新涂覆润滑脂，清化时应注意不要或尽量避免损坏镀银层；对锈蚀、变形、损坏严重的触头、触指、弹簧、弧触头等部件进行更换；在隔离开关的验收过程中，严格把控镀银层的质量，对合闸不到位的隔离开关进行调整；对接线端子接触面进行清化，并涂抹电力脂，按照规定力矩进行紧固。

（3）应加强巡视，定期通过红外测温等手段对隔离开关导电回路进行检查，若发现温度异常升高，及时处理。

3.6.2　外绝缘闪络

隔离开关外绝缘闪络，主要发生在棒式绝缘子上，外绝缘闪络很可能引起大面积停电事故。

1. 原因分析

造成外绝缘闪络的原因有：

（1）瓷柱的爬电距离和对地绝缘距离不足。

（2）瓷柱绝缘表面附着的污秽物形成污层，在露、雾和雨水等潮湿条件下，污层具有较高的导电系数，使绝缘子的绝缘水平大大降低，引起绝缘子在正常运行电压下闪络，这种闪络成为污闪。

2. 处理方法

（1）增加爬电距离，提高整体绝缘水平。

（2）控制污染源，变电站选址时，应尽量避开明显的污染源。

（3）采用户内配电装置，建筑物内应配备除尘通风、吸湿装置，或选用"全工况"型设备，以防结露污闪。

（4）合理配置设备外绝缘，应对照本地区污区分布图及运行经验选用相应爬电比距的电气设备。

（5）加强运行维护，及时清扫电瓷外绝缘污垢，恢复其原有的绝缘水平是防污闪的基本措施。

（6）其他措施：如加装防污伞裙，涂防污闪涂料等。

3.7

常 见 隔 离 开 关 介 绍

3.7.1　GN2 型户内式隔离开关

图 3-10 是户内式三相高压隔离开关结构图，由图可见它主要包括导电部分、绝缘部分和操动部分等。

（1）导电部分。主要作用是关合和断开电路。它包括 L 形静触头和动触头。动触头为两根矩形铜条制成的闸刀，用弹簧紧夹在静触头两边形成线接触。紧贴在闸刀两端外侧靠近静触头之处的钢板通常名为磁锁。它的作用是：

1）在一定的弹簧力下，通过磁锁造成的杠杆比，可以在闸刀和静触头接触处产生较大的接触压力；

2）在短路电流流过时，由于钢板被磁化，便产生一吸引力，此力作用于刀片上，使接触压力增加，从而可以避免短路电流引起触头熔焊和防止闸刀自行分开。

（2）绝缘部分。主要起绝缘作用，它包括支柱绝缘子、套管绝缘子和升降绝缘子。动触头和静触头分别固定在套管绝缘子和支柱绝缘子上，升降绝缘子带动闸刀转动，实现分、合操作。

（3）操动部分。它与操动机构连接，完成分、合操作。主要包括转轴和拐臂，转轴装设在框架上，而拐臂安装在转轴上，最终构成升降绝缘子与闸刀及转轴上的拐臂铰接。户内式隔离开关通常配用 CS6 型手动操动机构，它与 GN2 型隔离开关配合的一种安装方式如图 3-11 所示。转轴通过其端部的拐臂 6、传动连杆 2、调节杆 3、主拐臂 5 与操动机构 4 连接，从而进行分、合操作。

户内式隔离开关的工作过程归纳如下：图 3-10 所示为分开位置，当关合电路时，通过操动机构转动转轴，升降绝缘子即拉动闸刀向下，使之夹住静触头，于是电路便接通；当开断电路时，只要通过操动机构使转轴向相反方向转动，升降绝缘子就推动闸刀向上，使之和静触头分离，造成可见的空气间隙，即明显断开点。

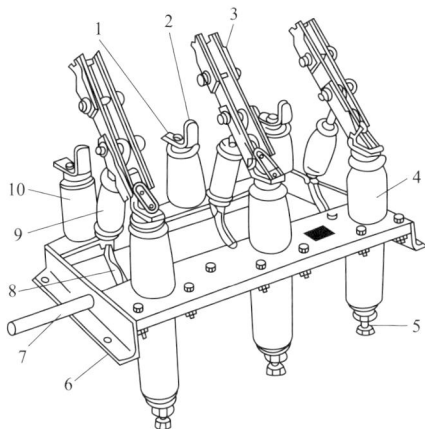

图 3-10　户内式三相高压隔离开关结构图

1—上接线端子；2—静触头；3—闸刀；4—套管绝缘子；5—下接线端子；

6—框架；7—转轴；8—拐臂；9—升降绝缘子；10—支柱绝缘子

我国生产的户内式高压隔离开关大都是这一类型的结构。当额定电流改变时，只是闸刀的尺寸、刀片的数目和绝缘子直径随着改变，而布置形式完全相同。

户内式隔离开关的额定电压在 40.5kV 及以下，额定电流自 200A 直到万安以上，额定短时耐受电流和额定冲击耐受电流要求较高，无需破冰措施。

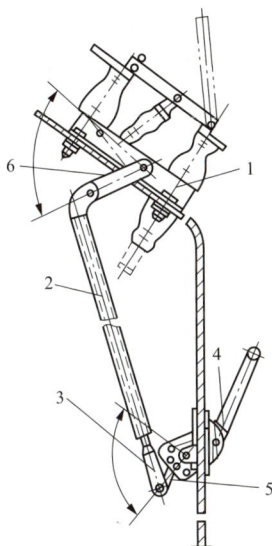

图 3-11 CS6 型手动操动机构与 GN2 型隔离开关配合安装方式

1—GN2 型隔离开关；2—传动连杆；3—调节杆；4—CS6 型手动操动机构；5—主拐臂；6—拐臂

3.7.2 GW4 型户外式隔离开关

图 3-12（a）是 GW4 型的高压隔离开关结构图，由图可见它也包括导电部分、绝缘部分和操动部分。

（1）导电部分。主要起关合和断开电路的作用，包括导电臂 6 和 7。导电臂 6 的右端装一防雨罩 8，内装指形触头。导电臂 7 的左端装一管形触头。中部装有接地开关的触头 9。

指形触头和管形触头的结构如图 3-12（b）所示，触指 12 分成两排嵌在触头支架 13 中，依靠弹簧 10 使触指 12 和管形触头 11 之间获得给定的接触压力。

（2）绝缘部分。主要使导电臂对地绝缘，包括两根支持瓷柱 1。它们分别装在底座 2 的两端，其间用一曲柄连杆机构 3 进行联动。

（3）操动部分。与操动机构连接，完成分、合操作，主要是使用支持瓷柱联动的曲柄连杆机构 3。

GW4 型高压隔离开关的工作过程可归纳如下：图 3-12（a）所示为闭合位置；当开断电路时，用操动机构使两个支持瓷柱之一旋转，通过曲柄连杆机构的带动，另一支持瓷柱将跟着转动，于是导电臂 7 上的管形触头和导电臂 6 上的指形触头分离，电路分开。在分开终了时，支持瓷柱 1 约转过 90°。此时如需将接地开关闭合，可操作另一操动机构使接地开关 4 顺时针旋转，使其触头和导电臂 7 上的触头 9 接触。关合时的次序与上述相反。为保证操作次序的正确，在两操动机构之间也装有机械联锁。

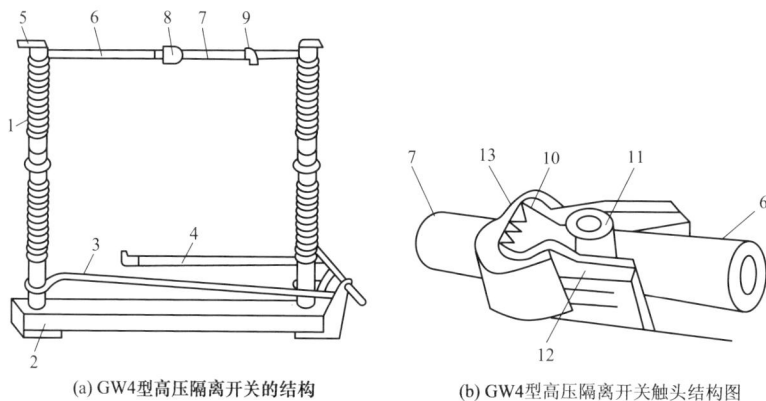

(a) GW4 型高压隔离开关的结构　　(b) GW4 型高压隔离开关触头结构图

图 3-12　GW4 型高压隔离开关

1—支持瓷柱；2—底座；3—曲柄连杆机构；4—接地开关；5—接线端子；
6、7—导电臂；8—防雨罩；9—触头；10—弹簧；11—管形触头；12—指形触头；13—触头支架

GW4 系列断口开距由两个支柱绝缘子的距离决定，当额定电压较高时，断口开距和相间距离都要增大，占地面积较大，且动、静触头导电臂过长对触头的闭合准确性有较大影响。因此，GW4 系列一般用 220kV 及以下系统中，实物图如图 3-13 所示。

(a) GW4-252kV型户外隔离开关　　　　(b) GW4-40.5kV型户内隔离开关

图 3-13　GW4 型隔离开关实物图

3.7.3　GW5 型户外式隔离开关

图 3-14 是 GW5 型高压隔离开关结构图，由图可见，它包括导电部分、绝缘部分和操动部分。

（1）导电部分。主要作用是关合和断开电路。包括固定在 V 形支持瓷柱上用铜管制成的导电臂 4，其端部装有触头 5 和 6，触头 6 为一短圆管，它和导电臂 4 焊成 T 形。为防止触头闭合后被冰冻住不易打开，整个触头上都加装防雨罩。

（2）绝缘部分。起绝缘作用，包括两个支持瓷柱 1，构成 V 形，如图 3-14 所示。它分别装在支架 2 中的轴承座上，可以绕自己的轴转动。

（3）操动部分。主要是齿轮传动系统。支持瓷柱的轴穿入机构箱内并通过装在轴上的伞形齿轮互相啮合，以保证两支持瓷柱同步转动。

GW5 型隔离开关的工作过程可归纳如下：图 3-14 所示为分开位置；当关合电路时，先用接地开关手动操动机构将接地开关 8 与其静触头 7 分开，然后用隔离开关电动或手动操动机构使两个瓷柱之一旋转，通过机构箱中的伞形齿轮带动另一瓷柱转动，于是触头 6 插入指形触头 5 中使电路接通；当开断电路时，操作次序与此相反，即先使隔离开关触头分开，然后将接地开关闭合。为保证能按这一操作次序正确进行，通常在两操动机构上装有联锁装置，以防止由于误操作而发生事故。

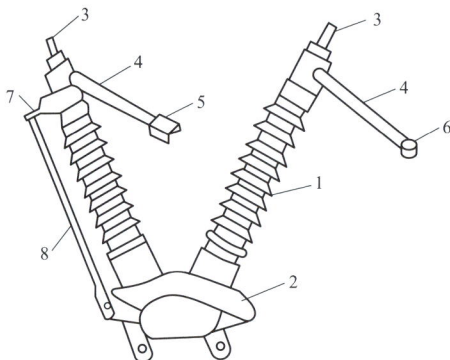

图 3-14　GW5 型高压隔离开关结构图

1—支持瓷柱；2—支架；3—接线端子；4—导电臂；5—指形触头；

6—触头；7—接地开关静触头；8—接地开关

　　GW5 型隔离开关具有安装基础小，易于满足特殊方式（任意角度倾斜）安装要求的优点，但它的支柱绝缘子具有倾斜角度，既受弯矩也受扭矩，所以长度不能过长，断口之间的距离将受到限制，图 3-15 所示为 GW5-126 型高压隔离开关实物图。

图 3-15　GW5-126 型高压隔离开关实物图

3.7.4　GW6 型户外式隔离开关

图 3-16 是 GW6-252 型的高压隔离开关的结构图，它的特点是：

（1）可单相操作，分相布置，占地面积小，动、静触头的接触范围大。

（2）具有两个瓷柱，即支持瓷柱 6 和操作瓷柱 7。由于支持瓷柱只有一个，所以它又称为单柱式。

（3）动触头 2 固定在导电折架 3 上，通过操作瓷柱及传动装置去操作折架上下运动，静触头固定在架空硬母线或悬挂在架空软母线上。动触头垂直上下运动即可形成电气绝缘断口。图 3-16 中虚线部分是合闸位置时可动部分的位置。

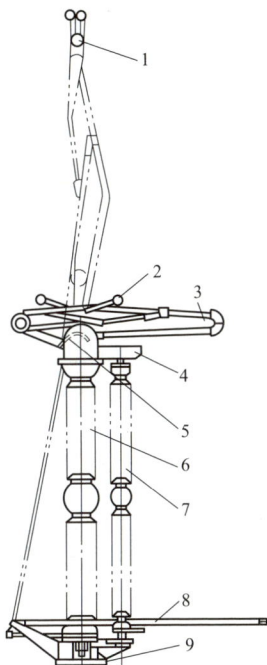

图 3-16　GW6-252 型高压隔离开关的结构图

1—静触头；2—动触头；3—导电折架；4—传动装置；5—接线板；6—支持瓷柱；

7—操作瓷柱；8—接地开关；9—底座

　　GW6 型隔离开关适用于母线用隔离开关，而且软母线或硬母线均可适用；由于是单柱结构，要求支柱绝缘子的抗弯强度高，产品一般用于 110kV 及以上系统。GW6-252 型高压隔离开关实物图如图 3-17 所示。

图 3-17　GW6-252 型高压隔离开关实物图

　　隔离开关应采用驱动拐臂或主拐臂过死点并限位自锁等结构，使隔离开关可靠地保持于合闸位置。GW6 型隔离开关原采用蜗杆齿轮啮合的无死点设计，检修时应加强检查。其采用密封传动箱结构，无法观测到拐臂合闸过死点情况的，可增设过死点指示装置。

3.7.5　GW7 型户外式隔离开关

　　图 3-18 是 GW7-252 型的高压隔离开关的结构图。其基本结构的组成部分与上述隔离开关类似，但也有自己特点。

　　GW7 系列隔离开关为三柱双断口水平旋转式隔离开关，目前一般均采用翻转式动触头，翻转角度一般为 45°～90°。产品结构主要包括操动机构、底座、中间的操作绝缘子和两侧的支持绝缘子、动触头、导电杆、静触头、动触头翻转机构、接地开关、分合闸机械传动系统。

　　GW7 系列隔离开关的特点是结构简单，双断口空气间隙大，更适用于超高压和特高压系统使用，采用翻转式动触头，使触头具有自清洁功能且接触

性能更加良好，并使合闸机械冲击力大大降低。图 3-19 为 GW7-252 型隔离开
关实物图。

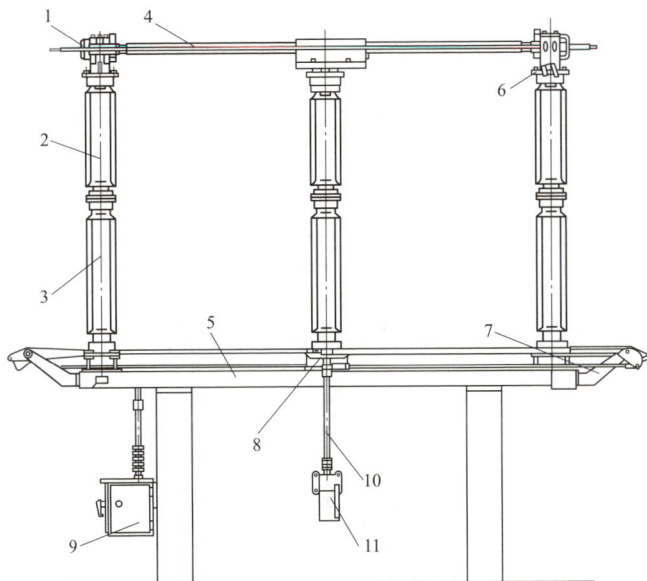

图 3-18　GW7-252 型隔离开关结构图

1—静触头；2—上节绝缘子；3—下节绝缘子；4—主闸刀；5—底座；6—接地静触头；

7—接地开关；8—转动底座；9—电动操动机构；10—垂直竖拉杆；11—手力操动机构

图 3-19　GW7-252 型隔离开关实物图

3.7.6　GW16、GW17 型隔离开关

图 3-20 为 GW16 型隔离开关结构示意图。GW16 系列隔离开关为单柱单臂垂直伸缩式隔离开关。每极隔离开关由操动机构、垂直连杆、底座、支柱绝缘子、操作绝缘子、动触头、静触头、接地开关、接地开关操动机构和垂直连杆等组成。

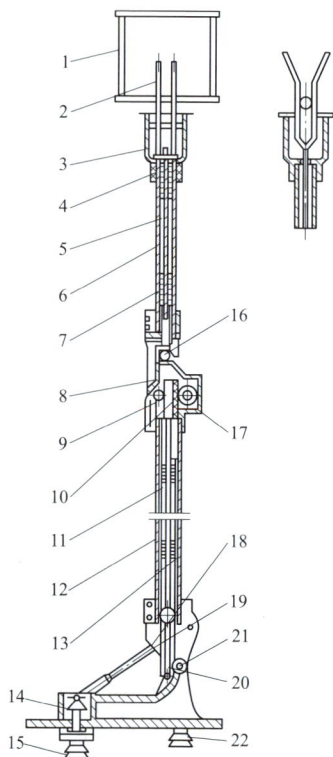

图 3-20　GW16-252 型隔离开关结构示意图

1—静触杆；2—动触片；3—动触头座；4—复位弹簧；5—顶杆；6—上导电杆；7—夹紧弹簧；
8—支轴；9—齿条；10—齿轮；11—操作杆；12—下导电杆；13—平衡弹簧；14—
伞齿轮；15—旋转绝缘子；16—滚子；17—齿轮箱；18—丝杆；19—平面
双四连杆；20、21—齿条拉杆铰接转轴；22—支持绝缘子

GW16 系列单柱单臂垂直折叠式隔离开关结构紧凑，占地面积小，动、静触头接触范围大且接触紧密，适用于软、硬母线。由于是折叠式，上、下导电管不宜过长，所以该型隔离开关一般更适用于 550kV 及以下系统中。

GW17 型系列隔离开关为双柱单臂水平伸缩式隔离开关，产品结构与 GW16 相同，只是将垂直伸缩的单臂改变为水平伸缩，如图 3-21 所示。GW17 型系列产品适用于线路或除母线之外的设备用隔离开关，它可以组合成三柱式组合隔离开关，以减少占地面积。

图 3-21　GW17 型隔离开关实物图

GW16、GW17 型等单臂隔离开关采用非全密封导电臂，长期防水性能不良，导电臂进水、积污、结冰，导致传动部件卡涩拒动。新安装隔离开关导电臂应避免采用异形结构的密封设计，宜采用 O 形或圆形密封结构。

小结

　　隔离开关是一种主要用于隔离电源、倒闸操作、用以连通和切断小电流电路的无灭弧功能的开关电器，在电网中发挥了重要作用。本章主要由隔离开关的分类、基本结构、主要电气参数、电气试验、运行维护、常见故障及异常处理等内容组成，重点介绍了隔离开关的结构形式、导电回路、操动机构等内容，在隔离开关的电气试验项目中，主回路电阻试验是考量其导电回路状态的重要试验，需要重点关注。此外，本章还选取了上海地区常见型号的敞开式隔离开关，并针对其结构特点、应用场景等内容进行介绍。

习题与思考题

3-1　简述隔离开关在电网中的作用。

3-2　对隔离开关的触头弹簧有哪些要求？

3-3　简述何为隔离开关的瓷柱污闪。

3-4　为什么需要定期检查隔离开关瓷绝缘子胶装部位防水密封胶？

3-5　简述隔离开关发热异常的原因。

3-6　简述绝缘电阻的定义。

3-7　简述接地开关的作用。

3-8　CJ 系列机构人力操作时，如何实现手动和电动操作的闭锁？

3-9　检查隔离开关操动机构动作情况的具体要求是什么？

3-10　采用直流压降法测量回路电阻时，对电流有什么要求？

3-11　如何有效防止隔离开关瓷柱的污闪现象？ 发生污闪后应如何处理？

3-12　简述隔离开关分合不到位的原因。

GIS

　　气体绝缘金属封闭开关设备（gas-insulated metal-enclosed switchgear， GIS），除外部连接外，它将各种控制和保护电器，包括断路器、隔离开关、接地开关、电压互感器、电流互感器、避雷器、连接母线等全部封装在接地的金属壳体内，壳内充以一定压力的 SF$_6$ 气体作为绝缘和灭弧介质。 GIS按一定的方式进行组合，以实现不同的电气功能。

　　与敞开式空气绝缘开关设备（air insulated switchgear，AIS）相比， GIS 具有体积小、受外界环境影响小、运行可靠、安全性能高、维护简单、检修周期长等特点，适用于 66 ～1000kV 的电力系统中。

国网上海市电力公司电力专业实用基础知识系列教材

交流变电站电气主设备

4.1

GIS 的 分 类

4.1.1 按照结构型式分类

1. 三相分箱式

三相分箱式 GIS 的三相主回路分相装在独立的金属圆筒形外壳内，由环氧树脂浇注的盆式绝缘子进行支撑，并分成不同的隔室。这种结构的 GIS 制造相对简单，不会发生相间故障，但占地面积比三相共箱式大，且外壳上感应电流引起的损耗也大。图 4-1 为 252kV 三相分箱式 GIS 实物图。

图 4-1　252kV 三相分箱式 GIS 实物图

2. 三相共箱式

三相共箱式 GIS 主回路每个元件的三相均集中安装于一个金属圆筒形外壳内，用环氧树脂浇注件支撑和隔离，结构紧凑，整体外形尺寸小，密封面少，但相间相互影响较大，有发生相间绝缘故障的可能，因此增加了设计难度。目前，三相共箱式结构的 GIS 广泛应用在 126kV 及以下电压等级的系统中。图 4-2 为 126kV 三相共箱式 GIS 实物图。

图 4-2　126kV 三相共箱式 GIS 实物图

3. 主母线三相共箱，其余元件分箱

该结构的 GIS 仅三相主母线共用一个外壳，利用环氧树脂浇注绝缘子将三相母线支撑在金属圆筒外壳内，其他元件均为分箱式结构。母线电场的均匀度更容易解决，母线三相共箱可减少一定的造价，缩小 GIS 占地面积。目前，252kV 及 363kV GIS 广泛采用主母线共箱，其他元件分箱式结构。图 4-3 为 252kV 主母线三相共箱、其余元件分箱 GIS 实物图。

图 4-3　252kV 主母线三相共箱、其余元件分箱 GIS 实物图

4.1.2　按照使用环境分类

GIS 按使用的环境可分为户内式和户外式两类。户内式 GIS 受外界环境影

响小，对其外壳、箱体或其他裸露部分的环境要求较为简单。户外式 GIS 对防水、防冰冻、防腐蚀、防尘，尤其是对高、低温等方面的要求要比户内式高，有些必须采用特殊应对技术措施，以保证其运行可靠性。户外式 GIS 可用于户内，但户内式 GIS 不能用于户外。以往曾出现过户内式 GIS 应用在户外，由于防水措施不足，导致法兰密封圈腐蚀漏气的情况。

此外，GIS 还可以将主母线设计为架空母线，电压互感器和避雷器采用敞开式设备，断路器、隔离开关、接地开关、电流互感器等主要元件仍分相组合在金属壳体内，通常称这种形式的 GIS 为 HGIS（Hybrid-GIS）。

HGIS 继承了 GIS 的优点，同时又兼具 AIS 适应多回架空出线、便于扩建和元件检修的优势，并且敞开式母线具有更低的成本。另外，HGIS 将容易发生缺陷的断路器、隔离开关等操作元件封闭在金属壳体内，解决了敞开式设备操作元件容易出现的绝缘子断裂、传动卡涩、导电回路过热、锈蚀等问题。图 4-4 为 550kV HGIS 一个断路器单元单极结构图。

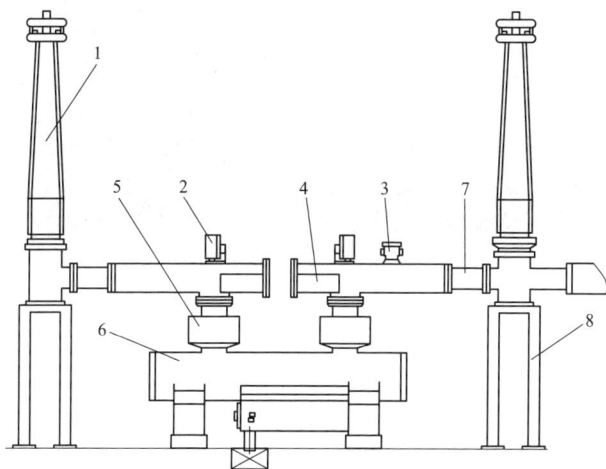

图 4-4　550kV HGIS 一个断路器单元单极结构图

1—套管；2—接地开关；3—快速接地开关；4—隔离开关；5—电流互感器；

6—断路器；7—波纹管；8—支撑构架

主接线方式上，HGIS 适用于 3/2 接线、双母线双断路器接线、双母线接线及单母线接线。图 4-5 为 550kV HGIS 两个断路器单元实物图。图 4-6 为

550kV GIS 三相断路器单元实物图。

图 4-5　550kV HGIS 两个断路器单元实物图

图 4-6　550kV GIS 三相断路器单元实物图

4.2

GIS 的 基 本 结 构

GIS 的基本结构一般由断路器、隔离开关、接地开关、电流互感器、电压互感器、避雷器、母线、出线连接元件等一次元件组合而成，同时还包括 SF_6 气体监控、带电显示、接地连接，以及由二次回路及其控制保护元件、测量仪表等组成的汇控柜。本节重点介绍各元件在 GIS 中的作用和结构形式，各元件的具体内容参见本书相关章节内容。

4.2.1 断路器

断路器是 GIS 的核心部件。GIS 配用的断路器主要是 SF_6 罐式断路器，由灭弧室、机械传动杆件、壳体和操动机构等部分组成。

根据 GIS 的结构不同，断路器有三相共箱式和三相分箱式两种基本结构。根据 GIS 布局方式的不同，断路器有立式和卧式两种布置方式。三相共箱立式断路器结构示意图如图 4-7 所示，三相分箱卧式断路器结构示意图如图 4-8 所示。

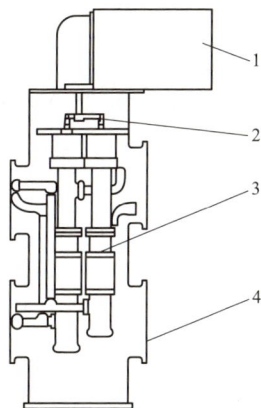

图 4-7　三相共箱立式断路器结构示意图

1—操动机构；2—绝缘拉杆；3—触头；4—外壳

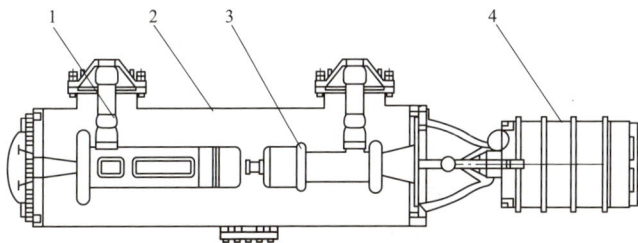

图 4-8　三相分箱卧式布置断路器结构示意图

1—导体；2—外壳；3—触头；4—操动机构

4.2.2 隔离开关

GIS 配用的隔离开关将本体部件封装在封闭的金属壳体内，具有与敞开式隔离开关不同的结构形式。为了适应各种不同的电气主接线和 GIS 结构布置的需要，GIS 的隔离开关具有多种结构，从而更好地保证了 GIS 整体设计的灵活性，提高了空间利用率。

1. 三相共箱式隔离开关结构

目前，三相共箱式隔离开关基本用于 126kV GIS 中，共箱式结构将三相的隔离开关元件封装在一个金属壳体内。根据 GIS 布置需要，当隔离开关与其电气连接的元件呈水平布置时，采用直线形隔离开关。当隔离开关与其电气连接的元件呈垂直布置时，采用直角形隔离开关。三相共箱直线形隔离开关结构示意图如图 4-9 所示，三相共箱直角形隔离开关结构示意图如图 4-10 所示。

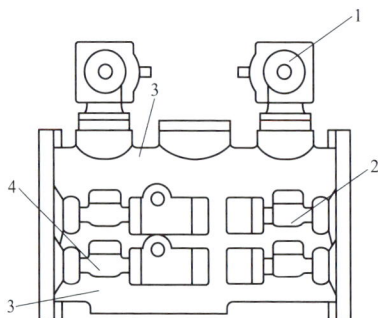

图 4-9　三相共箱直线型隔离开关

结构示意图

1—接地开关；2—隔离开关静触头；

3—外壳；4—隔离开关动触头

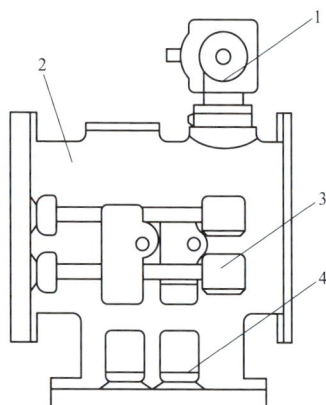

图 4-10　三相共箱直角形隔离开关

结构示意图

1—接地开关；2—外壳；3—隔离开关

动触头；4—隔离开关静触头

2. 三相分箱式隔离开关结构

252kV 及以上电压等级的 GIS 隔离开关，基本采用分箱式结构。三相分箱直角形隔离开关结构示意图如图 4-11 所示；三相分箱直线形隔离开关结构示意图如图 4-12 所示。分箱式隔离开关，其每相隔离开关本体的结构相同，极间靠连接轴实现三相联动。

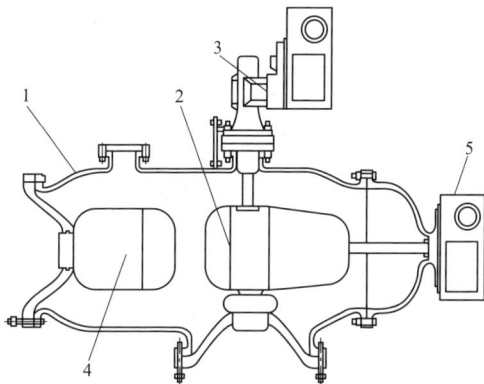

图 4-11　三相分箱式直角形隔离开关结构示意图

1—外壳；2—隔离开关动触头；3—接地开关；4—隔离开关静触头；5—隔离开关机构

3. 三工位隔离接地组合开关

三工位隔离接地组合开关体积小、结构紧凑、复合化程度高、配置方式灵活多样。将隔离开关、接地开关组合在一个金属壳体内，共用一个动触头，配置一台电动机操动机构，具有"0"位置（隔离、接地触头均分开）、隔离触头合位置（接地触头分开状态）、接地触头合位置（隔离触头分开状态）三个工作位置。三工位隔离接地开关自身具备了隔离开关和接地开关的机械联锁，三工位隔离接地开关

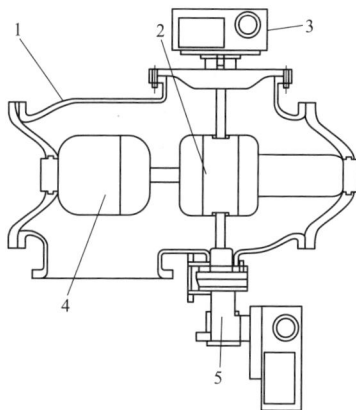

图 4-12　三相分箱直线形隔离
开关结构示意图

1—外壳；2—隔离开关动触头；3—隔离开关机构；4—隔离开关静触头；5—接地开关

中的接地开关只能作为检修接地开关使用。图 4-13 为共箱式三工位隔离接地开关结构示意图，图 4-14 为分箱式三工位隔离接地开关结构示意图。图 4-15 为共箱式三工位隔离接地开关内部结构安装实物图。

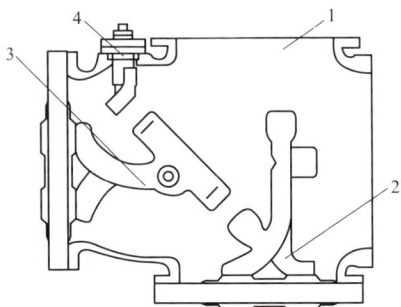

图 4-13　共箱式三工位隔离接地开关结构示意图

1—外壳；2—隔离开关静触头；3—隔离开关动触头；4—接地触头

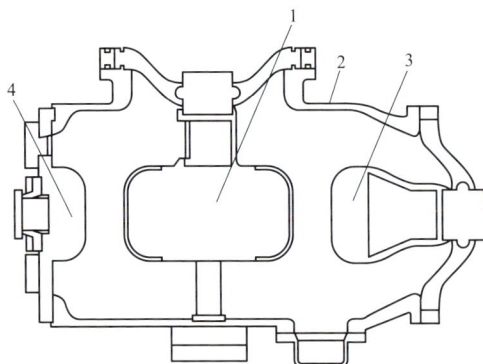

图 4-14　分箱式三工位隔离接地开关结构示意图

1—隔离开关动触头；2—外壳；3—隔离开关静触头；4—接地触头

4. 隔离开关与接地开关共箱

　　将隔离开关和接地开关元件封装在一个金属壳体内，分别由各自的操动机构进行操作，形成隔离开关与接地开关共箱结构。550kV 及以上电压等级的 GIS 由于额定电压高、额定电流和开断电流大，为了保证绝缘水平，金属壳体体积往往较大，大多采用隔离开关与接地开关共箱结构。隔离开关与接地开关共箱结构如图 4-16 所示。

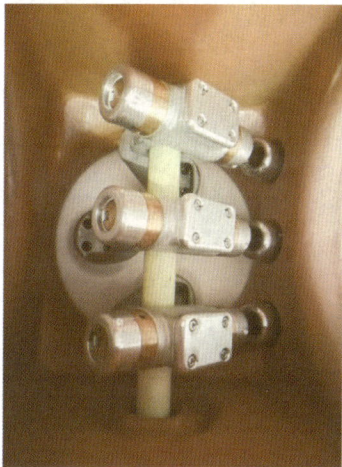

图 4-15　共箱式三工位隔离接地开关内部结构安装实物图

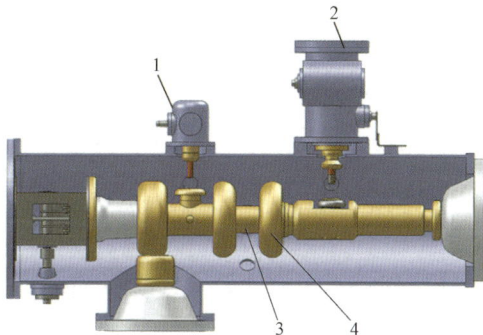

图 4-16　隔离开关与接地开关共箱结构图

1—接地开关；2—快速接地开关；3—隔离开关动触头；4—隔离开关静触头

4.2.3　接地开关

接地开关的作用是将回路接地，在系统异常情况下，具有承载规定时间内规定的短路电流的能力，在某些工况下还需要具有关合短路电流或开合感应电流的功能。

GIS 用接地开关一般分为两种，一种是检修用接地开关，通常称为检修接地开关；一种是故障接地开关，通常称为快速接地开关。检修用接地开关主要用于检修时将主回路接地，以保证检修人员的人身安全。快速接地开关安装在线路侧入口，相对于检修用接地开关，它的分合闸速度较快。快速接地开关除具有一般的检修用接地开关的功能外，还具备关合短路电流的能力和切合线路电磁感应电流、静电感应电流的能力。检修用接地开关通常配电动机操动机构，快速接地开关通常配弹簧操动机构。GIS 用接地开关可以与隔离开关组合，也可与母线组合。图 4-17 为接地开关结构示意图。

GIS 接地开关的结构与隔离开关相似，也分为三相共箱式接地开关和三相分箱式接地开关，以及隔离开关与接地开关共体式或三工位隔离接地开关。

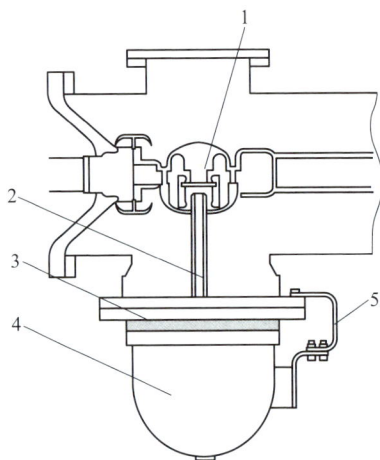

图 4-17　接地开关结构示意图

1—静触头；2—动触头；3—绝缘法兰；

4—外壳；5—接地排

无论是检修接地开关、快速接地开关以及三工位隔离接地开关，基于设计以及检修试验的需要，应具有外部可移开连接装置以断开接地开关与外部地电位的连接。这些可移开连接装置便于进行断路器时序测试、电阻测试和电流互感器测量。

4.2.4　电流互感器

电流互感器的作用是将大电流转换成小电流，在正常情况下供给测量仪器、仪表作为计量用，在故障状态下供给保护和控制装置电流信息对系统进行保护，一般测量级与保护级是分开的。电流互感器的一次绕组即为 GIS 内的高压导体。根据需要，筒内装有 4~6 个单独的环形铁芯，二次绕组绕在环形铁芯上。无磁性的屏蔽罩装在二次绕组的内侧，二次绕组通过端子板引到二次绕组的端子箱，图 4-18 所示为电流互感器结构示意图。

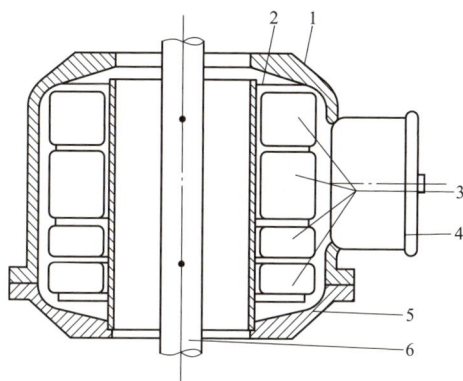

图 4-18 电流互感器结构示意图

1—外壳；2—屏蔽罩；3—环形铁芯；4—二次接线端子箱；5—底面法兰；6—一次导体

4.2.5 电压互感器

电压互感器的作用是将高电压转换成低电压，在正常情况下供给测量仪器、仪表作为计量用，在故障状态下传递电压信息供给保护和控制装置对系统进行保护。电压互感器按其原理可分为电容分压式和电磁式两种。按其绝缘方式划分，常见的有环氧浇注式和 SF_6 气体绝缘式。330kV 及以下电压级的 GIS 一般采用电磁式电压互感器，而 330kV 以上的 GIS 则多采用电容式电压互感器。图 4-19 给出了单相环氧浇注绝缘的电压互感器结构示意图，其一次和二次绕组由闭合铁芯支持。图 4-20 为采用 SF_6 气体绝缘的三相电压互感器结构示意图，一次绕组和二次绕组为同轴式结构，绕组两侧设有屏蔽板，使场强分布均匀。

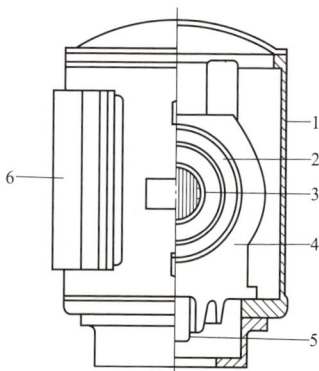

图 4-19 单相环氧浇注绝缘的电压互感器结构示意图

1—外壳；2——次绕组；3—二次绕组；

4—浇注树脂绝缘子；5—高压端头；

6—二次接线端子箱

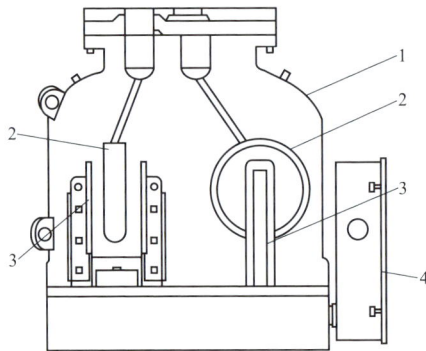

图 4-20　采用 SF$_6$ 气体绝缘的三相电压互感器结构示意图

1—外壳；2—绕组；3—内屏蔽；4—二次接线端子

4.2.6　避雷器

GIS 配置的罐式无间隙金属氧化物避雷器是 GIS 的保护元件，用于保护 GIS 的电气设备绝缘免受雷电和部分操作过电压的损害。避雷器采用 SF$_6$ 气体绝缘，主要由罐体、盆式绝缘子、安装底座及芯体等部分组成，芯体是由氧化锌电阻片作为主要元件。氧化锌避雷器在正常运行电压下，基本处于绝缘状态，当作用在避雷器上的电压超过一定值时，氧化锌电阻片导通，放电电流经过避雷器泄入大地。过电压消除后，避雷器又恢复到正常运行电压下的工作状态。图 4-21 所示为 GIS 中采用的氧化锌避雷器的结构。图 4-22 为氧化锌避雷器阀片。

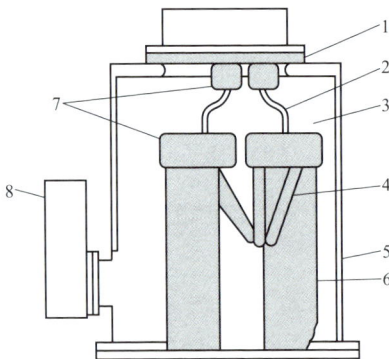

图 4-21　GIS 氧化锌避雷器结构示意图

1—绝缘子；2—导体；3—SF$_6$ 气体；4—屏蔽；5—外壳；6—氧化锌元件；7—屏蔽；8—端子匣

4.2.7　母线

GIS 中的母线将各功能部件连接在一起，满足不同的主接线方式，起着汇集与分配电能的作用。GIS 的母线由盆式绝缘子或支持绝缘子进行支撑。导体之间的过渡采用插接式结构，插入触头多采用弹簧触头、表带触头、梅花触头等结构形式，插接式结构能够补偿导体组装的尺寸偏差及热胀冷缩变形。

目前国内的 72.5~126kV GIS 主母线和分支母线大多采用三相共箱式结构；252~363kV GIS 的主母线一般采用三相共箱式结构，分支母线均采用三相分箱式结构；550kV 及以上电压等级 GIS 的主母线和分支母线全部采用三相分箱式结构。三相共箱式母线结构示意图如图 4-23 所示，分箱式单相母线结构示意图如图 4-24 所示。

图 4-22　氧化锌避雷器阀片

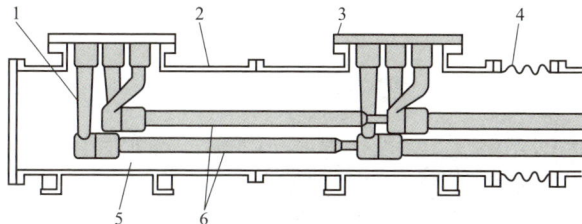

图 4-23　三相共箱式母线结构示意图

1—导体；2—外壳；3—绝缘子；4—波纹管；5—SF$_6$ 气体；6—导体

4.2.8　伸缩节

伸缩节是 GIS 中的一个重要部件，其原理是利用波纹管的弹性变形，补偿安装误差或热胀冷缩等原因引起的 GIS 尺寸的变化。

（1）普通型伸缩节，结构如图 4-25 所示，用在母线或电气元件连接处，用以调节安装误差，实现可拆卸结构，作为 GIS 设备检修时的解体单元，还可以吸收±10mm 的热胀冷缩量。图 4-26 为普通型伸缩节实物图。

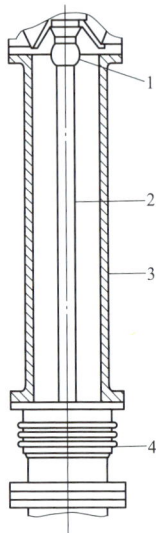

图 4-24   分箱式单相母线结构示意图

1—套筒式接头；2—导体；

3—外壳；4—波纹管

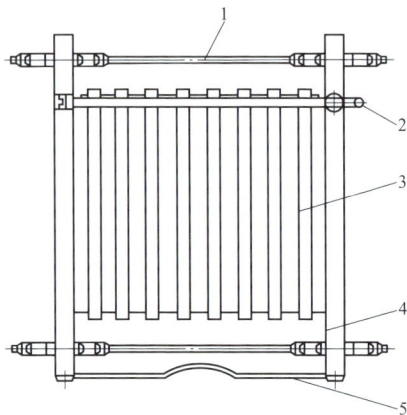

图 4-25   普通型伸缩节结构示意图

1—拉杆；2—刻度尺；3—波纹管；

4—法兰；5—跨接排

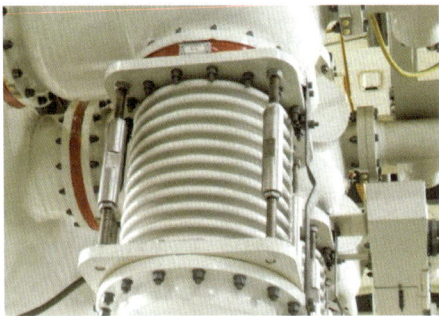

图 4-26   普通型伸缩节实物图

（2）力平衡伸缩节，如图 4-27 所示，为了消除母线热胀冷缩时对设备造成的损害，在母线上每隔一定距离处设置一组力平衡伸缩节，安装在母线之间连接处，用以吸收母线热胀冷缩所产生的应力，具有较大的轴向补偿作用，主要用于温度变化较大、母线较长的设备中。

力平衡伸缩节采用滑动支撑和固定支撑两种支撑形式，在力平衡伸缩节两端用滑动支撑，每隔一定距离设置一组固定支撑，将温升引起的长度变化量控制在一定距离的单元内，并利用波纹管吸收。在 GIS 的工程设计中，要对母线、力平衡伸缩节及支撑在热胀冷缩、风载、日照、通电流等条件下的伸缩量进行计算分析，以确保设备长期可靠运行。图 4-28 为力平衡型伸缩节实物图。

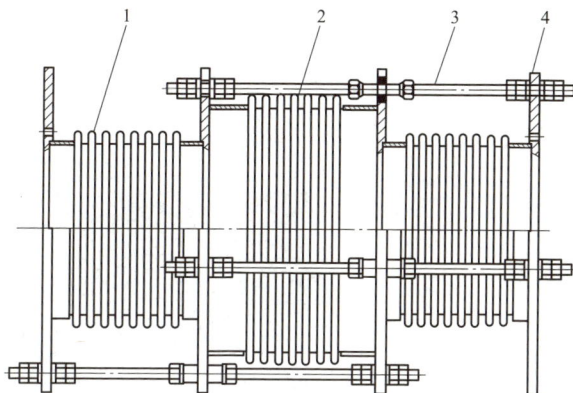

图 4-27　力平衡型伸缩节结构示意图

1、2—波纹管；3—拉杆；4—法兰

在《国家电网有限公司十八项电网重大反事故措施（2018 年修订版）及编制说明》中，要求生产厂家应在设备投标、资料确认等阶段提供工程伸缩节配置方案，方案内容包括伸缩节类型、数量、位置及伸缩节（状态）伸缩量-环境温度对应明细表等调整参数。伸缩节配置应满足跨不均匀沉降部位（室外不同基础、室内伸缩缝等）

图 4-28　力平衡型伸缩节实物图

的要求。用于轴向补偿的伸缩节应配备伸缩量计量尺。

4.2.9　出线连接元件

根据变电站主接线、布置图以及变电站设计的要求，GIS 的间隔出线可采用套管出线、电缆终端出线、GIS 与变压器直连出线 3 种方式，HGIS 基本采用套管出线。

1. 套管出线

GIS 是通过 SF_6 气体绝缘套管与架空出线进行连接的，套管外绝缘的爬电距离和干弧距离设计应满足环境污秽等级和海拔要求，套管结构示意图如图 4-29 所示。图 4-30 为 GIS 出线套管实物图。

图 4-29　套管结构示意图

1—均压环；2—中心导体；3—套管；
4—内部屏蔽；5—GIS 壳体；6—导体

图 4-30　GIS 出线套管实物图

2. 电缆终端出线

电缆终端大多用于 252kV 及以下电压等级的 GIS 户内变电站，作为 GIS 的引出线装置，与安装于户内不同楼层的变压器或电缆出线连接。

电缆终端是安装在电缆末端，与系统的其他部分保证电气连接并保持直到连接点绝缘的设备。电缆终端有两种类型，一种是充流体电缆终端，另一种是干式电缆终端。电缆连接装置是实现电缆与气体绝缘金属封闭开关设备的机械及电气连接的电缆终端、电缆连接的外壳及主回路末端的组合。图 4-31 为 GIS 与充流体电缆连接的示意图，图中虚线之内由电缆终端生产厂家供货，虚线之外由 GIS 生产厂家供货。GIS 与电力电缆之间的连接装置在 GB/T 22381—2017《额定电压 72.5kV 及以上气体绝缘金属封闭开关设备与充流体及挤包绝缘电力电缆的连接　充流体及干式电缆终端》中有明确的技术要求。

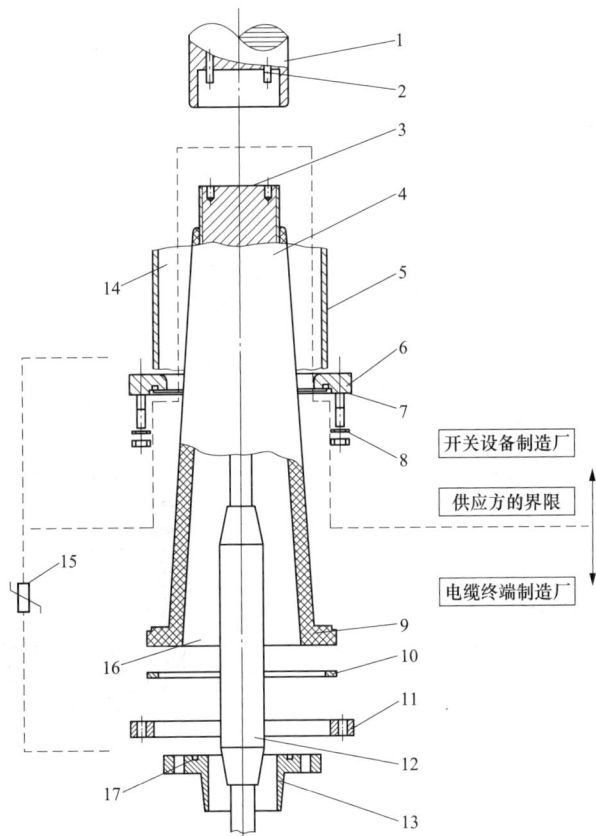

图 4-31　GIS 与充流体电缆连接的典型布置

1—GIS 主回路末端；2、3—连接界面；4—绝缘锥；5—电缆连接外壳；6—法兰或中间板；

7—密封垫；8—螺栓、垫圈、螺母；9—绝缘锥的法兰或接头；10—中间垫片；

11—压紧法兰；12—电场强度控制元件；13—电缆密封套；14—气体；

15—非线性电阻；16—绝缘流体；17—密封垫

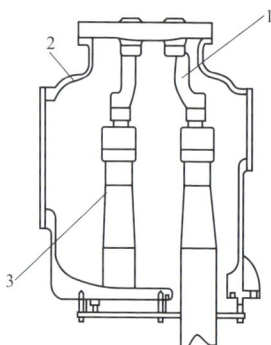

图 4-32　三相电缆终端结构示意图

1—可拆卸导体；2—外壳；3—电缆头

GIS 与三相电缆连接的结构示意图如图 4-32 所示，为了方便 GIS 与电缆的试验和检修，GIS 与电缆的连接处设计有可拆卸的过渡连接，通过拆除可拆卸的导体，可以实现 GIS 和电缆两部分的相互隔离。在 GIS 进行耐压或电缆进行诊断等试验时，需要将 GIS 与电缆进行隔离。图 4-33 为分相式电缆终端实物图，图 4-34 为三相共箱式电缆终端实物图。

图 4-33　分相式电缆终端实物图

图 4-34　三相共箱电缆终端实物图

3. GIS 与变压器直连出线

当设计要求 GIS 与变压器采用 SF_6 气体管道母线与变压器出线的油-气套管直接连接时，应采用 GIS 与变压器直连装置。

GIS 与电力变压器之间的直接连接就是 GIS 通过一端浸在变压器的油中，另一端侵入 GIS 的 SF_6 气体中的套管进行的连接。这种两端浸入在周围空气以外的绝缘介质（例如油或气体）中的套管叫作完全浸入式套管。如图 4-35 所示为 GIS 和电力变压器之间的典型的直接连接，图 4-36 为 GIS 与电力变压器之间直接连接的示意图，图 4-37 为 GIS 与变压器直连出线连接现场图。

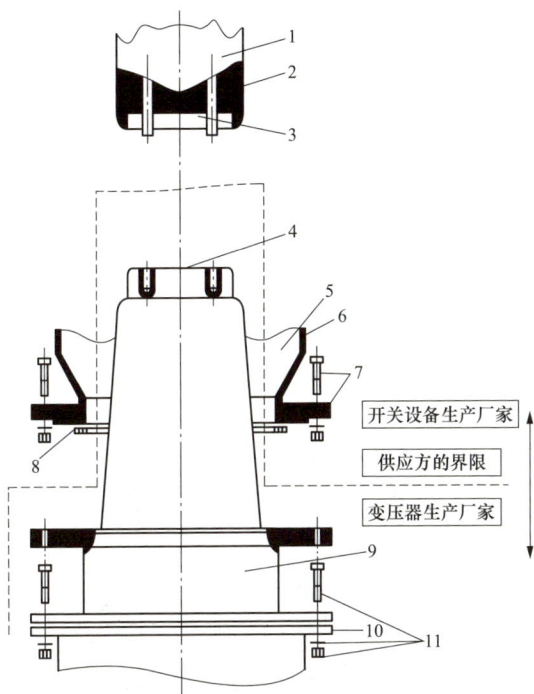

图 4-35　GIS 和电力变压器之间的典型的直接连接

1—主回路末端；2、7、11—螺钉、垫圈和螺母；3、4—连接界面；5—气体；
6—与变压器连接的外壳；8—密封圈；9—套管；10—变压器箱体

4.2.10　绝缘子

1. 盆式绝缘子

盆式绝缘子是 GIS 中的主要绝缘件，它起到将通有高电压、大电流的金属导电部位与地电位的外壳之间的绝缘隔离、支撑及不同气室的隔离作用。盆式绝缘子需承受 GIS 导体重量、运动部位的力，设备短路情况下的电动力，

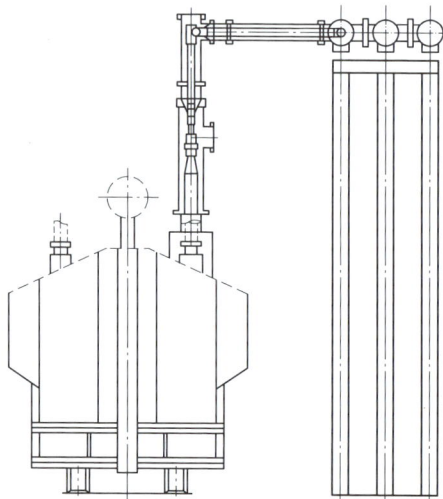

图 4-36　GIS 与变压器直连示意图

(a) GIS母线侧　　　　　　　　　　(b) 主变压器油气套管侧

图 4-37　GIS 与变压器直连出线连接现场图

以及相邻气室间的气压差形成的机械力等。因此，GIS 用盆式绝缘子不但要满足绝缘性能的要求，还要具有一定的机械强度。

盆式绝缘子主要由导体、环氧浇注件及金属法兰三部分组成，如图 4-38 所示。受产品具体结构及工艺的限制，有些盆式绝缘子无金属法兰。

图 4-38（a）所示为隔盆（不通气盆式绝缘子），图 4-38（b）为支撑绝缘子（通气盆式绝缘子），也常叫作通盆。

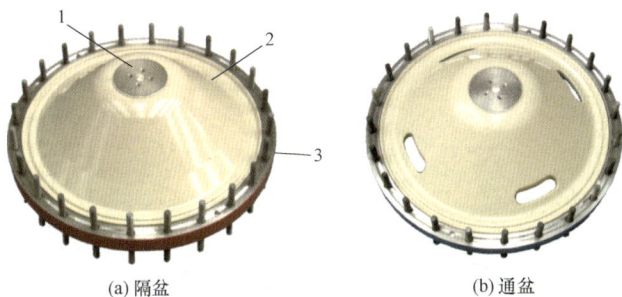

(a) 隔盆 (b) 通盆

图 4-38 盆式绝缘子

1—导体；2—环氧浇注件；3—法兰

盆式绝缘子应尽量避免水平布置。在断路器、隔离开关及接地开关等具有插接式运动磨损部件下方的水平布置绝缘子，易累积触头动作时产生的金属屑，可能造成绝缘子沿面放电。

2. 母线支柱绝缘子

根据母线的支撑需求，母线导体还可采用柱式绝缘子支撑和固定，如图 4-39 所示。

图 4-39 母线支柱绝缘子

4.2.11　汇控柜

GIS 在每个间隔设置汇控柜，将 GIS 中断路器、隔离开关、接地开关的二次控制回路、电流互感器、电压互感器及其他测量保护的指示信号等集成在汇控柜上，如图 4-40 所示。

图 4-40　汇控柜

4.2.12　间隔

GIS 中的断路器、隔离开关、接地开关、避雷器、互感器、套管及母线等基本元件组合形成各个间隔，用来实现不同的功能。根据主接线方式的不同，GIS 的间隔结构也有所区别。双母线接线是电力系统中常见的接线方式，双母线全三相共箱结构 GIS 的电缆进出线、套管进出线、母线联络、母线设备基本功能间隔结构见表 4-1。

GIS 和 HGIS 还可以采用 3/2 接线，3/2 接线以其可靠性高、占地面积小等特点在电站中得到了广泛应用。在 3/2 接线中，HGIS 以 2 台断路器间隔，单极 3 个套管出线形式组成一串。HGIS 3/2 接线的一个完整串结构示意图如图 4-41 所示。

表 4-1   GIS 双母线功能单元结构

间隔名称	全三相共箱结构
电缆进出线间隔	1、2—母线隔离/接地开关；3—断路器；4—电流互感器；5—线路隔离/接地开关；6—快速接地开关；7—电缆终端
套管进出线间隔	1、2—母线隔离/接地开关；3—断路器；4—电流互感器；5—线路隔离/接地开关；6—快速接地开关；7—出线套管
母线联络间隔	1、2—母线隔离/接地开关；3—电流互感器；4—断路器

续表

间隔名称	全三相共箱结构
母线设备间隔	 1—母线接地开关；2—隔离/接地开关；3—电压互感器； 4—避雷器

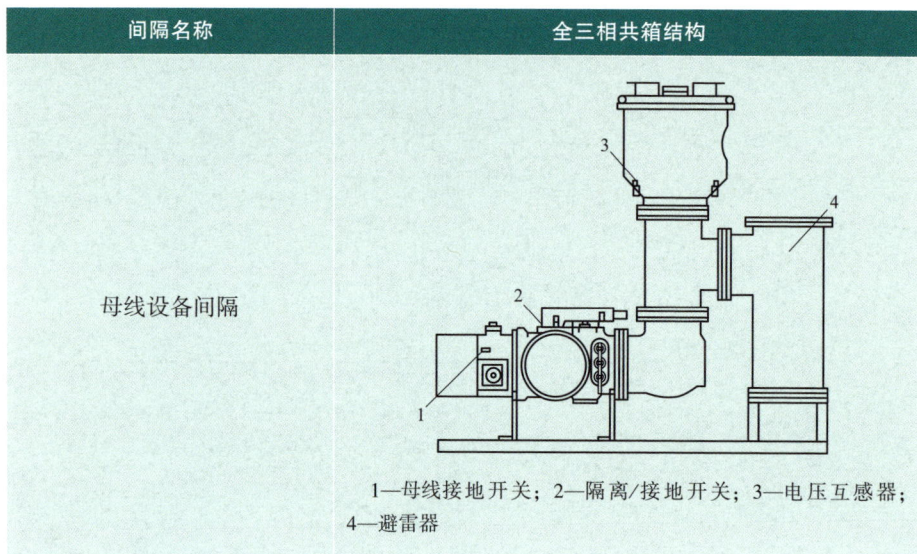

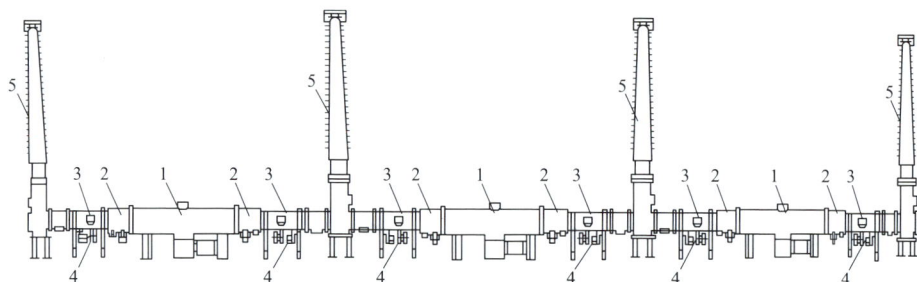

图 4-41　HGIS 3/2 接线一个完整串结构示意图

1—断路器；2—电流互感器；3—隔离开关；4—接地开关；5—出线套管

4.3

GIS 的 主 要 电 气 参 数

组成 GIS 的不同元件具有各自的电气参数，本章将不再进行单独说明，只针对 GIS 整体设备所要求的主要技术参数进行介绍。

4.3.1 额定电压

额定电压是指 GIS 所在系统的最高电压。构成 GIS 的各元件可以按照各自的标准具有独立的额定电压值。GIS 的额定电压与系统标称电压的对应关系见表 4-2。

表 4-2   GIS 的额定电压与系统标称电压的对应关系   kV

标称电压	66	110	220	330	500	750	1000
额定电压	72.5	126	252	363	550	800	1100

4.3.2 额定电流

额定电流是指 GIS 在规定的使用和性能条件下（额定频率和不超过 40℃ 的周围空气温度下），能持续通过的电流有效值。GIS 的母线、馈电回路等主回路可能具有不同的额定电流值。GIS 的额定电流应为主回路中额定电流最小的元件的额定电流值。

4.3.3 额定短时耐受电流和额定短路持续时间

额定短时耐受电流是指在规定的时间内，GIS 主回路能够承载的电流的有效值，这一技术参数主要反映 GIS 承载短路电流热效应的能力。在通过此电流后，GIS 应能继续正常工作，触头部分不得发生熔焊，对树脂等材料浇注的绝缘件不得出现开裂等。

规定的时间是指额定短路持续时间，即 GIS 主回路能够承载额定短时耐受电流的时间间隔。

不同电压等级的额定短路持续时间要求见表 4-3。

表 4-3   额定短路持续时间的要求

额定电压	363kV 及以下	500~1100kV
电力行业标准	3s	2s

4.3.4　额定峰值耐受电流

额定峰值耐受电流是指在规定的使用和性能条件下，GIS 主回路能够承载的额定短时耐受电流第一个大半波的电流峰值，这一技术参数主要反映 GIS 承受短路电流所产生的电动力的能力。在通过此电流后，GIS 应能继续正常工作，触头部分不得自行分开和发生熔焊，环氧树脂浇注材料的绝缘件不得出现开裂等。

4.4

GIS 的 电 气 试 验

GIS 的电气试验包括型式试验、出厂试验、交接试验、例行试验、带电检测等。本节对 GIS 的交接试验、例行试验、局部放电带电检测进行简要介绍。

4.4.1　交接试验

通过交接试验，可以确认 GIS 经运输、储存、安装和调试后，设备完好无损、装配正确。

GIS 的交接试验项目一般包括：

（1）测量主回路的导电电阻。

（2）封闭式 GIS 内各元件的试验。

（3）密封性试验。

（4）测量 SF_6 气体含水量。

（5）主回路的交流耐压试验。此外，对 GIS 核心部件或主体进行解体性检修之后，或检验主回路绝缘时，都应进行本项试验。耐压试验的目的是检查 GIS 总体安装后的绝缘性能是否完好，验证是否存在各种隐患（如安装错误，包装、运输、储存和安装调试中的损坏，存在异物等）导致内部故障。

（6）组合电器的操动试验。

（7）气体密度继电器、压力表和压力动作阀的检查。

4.4.2 例行试验

GIS 在运行中长期承受来自化学、机械、湿度、电力等方面因素的作用，可能导致 GIS 的绝缘和某些特性发生变化，影响设备正常运行。通过例行试验，可以及时发现绝缘缺陷以及某些特性的现状及变化情况，防患于未然。

1. 主回路电阻试验

主回路电阻是 GIS 的主要试验项目之一，测量导电回路电阻可以发现 GIS 设备导电回路中有无接触不良的缺陷。

与敞开式设备不同的是，GIS 的导体密封在金属外壳内部。回路电阻测量时，有引线套管的可利用引线套管注入测量电流进行测量。若接地开关导电杆与外壳绝缘，通过连接片引导金属外壳的外部以后再接地，测量时可临时解开接地连接片，利用回路上的两组接地开关导电杆关合到测量回路上进行测量。在部分停电的情况下，作为防止有电侧突然来电保护的接地隔离开关，严禁解开其接地连接线进行试验。

若接地开关导电杆与外壳不能绝缘分隔时，可先测量导体与外壳的并联电阻 R_0 和外壳的直流电阻 R_1，然后换算回路电阻 R 为

$$R = \frac{R_0 R_1}{R_1 - R_0} \tag{4-1}$$

利用接地开关回路测试 GIS 回路电阻时，还有一个问题是接地开关接触不良。由于接地开关不需要经常分合，在接地开关的接触面容易形成氧化膜，造成接地开关接触不良，接触电阻过大。部分 GIS 在出厂、交接试验时，可以排除接地开关接地电阻，但是运行中部分停电检测的情况下，多数必须将接地开关接触电阻串入测试回路一同测量，对 GIS 主回路电阻的测量影响较大。因此，接地开关的接触电阻要求按照隔离开关的要求执行，并在出厂及

交接试验时进行测试。

2. 气体密封性试验

GIS 中的 SF_6 气体因其良好的绝缘和灭弧电气特性，得到广泛使用。但是在 GIS 的运行过程中，不可避免地会发生气体泄漏，导致 SF_6 气体密度降低，GIS 设备绝缘性能下降，给电力设备安全运行带来安全隐患。

GIS 内 SF_6 气体的泄漏，除了利用 SF_6 气体密度继电器对 GIS 设备中的 SF_6 气体进行监测外，还应定期进行检漏。

在例行试验中，往往进行定性检漏。定性检漏是判断设备漏气与否及确定漏点的一种手段，通常作为定量检漏前的预检。一般使用检测仪探头沿着设备各连接口表面移动，根据仪器读数或其报警信号来检查区域判断气体的泄漏情况。一般探头移动速度以 10mm/s 左右为宜，并防止接口油脂、灰尘及大气环境的影响。还可以采用红外热像仪进行检漏，利用 SF_6 气体的红外吸收特性，使泄漏气体在视域内清晰可见，能在设备带电的情况下进行检测。

如果定性检漏发现泄漏，则应进行定量检漏。定量检漏可以测出设备的具体泄漏量，从而算出设备的漏气率。定量检漏的方法主要有挂瓶检漏法、局部包扎法、整机扣罩法等。GIS 的密封性试验，应按有关规定进行，每个隔室的年漏气率不应大于 1%，检漏必须在充气 24h 后进行。

3. SF_6 湿度试验

SF_6 在湿度超标后，当温度下降时，大量水分可能在设备内绝缘表面产生凝结水，附在绝缘件表面，导致绝缘件的绝缘性能下降，增加了发生沿面放电的概率。而且水分会加速 SF_6 在电弧作用下的分解，还容易产生具有腐蚀性的氟化物和毒性杂质。其中，HF 和 H_2SO_3 等具有强腐蚀性，对大部分绝缘材料都能够发生化学反应。当水分较多时，还会生成腐蚀性更强的氢氟酸和亚硫酸，对绝缘材料的破坏更强。如果 SF_6 气体中还有 O_2 存在，还会生成 SOF_4 和 SO_2F_2 等，这些物质都有剧毒。不仅对气室部件造成损害，还极大地危及了工作人员的安全。因此，测量 GIS 中 SF_6 气体中的水分含量十分重要。

4.4.3 GIS 的局部放电带电检测

GIS 的内部空间极为有限，工作场强很高，且绝缘裕度相对较小，内部一旦出现绝缘缺陷，极易造成设备故障，引起的停电时间较长，检修费用也很高。GIS 内部出现局部放电是内绝缘出现缺陷或损坏的先兆，及时监测并准确预警对 GIS 安全运行十分重要。局部放电检测可以在 GIS 运行中进行带电检测，也可在安装或大修后结合耐压试验同时进行。

1. 超声波检测法

局部放电伴随有爆裂状的声发射，产生超声波，且很快向四周介质传播。通过安装在电力设备外壁上的超声波传感器，将超声波信号转换为电信号，就能对设备的局部放电水平进行测量。图 4-42 为超声波局部放电检测原理图。

超声波法检测局部放电适用于在设备运行中带电检测松动部件缺陷、自由微粒缺陷、悬浮放电缺陷以及内部毛刺放电缺陷，对于局部放电源的定位也很准确。但由于各种环氧树脂绝缘件内部缺陷产生的超声波信号在绝缘子内传递衰减很大，所以超声波法对于 GIS 盆式绝缘子及支柱绝缘子内部放电的检测灵敏度较低。

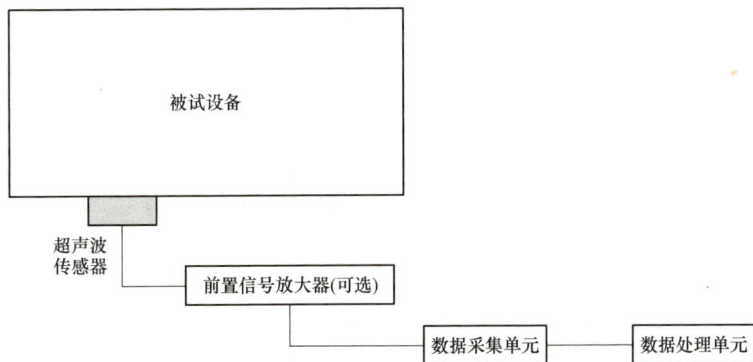

图 4-42　超声波局部放电检测原理图

2. 特高频法（UHF）检测法

特高频（UHF）局部放电检测法基本原理是通过 UHF 传感器对电力设备中发生局部放电时产生的特高频电磁波信号进行检测，从而获得局部放电的相关信息，实现局部放电检测。图 4-43 为特高频局部放电检测原理图。

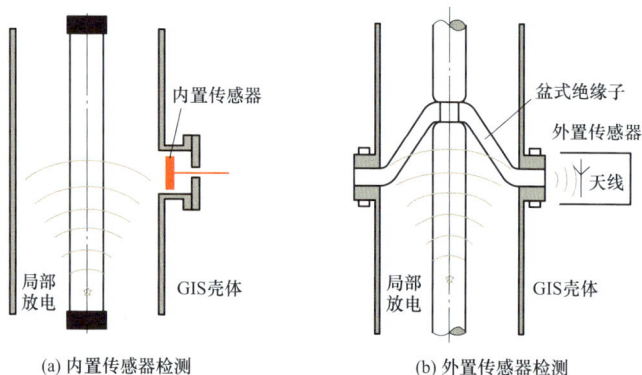

(a) 内置传感器检测   (b) 外置传感器检测

图 4-43   特高频局部放电检测原理图

特高频（UHF）局部放电电磁波在绝缘子内传播衰减小，整个 GIS 的气室可看作 UHF 波的传播导体，UHF 波可以穿出绝缘件在 GIS 内部的 SF_6 中和壳体中传播，并可以从 GIS 壳体缝隙向外辐射。不受空气中电晕干扰的影响，对各种缺陷均敏感，检测灵敏度可以达到几个皮库（pC），但不能发现机械振动等非放电性缺陷。

4.5

GIS 的 运 行 维 护

相对于 AIS 设备，GIS 集成程度高，运行维护工作量相对较少，主要是对运动部件和辅助器件的检查和维护，对于户外设备腐蚀问题随着运行时间的增长也应注意维护和保养。

4.5.1 外观检查

（1）设备出厂铭牌齐全、清晰。

（2）运行编号标识、相序标识清晰。

（3）外壳无锈蚀、损坏，漆膜无局部颜色加深或烧焦、起皮现象。

（4）伸缩节外观完好，无破损、变形、锈蚀。

（5）外壳间导流排外观完好，金属表面无锈蚀，连接无松动。

（6）盆式绝缘子分类标示清楚，可有效分辨通盆和隔盆，外观无损伤、裂纹。

（7）套管表面清洁，无开裂、放电痕迹及其他异常现象；金属法兰与瓷件胶装部位黏合应牢固，防水胶应完好。

（8）压力释放装置（防爆膜）外观完好，无锈蚀变形，防护罩无异常，其释放出口无积水（冰）、无障碍物。

（9）各类配管及阀门应无损伤、变形、锈蚀，阀门开闭正确，管路法兰与支架完好。

4.5.2 指示表计检查

（1）SF$_6$ 气体压力表或密度继电器外观完好，编号标识清晰完整，二次电缆无脱落，无破损或渗漏油，防雨罩完好。

（2）开关位置、动作次数检查。

（3）避雷器的动作计数器指示值正常，泄漏电流指示值正常。

（4）开关设备机构油位计和压力表指示正常，无明显漏气漏油。

（5）断路器、隔离开关、接地开关等位置指示正确，清晰可见，机械指示与电气指示一致，符合现场运行方式。

（6）断路器、油泵动作计数器指示值正常。

（7）带电显示装置指示正常，清晰可见。

（8）各部件的运行监控信号、灯光指示、运行信息显示等均应正常。

（9）在线监测装置外观良好，电源指示灯正常，应保持良好运行状态。

4.5.3　操动机构箱检查

机构箱、汇控柜等的防护门密封良好，平整，无变形、锈蚀。具体检查项目可参照第 2 章断路器的内容。

4.6

常见故障及异常处理

4.6.1　GIS 漏气异常

GIS 的 SF_6 气体泄漏，会导致 GIS 的绝缘性能和灭弧性能下降，同时，大气中的水分也会通过泄漏点向设备内部渗透，造成 SF_6 气体含水量超标。对于 GIS 的断路器，严重的 SF_6 气体泄漏会造成断路器闭锁。SF_6 气体中的大部分分解产物具有强烈的腐蚀性和毒性，泄漏将对电力生产人员造成伤害。SF_6 气体还是一种强烈的温室气体，如果任由其排放或泄漏到大气中，会加剧温室效应。SF_6 气体泄漏是较为常见的故障，导致 GIS 需要经常补气，严重者将造成 GIS 被迫停运。

1. 原因分析

（1）盆式绝缘子存在损伤。盆式绝缘子是通过环氧树脂及其填料的合理配方进行真空浇注而成，浇注后进行冷却及固化工艺，在制造过程中会存在裂纹等质量缺陷，造成运行中 SF_6 泄漏。

（2）伸缩节异常。伸缩节由于设计不合理，在受环境温度影响时，产生的位移量过大，致使伸缩节的法兰连接处有较大变形量，导致法兰密封面出现缝隙，破坏法兰对接面局部密封件，导致密封面处局部漏气。GIS 设备在安装施工过程中，安装应力过大，或是伸缩节波纹管预压尺寸调整不当，容易导致伸缩节与法兰对接面出现裂缝从而漏气。

（3）紧固螺栓力矩不够。在法兰对接螺栓的紧固过程中，存在螺栓没有达到规定力矩要求的情况。随着设备的运行，螺栓逐渐在应力的作用下松动，法兰对接面的紧固力下降，导致密封面出现缝隙，导致 GIS 密封面处局部漏气。

（4）密封圈受腐蚀。户外 GIS 长期经受雨水腐蚀，法兰对接面、接缝等部位容易发生漏气故障。例如法兰面防水密封不良，水汽进入导致法兰面及密封圈腐蚀，导致 GIS 密封面漏气。

2. 处理方法

（1）对 GIS 设备的制造工艺，应严格按照工艺过程进行生产控制。GIS 内绝缘件应逐只进行 X 射线探伤试验、工频耐压试验和局部放电试验，局部放电量不大于 3pC。X 射线探伤和工频耐压试验能有效发现裂缝、气孔、夹杂等缺陷，避免将有缺陷绝缘件装入 GIS，给安全运行带来隐患。同时生产厂家应对 GIS 及罐式断路器罐体焊缝进行无损探伤检测，保证罐体焊缝 100% 合格。

（2）对 GIS 设备加强巡视检查，密切注意气体压力变化。户外 GIS 应按照伸缩节（状态）伸缩量-环境温度曲线定期核查伸缩节伸缩量，每季度至少开展一次，且在温度最高和最低的季节每月核查一次。

（3）户外 GIS 法兰对接面宜采用双密封，并在法兰接缝、安装螺孔、跨接片接触面周边、法兰对接面注胶孔、盆式绝缘子浇注孔等部位涂防水胶。

（4）GIS 如果漏气严重，往往需要进行解体检修。

4.6.2 GIS 内部放电异常

1. 原因分析

运行经验表明，GIS 内部不清洁、运输中的意外碰撞和绝缘件质量低劣等都可能引起 GIS 内部发生放电现象。GIS 内部典型缺陷示意图如图 4-44 所示。

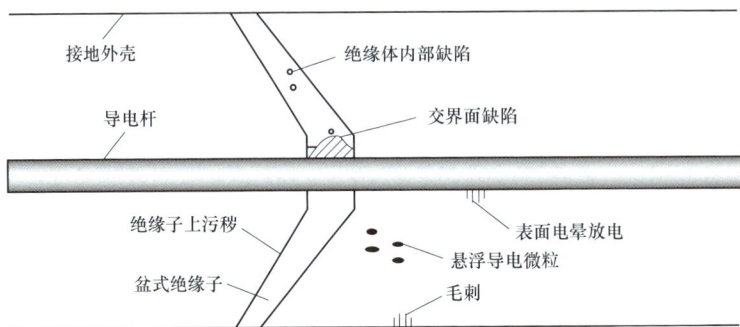

图 4-44　GIS 内部典型缺陷示意图

（1）导电微粒。导电微粒会在 GIS 制造、装配、运输等过程中进入 GIS 内部，导电微粒在电场力的作用下弹跳会造成对地电极放电。GIS 绝缘子表面的导电微粒由于电场作用移动从而引起放电过程，导致绝缘子沿面放电。

（2）毛刺放电。在设备制造及安装的过程中，GIS 设备内部的壳体以及导电杆上，可能存在着大小长短不一的尖端。在强电场的作用下，尖端处场强过于集中，将 GIS 设备内部起着绝缘作用的 SF_6 气体击穿，产生局部放电现象。

（3）悬浮放电。当 GIS 设备内部某个部位的连接部件出现松动，导致在通电之后产生悬浮电位，与附近的部件形成电位差，因此产生放电。GIS 中悬浮金属部件也会发生放电。电场力会造成两倍工频的机械振动，由于在金属部件和电极导体间产生的一段悬浮距离也会发生放电。

（4）绝缘子缺陷。绝缘子表面的空隙、裂缝以及电极铸件上的分层里面都会有 SF_6 气体，局部电场强度增大时会造成击穿。如果产生自由电子，就会发生放电并在绝缘子表面产生位移电流，或在电极与盆式绝缘子间发生火花放电。

2. 处理方法

（1）严格管控 GIS 的生产、运输、装配过程，减少导体的毛刺，保证 GIS 内部清洁无异物。GIS 内绝缘件应逐只进行 X 射线探伤试验、工频耐压试验和局部放电试验，避免将有缺陷绝缘件装入 GIS。

（2）盆式绝缘子应尽量避免水平布置，减少导电微粒停留在绝缘子上的概率。

（3）加强对 GIS 设备的带电检测工作，利用超声波、特高频等带电检测手段对 GIS 设备进行周期性检测，对发现疑似放电信号的部位进行跟踪监测，必要时进行停电检查，从而避免放电事故的发生。

4.6.3　SF$_6$ 气体中的含水量超标

1. 原因分析

SF$_6$ 气体中的水分来源主要有以下 4 个方面：

（1）空气中的水分从密封部位进入。GIS 气室内由于水分含量极少，所以水蒸气压力极低，因此外界空气中的水蒸气压力要比气室内部高得多。当 GIS 发生漏气时，水分子通过压力差由外界进入 GIS 内部。由于水分子的直径比 SF$_6$ 分子直径小，因此即使是轻微的泄漏，也会导致 GIS 内部水分增加。

（2）GIS 内部元件残留的水分析出。GIS 的环氧树脂绝缘件和机械部件在制造过程中难免残留一定的水分，设备投入运行后，这些部件缓慢释放水分，导致水分超标。

（3）SF$_6$ 气体中固有水分。SF$_6$ 气体在生产制造过程中无法彻底清除水分，新气的水分含量应小于 65μL/L。

（4）安装和充气过程中带入的水分。GIS 现场装配时，由于工作人员不合规操作等原因空气中的水分进入 GIS 内部。装配后即使进行干燥处理，水分也不可能完全消除。

2. 处理方法

GIS 内部的水分无法完全消除，但将水分含量控制在标准以下，即可保证设备安全稳定运行。水分含量的标准具体见表 4-4，如果超出以下标准，需对水分超标的设备进行干燥处理。

表 4-4 SF₆ 气体水分含量标准

试验项目	要　　求		
水分含量（20℃，0.1013MPa）	设备位置	新充气后	运行中
	有电弧分解物隔室	≤150μL/L	≤300μL/L（注意值）
	无电弧分解物隔室	≤250μL/L	≤500μL/L（注意值）

（1）充气管道含水量过高处理。采用吸湿率较低的不锈钢管道，将连接管路的减压阀等部件，置于 80℃ 的烘干箱中烘干 3h，抽真空前用高纯度氮气多次冲洗管道，保证管道干燥。

（2）绝缘件及内部附着水分处理。考虑到内部绝缘件受潮及内部附着水分，应对设备进行抽真空处理，并保持 133Pa 的真空度一定时间，然后充入微水合格的高纯氮气进行冲洗，此过程可反复进行，直至水分检测合格。再次抽真空后，充入合格的 SF₆ 气体，24h 后检测其水分。

如果长时间的抽真空并经过多次高纯度氮气反复冲洗后，设备内部水分含量仍未降到合格范围内，可能有两方面的原因：①靠抽真空、氮气冲洗无法更有效除去内部绝缘件水分，此时需更换绝缘件；②设备内部吸附剂可能受潮，应更换新的吸附剂后装入设备。

小结

　　随着时代的发展，对电网运行的可靠性提出了更高的要求，GIS 设备凭借体积小、受外界环境影响小、运行安全可靠等优势，在电网建设中获得了广泛的应用。本章主要由 GIS 的分类、基本结构、主要电气参数、电气试验、运行维护、常见故障及异常处理六部分内容组成。值得注意的是，虽然 GIS 的安全可靠性高于敞开式设备，但仍然存在缺陷隐患，故本章重点介绍了 GIS 的漏气、内部放电、水分超标等常见缺陷的原因及处理方法。做好 GIS 的运行、检修与维护工作，并利用带电检测技术加强对 GIS 的监测，对及时发现潜在隐患、消除 GIS 缺陷、保证电网安全稳定运行具有重要意义。

习题与思考题

4-1　与 GIS 相比，HGIS 有哪些优点？

4-2　何为三工位隔离接地组合开关？

4-3　简述检修用接地开关和快速接地开关的区别。

4-4　简述 GIS 伸缩节的作用。

4-5　与敞开式设备不同，在 GIS 测量主回路电阻时需要注意哪些问题？

4-6　简述 GIS 主回路耐压试验的目的。

4-7　简述 GIS 有电弧分解物隔室的 SF_6 水分含量要求。

4-8　简述 GIS 的盆式绝缘子尽量避免水平布置的原因。

4-9　简述 GIS 气室分隔的基本原则。

4-10　GIS 气室在抽真空状态下能否对导电回路施加电压进行试验？

4-11　简述 GIS 有哪些状态检测方法。

4-12　简述环保型 GIS 的发展方向。

高压开关柜

05

　　高压交流金属封闭开关设备，也称高压开关柜，是指除外部连接之外，全部装配已经完成并封闭在接地的金属外壳内的 3.6 ~40.5kV 三相交流开关设备和控制设备。它广泛地应用于电力系统的发电厂和变电站中，其优点是结构紧凑、占地面积小、维护检修方便。

国网上海市电力公司电力专业实用基础知识系列教材

交流变电站电气主设备

5.1

高 压 开 关 柜 的 分 类

高压开关柜具有不同的结构类型和功能类型，通常以主绝缘介质、结构形式、柜内主元件等进行分类。

5.1.1 按照主绝缘介质分类

按照相间、相对地的主绝缘介质，高压开关柜分为以下三大类：

（1）以自然空气为主绝缘介质的高压开关柜称为空气绝缘开关柜。空气绝缘开关柜的尺寸较大，易受大气环境的影响，如污秽、潮湿等。为了降低对环境质量的敏感性并缩小尺寸，可采用主回路导体包覆固体绝缘材料层的复合绝缘结构，既起防护作用，也承担部分主绝缘。

（2）以 SF_6 气体或压缩空气、氮气，或压缩空气、氮气与 SF_6 混合的气体为主绝缘介质的高压开关柜，称为气体绝缘开关柜，也称为柜式气体绝缘开关柜（C-GIS），图 5-1 为某型号 40.5kV 气体绝缘型开关柜。气体绝缘开关柜的主要特征为除一次进出线和隔室单元的连接件外，开关柜的主、分支母线和开关元件等均处于 0.3MPa 及以下的 SF_6 气室中，或在压缩干燥空气、氮气、SF_6 混合气体的密封压力气室内。如果隔室内的设计压力超过 0.3MPa，应属于气体绝

图 5-1　某型号 40.5kV 气体绝缘型开关柜

缘金属封闭开关设备（GIS）的范畴。开关柜的进出线和气室之间的连接采用应力锥电缆插接头或母线连接器，使开关柜的整个主回路不受外部环境条件的影响，提高了外绝缘的运行可靠性。同时，由于绝缘气体的应用，缩小了沿面爬距和绝缘间隙的尺寸，使得开关柜小型化，减少占地面积。

（3）相间和相对地的主绝缘介质均完全由固体绝缘材料提供时，称为固体绝缘开关柜。固体绝缘开关柜的基本特点是主回路导体外绝缘采用环氧树脂或合成橡胶，并在其外表面覆有接地层，实现主回路与外部环境的隔离，使开关柜免受外部环境条件的影响，提高了外绝缘的运行可靠性，也可实现开关柜的小型化，减少占地面积。

5.1.2 按照结构形式分类

一般从结构设计上将高压开关柜分为固定式开关柜、移开式开关柜两种类型。

（1）固定式开关柜，柜内所有电器元件都是固定安装的。

（2）移开式开关柜，又叫手车式开关柜，柜内主要电器元件安装在可移开的手车上，根据手车所配置的主电器不同，手车可分为断路器手车、电压互感器手车、接地手车等，手车中的电器与柜内电路通过插入式触头连接。

移开式开关柜具有检修方便，恢复供电时间短的优点。当手车上的电器设备出现严重故障或损坏时，可通过将手车拉出柜体进行检修，也可换上备用的手车，推入柜体内继续工作。

移开式开关柜又分为落地式和中置式两种形式。落地式手车车体落地，在地面上进行推入或拉出操作。而中置式手车装置于开关柜中部，手车的装卸需要专用装载车，图 5-2 所示的 KYN 28A 开关柜采用的为中置式断路器手车。图 5-3 所示的 JYN6-10 型开关柜采用的断路器手车是落地式的。

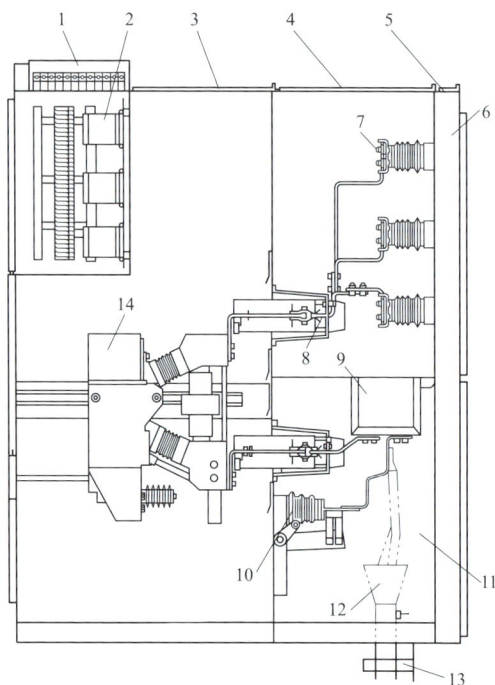

图 5-2　KYN 28A 金属封闭式高压开关柜结构示意图

1—小母线室；2—继电器仪表室；3—手车室排气门；4—母线室排气门；5—电缆室排气门；

6—电缆室排气通道；7—主母线；8—一次隔离触头；9—电流互感器；10—接地开关；

11—电缆室；12—电缆；13—零序电流互感器；14—断路器手车

5.1.3　按照柜内主元件分类

（1）断路器柜，主开关元件为断路器的交流金属封闭开关设备，图 5-4（a）为 40.5kV 铠装式开关柜落地式断路器手车，图 5-4（b）为 12kV 铠装式开关柜中置式断路器手车。

（2）母线设备柜，柜内主元件为一组电压互感器、一组熔断器、一组避雷器。电压互感器在开关柜中一般用作母线电压互感器，将母线的高电压变换为低电压，给测量仪表和继电保护装置供电。熔断器是起保护电压互感器的作用。一般将避雷器也放置在电压互感器手车上，作为母线避雷器起到过电压保护作用。图 5-5 为 40.5kV 落地式母线设备手车。

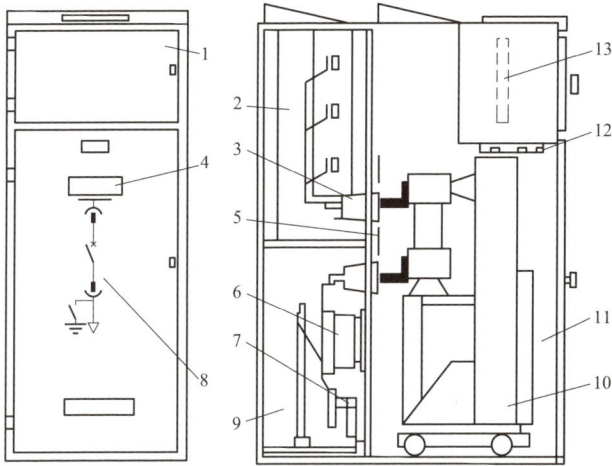

(a) 外形示意图　　　　(b) 结构示意图

图 5-3　JYN6-10 型移开式交流金属封闭式高压开关柜示意图

1—继电仪表室；2—母线室；3—触头座；4—观察窗；5—活门；6—电流互感器；

7—接地开关；8—一次主接线图；9—电缆室；10—手车；11—手车室；

12—行程开关；13—继电器屏

(a) 40.5kV铠装式开关柜落地式断路器手车　　　(b) 12kV铠装式开关柜中置式断路器手车

图 5-4　铠装式开关柜断路器手车

（3）隔离柜，柜内元件为隔离手车，隔离手车和隔离开关的作用相同，主要起到检修时有明显断口，且起到防误操作作用。

5.1.4　按照丧失运行连续性分类

丧失运行连续性类别（loss of service continuity category，LSC）是根据高压开关柜主回路隔室打开时其他隔室及功能单元是否能继续带电而划分的类别，分为 LSC1 和 LSC2 两类。LSC2 类高压开关柜：打开功能单元的任一可触及隔室时，所有其他功能单元仍可继续带电正常运行。只有一种情况例外，即打开单母线高压开关柜的母线隔室时不能连续运行。LSC2 类高压开关柜又可分为 LSC2A 和 LSC2B 两类：LSC2B 类开关柜是打开功能单元的其他可触及隔室时，该功能单元的电缆隔室可以继续带电的开关柜；LSC2A 类开关柜是除 LSC2B 类开关柜外的 LSC2 类开关柜。

图 5-5　40.5kV 落地式母线设备手车

LSC1 类开关柜：除 LSC2 类外的高压开关柜。

5.2

高压开关柜的基本结构

高压开关柜的类型较多，但其基本结构大致相同，包括外壳、隔室、主回路导体、绝缘件、主开关元件、主母线和分支母线、电流互感器、接地开关等一次元件，以及二次回路及其控制保护元件、测量仪表、内部电弧故障压力释放结构、接地回路、操动机构及联锁装置等。

5.2.1　高压开关柜的部件

1. 外壳

外壳是开关柜的重要组成部分，在规定的防护等级下，保护内部设备不受外界的影响，防止人体和外物接近带电部分和触及运动部分。开关柜外壳上的观察窗、作为外壳一部分的隔板或活门、通风口的防护应与外壳的防护等级相同，且具有足够的机械强度。

2. 隔室

金属封闭开关设备和控制设备的一部分，除内部连接、控制或通风而必需的开孔外，其余均封闭。

隔室可按内部安装的主要元件进行划分和命名，如断路器隔室、母线隔室、电缆隔室等。单独嵌入固体绝缘材料中的主要元件可以被看成隔室。

隔室之间通过隔板进行分割，隔室间相互连接处的开孔，应采用套管或其他等效的方法进行封闭，母线隔室可以通过功能单元联通而无需采用套管或等效的措施。但是，对于 LSC2 类高压开关柜，每组母线应有独立的隔室。图 5-6 为 40.5kV 铠装式开关柜母线隔室。

图 5-6　40.5kV 铠装式开关柜母线隔室

3. 活门

金属封闭开关设备和控制设备的一种部件，它具有两个可以转换的位置，一个位置允许可移开部件的触头或隔离开关的动触头可以与固定触头相接合，如图 5-7（a）所示。在另一个位置时，成为外壳或隔板的一部分，遮挡住固定触头，如图 5-7（b）所示。

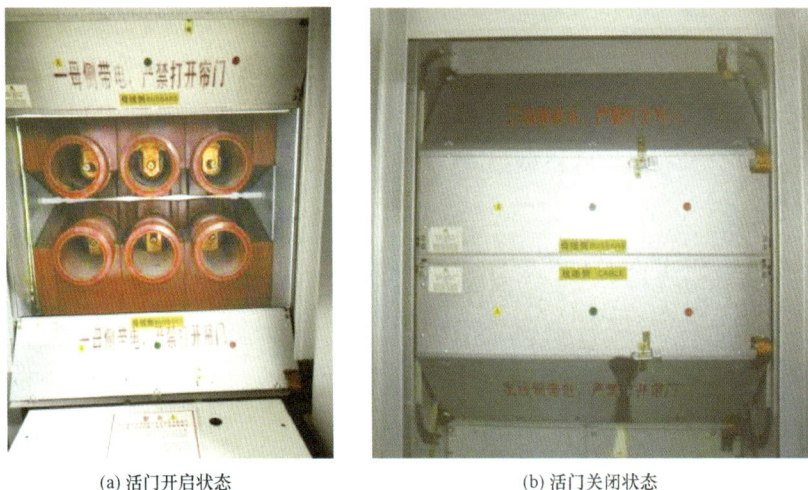

(a) 活门开启状态　　　　　　(b) 活门关闭状态

图 5-7　铠装式高压开关柜活门（帘门）

4. 元件

金属封闭开关设备和控制设备的主回路和接地回路中具有特定功能的基本部件，如断路器、隔离开关、负荷开关、熔断器、互感器、套管、母线等。

5. 主回路

高压开关柜传送电能的回路中的所有导电部分。由主母线和分支母线、隔离开关或隔离插头、主开关、电流互感器、电压互感器和保护用接地开关等构成。

6. 二次回路

高压开关柜的二次回路是由控制、保护、测量、信号、辅助元件及其连接线构成的低压系统的总称，用以对一次主开关元件进行操作、保护和信号指示，对一次主回路电量进行显示，对一次带电状态进行指示，对照明、加热、风机等辅助元件进行控制等。二次元件一般均集中布置在二次仪表隔室内，图 5-8 为二次仪表隔室内部。

图 5-8　二次仪表隔室内部

7. 可移开部件

可移开部件是指高压开关柜中即使功能单元的主回路带电也能够完全移出并能被替换地连接到主回路的部件，也被称作手车。

手车在开关柜内可有 2 个位置，即工作位置、试验位置。

工作位置是为完成预定功能，手车处于完全接通的位置。

在试验位置时，手车与主回路之间形成一个隔离断口或分离，辅助回路是接通的。若断开辅助回路的连接，手车仅处于隔离状态。

手车在开关柜外，与外壳脱离了机械和电气联系的位置叫作移开位置，通常也叫作检修位置。

值得注意的是，任何可移开部件与固定部分的连接，在运行条件下，即使是在短路电动力作用下，均应不会被意外地打开。图 5-9 所示为手车在试验位置，图 5-10 所示为手车在检修位置。

8. 联锁装置

联锁装置是高压开关柜防止误操作、保证操作安全的重要组成部分。为保证高压开关柜的操作安全，防止误操作，不同开关元件之间，如断路器、隔离开关、接地开关的操作要保证具有正确的操作程序。应设置保证实现正确操作顺序的联锁部件，并应优先采用机械联锁，机械联锁装置的部件应有足够的机械强度，以防止因操作不正确而造成变形或损坏，而在开关柜之间难以实现机械联锁时可采用电气联锁或程序锁。

图 5-9　手车在试验位置

图 5-10　手车在检修位置

具有可移开部件的高压开关柜的联锁装置应满足下述规定：

（1）断路器只有在分闸位置时可移开部件才能移出或移入。

（2）仅当可移开部件在工作位置、试验位置或移出柜外时，断路器才能操作。

（3）仅当可移开部件处于试验位置时，接地开关才能合闸。接地开关合闸后，相应后柜隔室的门才能打开。

（4）处于合闸位置的接地开关，仅当相应后柜隔室的门关闭时才能分闸。接地开关分闸后，可移开部件才能移入。

（5）应设可防止就地误分或误合断路器的防误装置，可以是提示性的。

（6）断路器手车的停、送电操作，要求在柜门关闭后方能进行。

（7）新投开关柜应装设具有自检功能的带电显示装置，并与接地开关（柜门）实现强制闭锁，带电显示装置应装设在仪表室。

9. 压力释放装置

压力释放装置是高压开关柜内限制隔室内部压力的装置，是当主母线室、电缆室、断路器室发生内部电弧故障时，能够有效释放高温高压气体的通道或释放盖板。图 5-11 为一种压力释放盖板，当开关柜内压力升高到一定程度时，盖板单侧的尼龙固定螺栓将会崩断，盖板打开将压力释放。

图 5-11　压力释放盖板

10. 接地回路

高压开关柜内应设置一、二次回路的接地连接导体，并与变电站的接地电网可靠连接。与一次回路有关的接地包括接地装置、接地连接、一次元件基架和可移开部件的接地连接，以及高压开关柜并柜方向上的专用连接导体。二次回路应设置单独的接地系统。图 5-12 为开关柜内一次接地铜排。

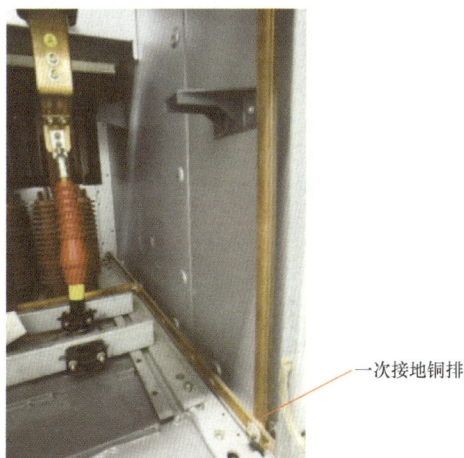

一次接地铜排

图 5-12　开关柜内一次接地铜排

5.2.2　固定式高压开关柜的基本结构

图 5-13 为 12kV XGN 系列户内箱式固定式高压开关柜结构示意图。它采用金属封闭箱式结构，柜内分为断路器室、母线室、电缆室、继电器仪表室，各室之间的隔板采用敷铝锌钢板。断路器室设有压力释放通道，若产生内部故障电弧，气体可通过排气通道将压力释放。

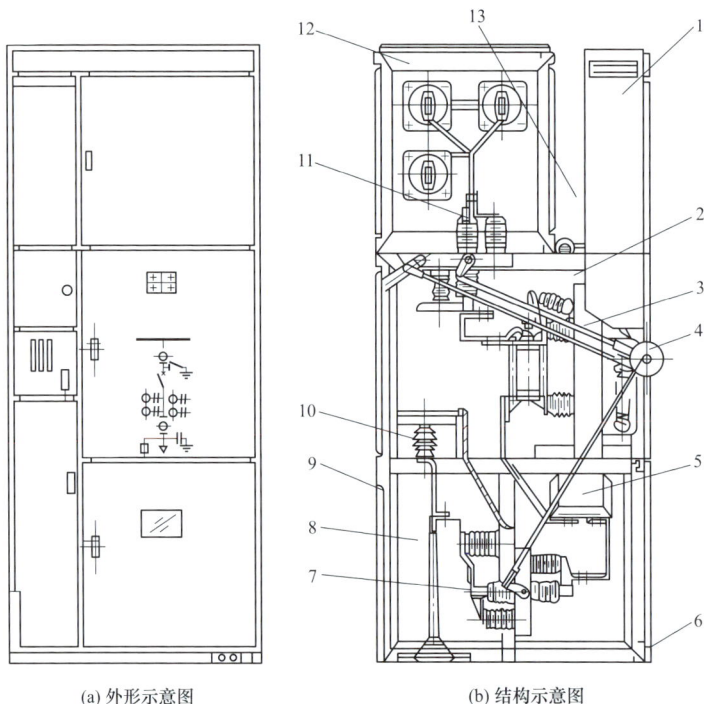

(a) 外形示意图　　　　　　(b) 结构示意图

图 5-13　12kV XGN 系列户内箱式固定式高压开关柜结示意图

1—继电器仪表室；2—断路器室；3—真空断路器；4—操动机构联锁；5—电流互感器；

6—接地排；7—下隔离开关；8—电缆室；9—带电显示装置；10—避雷器；

11—上隔离开关；12—母线室；13—压力释放通道

5.2.3　移开式高压开关柜的基本结构

1. 中置式手车高压开关柜结构

图 5-14 所示为 KYN28-12 型中置式手车高压开关柜结构示意图。根据柜

内电气设备的功能，柜体用隔板分成 4 个不同的功能单元，母线室、手车室、电缆室和低压仪表室。柜体的外壳和各功能单元之间的隔板均采用敷铝锌钢板。其中断路器的手车装在柜体中部，运行连续性类别为 LSC2B。

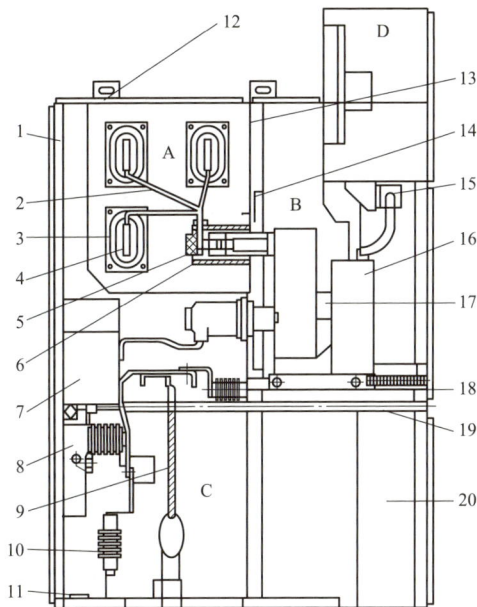

图 5-14　KYN28-12 型中置式手车高压开关柜结构示意图

1—外壳；2—分支母线；3—母线套管；4—主母线；5—静触头装置；6—静触头盒；7—电流互感器；

8—接地开关；9—电缆；10—避雷器；11—接地排；12—可卸式隔板；13—活门；14—泄压装置；

15—二次插头；16—断路器手车；17—加热装置；18—可抽出式水平隔板；

19—接地开关操动机构；20—控制小线槽；A—母线室；B—手车室；

C—电缆室；D—继电器仪表室

2. 落地式手车高压开关柜结构

图 5-15 为 KYN61-40.5 型落地式手车高压开关柜的结构示意图。KYN61-40.5 型是铠装式金属封闭开关设备，由柜体和手车两大部分组成，柜内分为 4 个隔室，即母线室、手车室、电缆室和继电器仪表室。

3. 移开式高压开关柜间隔结构

移开式高压开关柜的间隔按开关柜内部结构来分，主要可分为主变压器

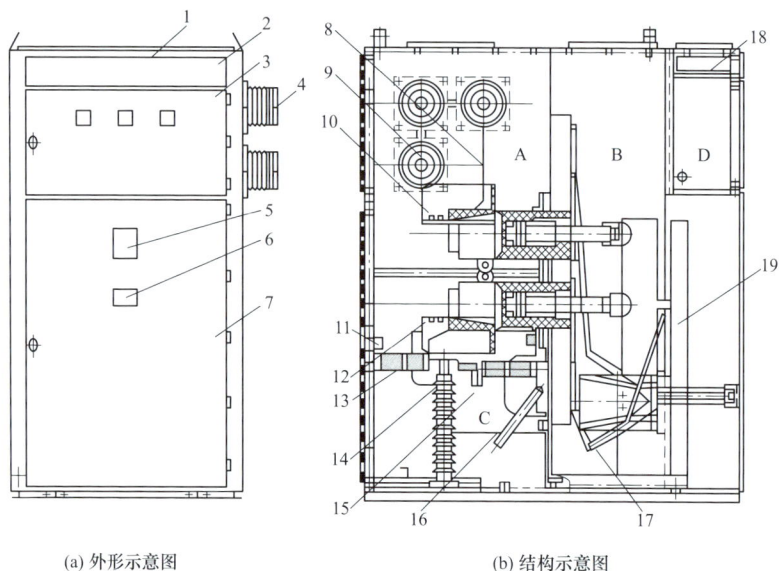

(a) 外形示意图　　　　(b) 结构示意图

图 5-15　KYN61-40.5 型落地式手车高压开关柜的示意图

1—柜体；2—小母线盖板；3—仪表室门；4—母线套管；5—一次主接线图；6—铭牌；

7—手车室门；8—支母线；9—主母线；10—触头盒；11—照明灯；12—电流互感器；

13—绝缘子；14—避雷器；15—绝缘板；16—接地开关；17—活门；18—

小母线端子排；19—断路器手车；A—母线室；B—手车室；

C—电缆室；D—继电器仪表室

间隔、出线间隔、分段开关间隔、分段隔离间隔、母线设备间隔 5 大类，具体间隔结构图见表 5-1 和表 5-2。

　　尽管从外观上看，不同的间隔并无明显区别，但内部的电气连接却有所不同。由于开关柜内部接线相对隐蔽，工作过程中如果不能明确其内部的电气连接形式，极有可能引发人身触电事故。特别是移开式高压开关柜，当手车移出后，往往给人一种与电源隔离的错觉。以往曾发生过某型号高压开关柜避雷器与母线直接连接，在隔离手车退出后，工作人员误认为电压互感器与避雷器已与电源隔离，造成误碰带电部位的事故。在《国家电网有限公司十八项电网重大反事故措施（2018 年修订版）及编制说明》中，规定了在开关柜内避雷器、电压互感器等设备应经隔离开关（或隔离手车）与母线相连，严禁与母线直接连接。

表 5-1 典型落地式开关柜间隔结构

间隔	典型落地式开关柜间隔结构
主变压器间隔	 1—低压隔室；2—断路器隔室；3—母线隔室；4—主变压器进线隔室
出线间隔	 1—低压隔室；2—断路器隔室；3—母线隔室；4—电缆隔室

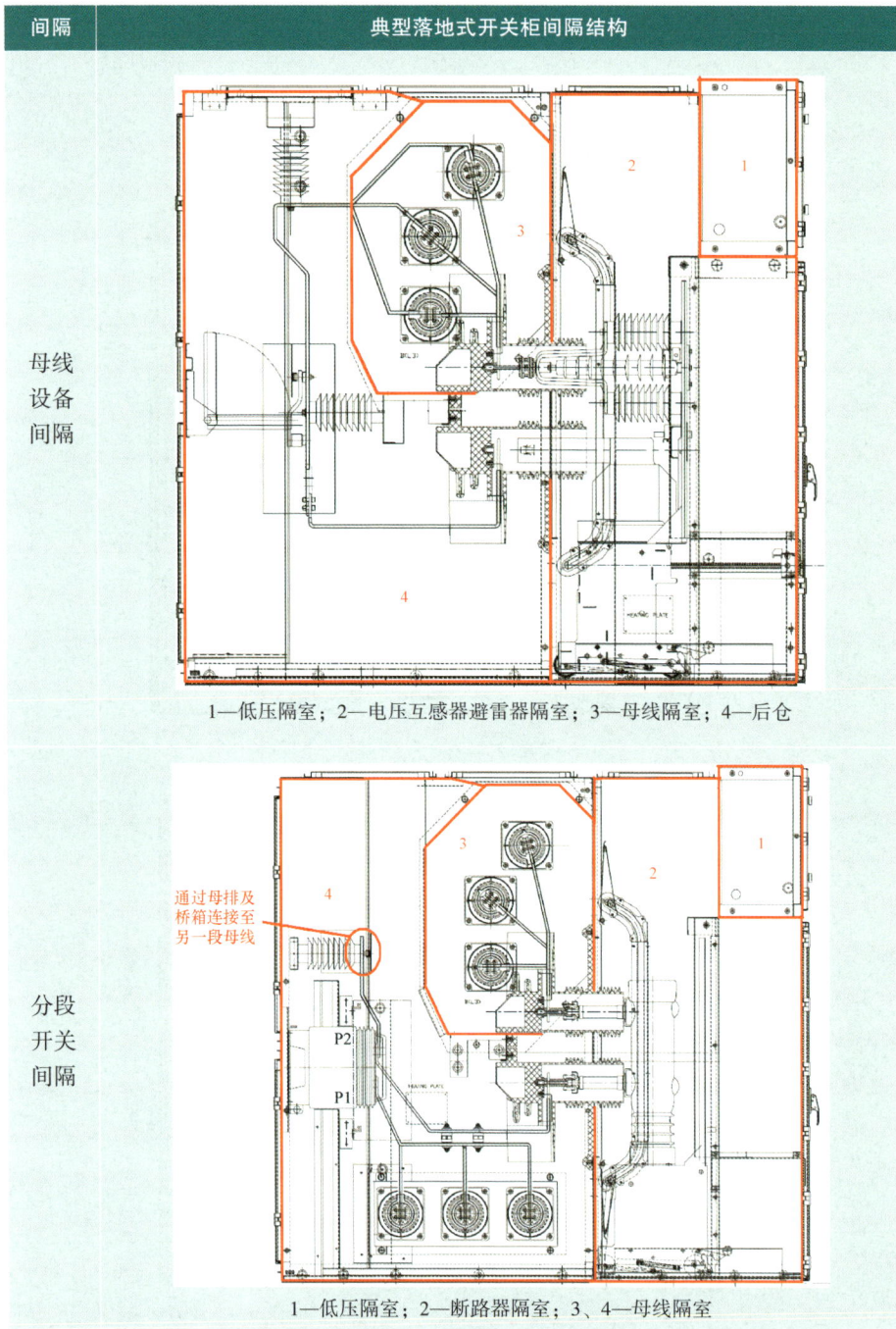

续表

间隔	典型落地式开关柜间隔结构

母线设备间隔

1—低压隔室；2—电压互感器避雷器隔室；3—母线隔室；4—后仓

通过母排及桥箱连接至另一段母线

分段开关间隔

1—低压隔室；2—断路器隔室；3、4—母线隔室

续表

间隔	典型落地式开关柜间隔结构
分段 隔离 间隔	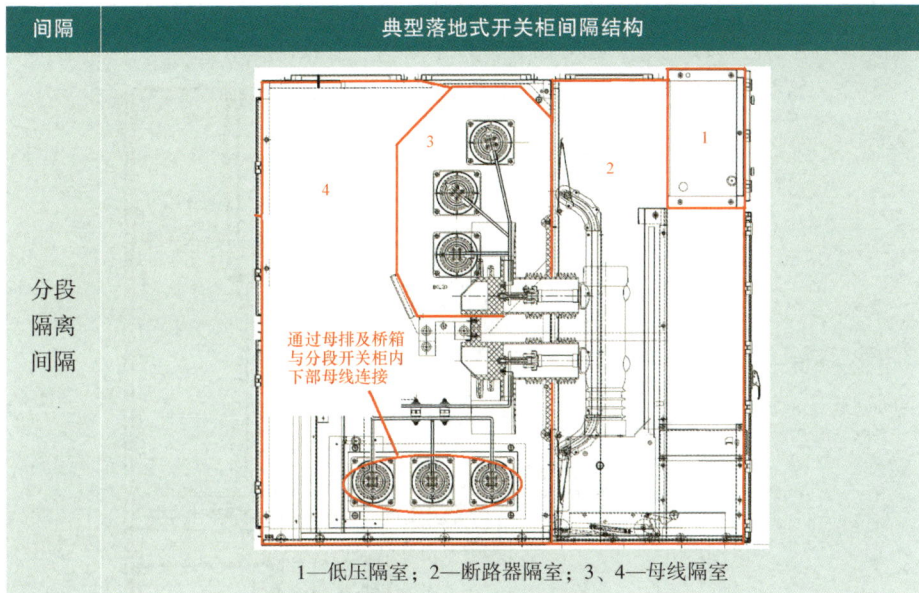 通过母排及桥箱与分段开关柜内下部母线连接 1—低压隔室；2—断路器隔室；3、4—母线隔室

表 5-2 　　　　　典型中置式开关柜间隔结构

间隔	典型中置式开关柜间隔结构
主变 压器 间隔	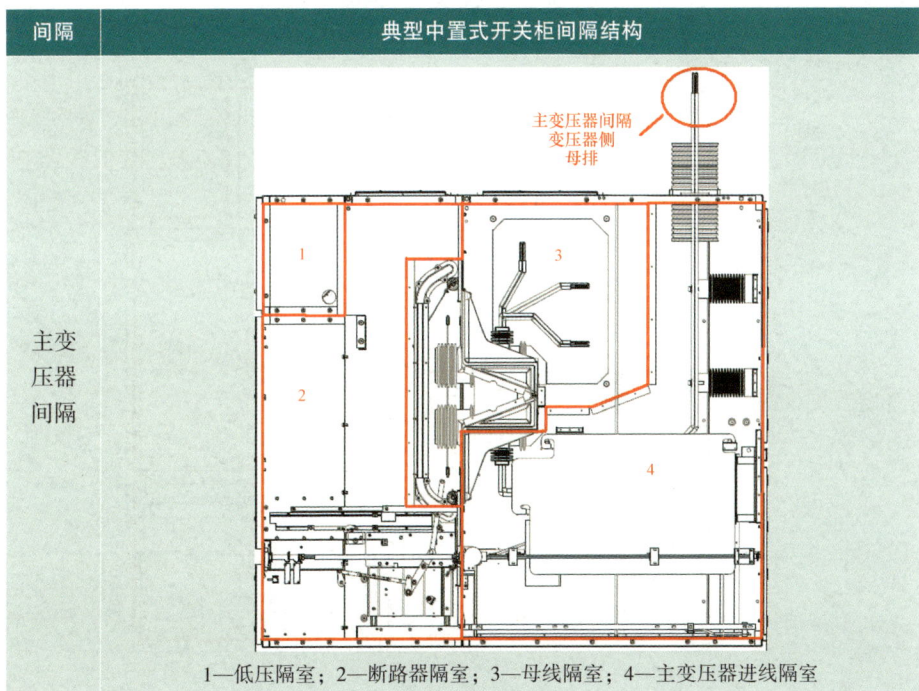 主变压器间隔变压器侧母排 1—低压隔室；2—断路器隔室；3—母线隔室；4—主变压器进线隔室

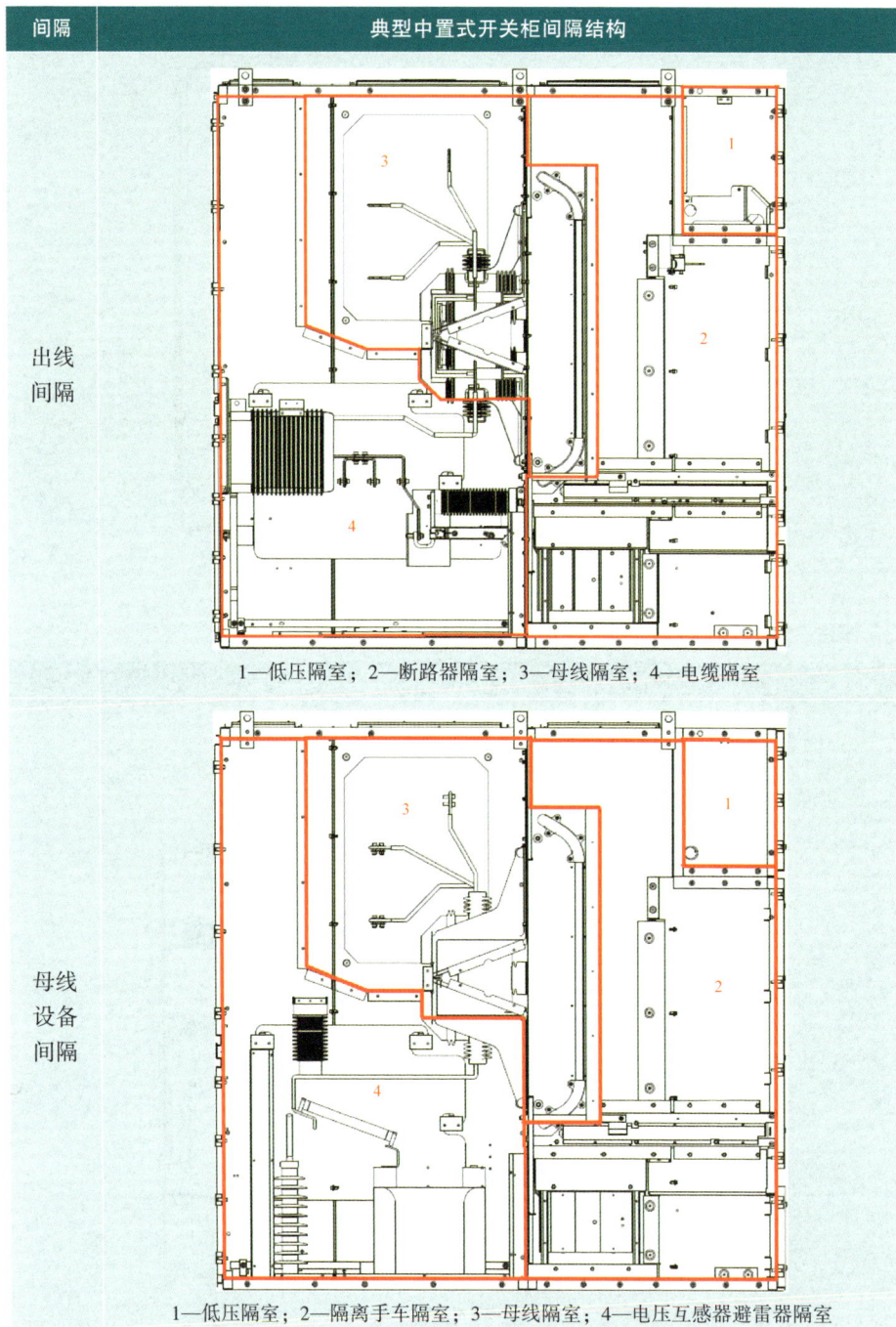

续表

间隔	典型中置式开关柜间隔结构
出线 间隔	1—低压隔室；2—断路器隔室；3—母线隔室；4—电缆隔室
母线 设备 间隔	1—低压隔室；2—隔离手车隔室；3—母线隔室；4—电压互感器避雷器隔室

续表

间隔	典型中置式开关柜间隔结构
分段 开关 间隔	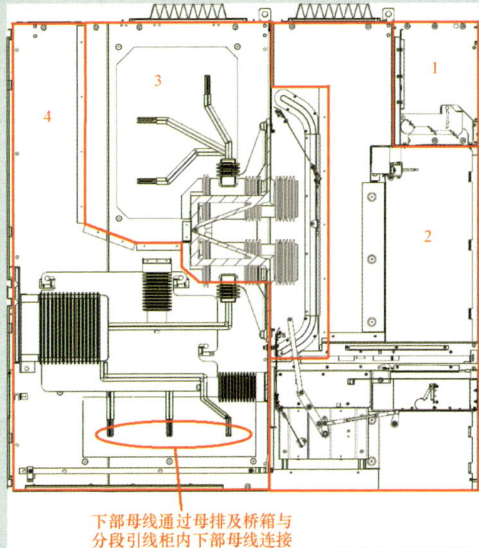 下部母线通过母排及桥箱与 分段引线柜内下部母线连接 1—低压隔室；2—断路器隔室；3、4—母线隔室
分段 隔离 间隔	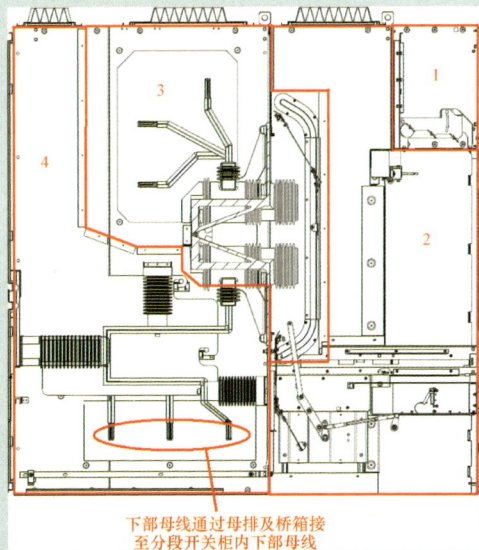 下部母线通过母排及桥箱接 至分段开关柜内下部母线 1—低压隔室；2—断路器隔室；3、4—母线隔室

C-GIS 由继电器室、操动机构室、充气隔室和电缆隔室组成，充气隔室上设有密封室内压力超限释放装置，电缆室也设有内部电弧故障下压力释放通道。图 5-16 所示为 40.5kV 单气室 SF$_6$ 气体绝缘开关柜结构示意图。

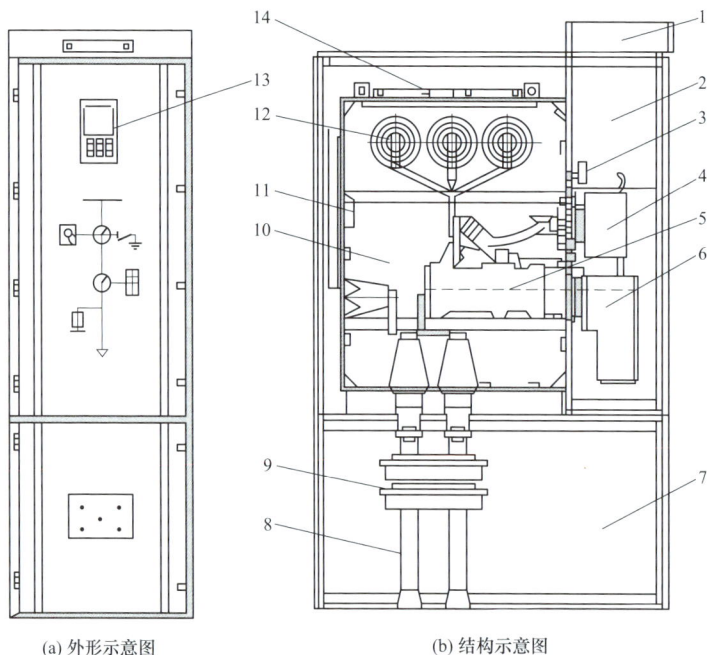

(a) 外形示意图　　　　　　　　(b) 结构示意图

图 5-16　40.5kV 单气室 SF$_6$ 气体绝缘开关柜示意图

1—小母线室；2—低压室；3—气体压力表；4—隔离开关操动机构；5—真空灭弧室；

6—断路器操动机构；7—电缆隔室；8—电缆；9—电流互感器；10—焊接密封气室；

11—吸附剂；12—母线及连接部件；13—控制保护单元；14—压力释放装置

一般情况下，C-GIS 在断路器下口的出线侧不设置隔离开关和接地开关，只在母线侧装有一把三工位隔离接地开关。当电缆侧需要接地时，应首先令母线侧三工位隔离接地开关处于接地位置，然后操作断路器合闸而实现电缆侧线路的接地。

三工位隔离接地开关合闸至接地位置时，不具有关合短路电流的能力，其合闸接地后由处于分闸位置的断路器再合闸使主回路接地。具体操作步骤如下：

（1）停电接地操作。先使断路器分闸，然后操作三工位隔离接地开关分闸至隔离位置，检测电缆侧回路确认无电后，再操作三工位隔离接地开关至接地位置然后将断路器合闸，实现线路侧接地。

（2）恢复送电操作。操作前断路器处于合闸状态，三工位隔离接地开关处于接地位置。先将断路分闸，再操作三工位隔离接地开关至隔离位置后再至合闸位置，三工位隔离接地开关处于接通位置后对断路器进行合闸操作。

5.3

高压开关柜的主要电气参数

5.3.1　额定电压

额定电压指高压开关柜所在电力系统的最高电压。对于高压开关柜的各组成元件，可按其有关标准具有各自的额定电压值。高压开关柜的额定电压与系统标称电压的对应关系见 5-3。

表 5-3　　　　高压开关柜的额定电压与系统标称电压的对应关系　　　　kV

标称电压	3	6	10	35
额定电压	3.6	7.2	12	40.5

5.3.2　额定电流

高压开关柜的额定电流，分主母线额定电流和主回路（分支母线）额定电流。主母线额定电流由系统各段母线最大运行方式确定，主回路额定电流由主回路中最小元件的电流确定。

5.3.3 额定短时耐受电流和峰值耐受电流

对主回路中未装有短路保护装置的高压开关柜，主回路额定短时耐受电流和峰值耐受电流应符合系统额定短路电流的要求。

对主回路含有短路保护装置的开关柜，主回路额定短时耐受电流和峰值耐受电流，对短路保护装置的两侧分别给出规定值。用于配变电系统的高压开关柜，额定峰值耐受电流为额定短时耐受电流的 2.5 倍。

接地开关的额定短时耐受电流和峰值耐受电流应与主回路一致。对接地回路也应规定额定短时耐受电流，其值可以与主回路不同。

5.3.4 额定短路持续时间

额定短路持续时间是指开关柜的开关设备和控制设备在合闸状态下能够承载额定短时耐受电流的时间间隔。主回路和接地回路的额定短路持续时间为 3s，对装用负荷开关的金属封闭开关设备也可以选用 2s 的额定短路持续时间。

5.3.5 额定充入水平

额定充入水平是指制造厂规定的在投运前充入隔室的充气压力或充入液体的质量。一般隔室内的充气设计压力不应超过 0.3MPa（相对于 20℃ 和 101.3kPa 大气条件）。

5.4

高压开关柜的电气试验

高压开关柜的电气试验包括型式试验、出厂试验、交接试验、例行试验、带电检测等。本节对高压开关柜的交接试验、例行试验和带电检测进行简要介绍。

5.4.1　交接试验

通过交接试验，可以确认高压开关柜经运输、储存、安装和调试后，设备完好无损、装配正确。

高压开关柜中断路器等部件的试验项目与断路器的交接试验基本相同。

对于开关柜的整体需要进行交流耐压试验、主回路电阻试验、机械操作试验、主回路和辅助控制回路的绝缘试验等。对于 SF_6 充气柜还应进行 SF_6 气体试验和密封性试验。

5.4.2　例行试验

高压开关柜在运行中长期承受来自化学、机械、湿度、电力等方面因素的作用，可能导致高压开关柜的绝缘和某些特性发生变化，影响设备正常运行。通过例行试验，可以及时发现绝缘缺陷以及某些特性的现状及变化情况，防患于未然。

1. 主回路电阻测量

通过测量高压开关柜的主回路电阻值，能够反映其导电回路各接触部位接触的状态。因此，在高压开关柜的试验工作中，必须对主回路电阻进行测量。开关柜的主回路电阻试验一般采用直流压降法，在断路器手车合闸状态下进行。采用回路电阻仪用直流压降法进行测量时，电流值应不小于 100A。开关柜整体的主回路电阻试验宜带主母线进行。

2. 机械特性试验

高压开关柜的机械特性试验是针对断路器手车进行的，机械特性指断路器触头动作时间和运动速度。主要包括断路器的分合闸时间、分合闸速度、主辅触头分合闸的同期性、分合闸线圈的动作电压等，机械特性直接影响断路器手车的关合与开断性能。

3. 绝缘电阻试验

对高压开关柜的组成部件进行绝缘电阻测量，可有效检测出绝缘是否有贯通的集中性缺陷，整体受潮或贯通性受潮等。对于不同的部件有不同的要求，应使用不同电压等级的绝缘电阻表。

5.4.3 高压开关柜的带电检测

带电检测是在电力设备通电运行状态下进行监测的一种技术。利用传感技术和微电子技术对运行中的设备进行实时监测，获取设备运行状态的各种物理量数据，并对其进行分析处理，预测运行状况，根据实时数据得出检测报告。

1. 超声波检测

通过检测局部放电产生的超声波信号来判定局部放电的方法称为局部放电的超声波检测方法。开关柜的噪声主要集中在低频领域，大多在 20kHz 以下，采用超声波方法进行局部放电检测，应避开干扰频率范围而以高频率为对象，但频率越高，声波在传送过程中的衰减越大，因此利用超声波方法进行局部放电检测所采用的频段一般在数十千赫兹到数百千赫兹。

由于超声波频率高其波长较短，因此它的方向性较强，从而它的能量较为集中，容易进行定位。但是开关柜内游离颗粒对柜壁的碰撞可能对检测结果造成干扰；同时由于开关柜内部绝缘结构复杂，以及超声波的衰减和折反射，使得有些绝缘内部的局部放电可能无法被检测到。

2. TEV（暂态对地电压）检测

开关柜局部放电会产生电磁波，电磁波在金属壁形成趋肤效应，电磁波会通过屏蔽层不连续的部分传输到设备表面，在设备表面产生感应电流，设备表面存在波阻抗，进而在设备外层产生暂态对地电压（transient earth voltages，TEV）。暂态地电压信号的大小与局部放电的严重程度及放电点的位置相关。可利用专用的传感器对暂态地电压信号进行检测，从而判断开关柜内部的局部放电故障，也可根据暂态地电压信号到达不同传感器的时间差或幅值对比进行局部放电源定位。图 5-17 所示为开关柜暂态地电压局部放电检测原理图。

由于电磁干扰，TEV 检测不作为定量测量的手段，采用相对读数来表示放电强度。该方法主要用于比较性的测量。

将 TEV 与超声波检测方法结合应用，既可以排除现场电磁环境的干扰，也可以排除游离颗粒与柜壁碰撞等干扰，大大提高检测系统的抗干扰性，同时可以实现对局部放电源的精确定位。

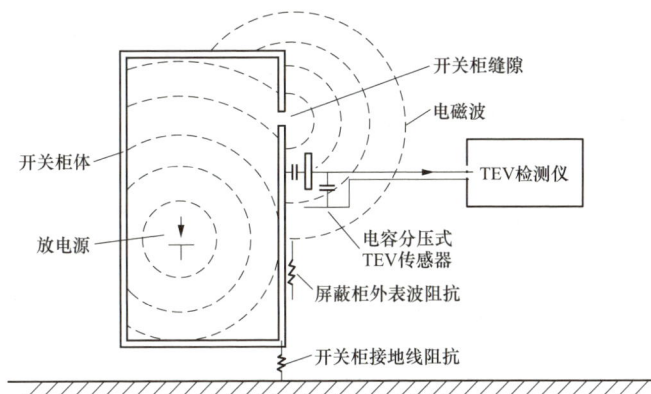

图 5-17　开关柜暂态地电压局部放电检测原理图

5.5
高压开关柜的运行维护

投入运行的高压开关柜应定期进行巡视检查，这样可以确保高压开关柜保持在最佳状态，同时可以及时发现缺陷，提升电网的可靠性。巡视检查一般由运行部门负责，主要对设备的外观、表计及带电显示、后柜等进行检查。

5.5.1　外观检查

（1）开关柜运行编号标识正确、清晰，编号应采用双重编号。

（2）柜体无变形、下沉现象，柜门关闭良好，各封闭板螺栓应齐全，无松动、锈蚀。

（3）开关柜压力释放装置无异常，释放出口无障碍物。

（4）开关柜闭锁盒、五防锁具闭锁良好，锁具标号正确、清晰。

（5）开关柜内应无放电声、异味和不均匀的机械噪声。

5.5.2　表计及带电显示检查

（1）开关柜上断路器或手车位置指示灯、断路器储能指示灯、带电显示装置指示灯指示正常。

（2）机械分、合闸位置指示与实际运行方式相符。

（3）充气式开关柜气压正常。

（4）开关柜内 SF_6 断路器气压正常。

（5）开关柜内断路器储能指示正常。

（6）开关柜内照明正常，非巡视时间照明灯应关闭。

（7）避雷器泄漏电流表电流值在正常范围内。

5.5.3　后柜设备检查

（1）开关柜后柜电流互感器表面清洁，无裂纹、破损及放电痕迹。

（2）绝缘护套表面完整，无变形、脱落、烧损。

（3）后柜设备无受潮、锈蚀现象。

（4）绝缘挡板表面清洁，无裂纹、变形、破损、颜色异变及放电痕迹。

5.5.4　联锁装置的检查

（1）定期检查机械联锁的传动环节，应保持良好的润滑状况。

（2）定期检查机械联锁受力部件和传动连杆，不应有碎裂、变形和固定轴或导向的偏移。

（3）定期检查程序锁的程序正确性。

（4）定期检查电气联锁的正确性。

5.6

常见故障及异常处理

5.6.1 隔离触头过热异常

1. 原因分析

（1）触头的制作工艺不良，所采用的导电材料电阻率不合格、杂质多或触头的镀银工艺、厚度不满足要求，导致整体电阻过大造成发热。触头弹簧压力不足或弹簧失效导致动静触头接触不良而发热。

（2）现场安装时螺栓未紧固，接触面不平，接触面未清理干净等，导致接触电阻过大，从而造成接触部位发热。

（3）现场运行环境恶劣，空气中水分较大或有腐蚀性气体，导致接触部位氧化或锈蚀，导致接触电阻过大，从而造成接触部位发热。

2. 处理方法

（1）对触头的材质、镀银层、接触部位的接触电阻等进行检查。触头镀银层的厚度应不小于 $8\mu m$，并且应为硬质镀银，验收时测量每个接触部位的接触电阻不应超过技术条件规定。

（2）对发热的触头表面进行清化处理，按照规定力矩紧固螺栓，用 0 号砂纸对烧蚀的接触面进行打磨直至平整，注意尽量不要破坏镀银层。

（3）改善现场的环境，为高压开关柜安装调温除湿及换气装置。

5.6.2 放电异常

1. 原因分析

出现放电异常主要有以下原因：

（1）紧固螺栓松动，导致导体连接部分搭接不良。

（2）柜内元件质量不良，绝缘元件不符合要求，金属导体倒角不够光滑等。

（3）开关柜设计不良，如空气间隙过小。此类问题在40.5kV开关柜中比较突出，以往为了节省空间，导致开关柜内部的相间空气绝缘净距离达不到300mm，厂家普遍采用SMC绝缘隔板和热缩绝缘护套等措施。长期运行后绝缘隔板憎水性丧失，隔板受潮后拉伸强度和绝缘性能均大幅度降低，无法满足正常运行要求；而绝缘护套和热缩绝缘材料普遍性能不良且缺乏行业检测手段，长期运行后易开裂、脱落。

（4）运行环境不良，如绝缘子、互感器、穿端套管等表面和瓷裙落有污秽，受潮以后耐压强度降低。

（5）采用弹簧片作为穿柜套管的等电位连接方式，如果弹簧老化导致接触不良，将造成悬浮电位，导致放电。

2. 处理方法

（1）加强开关柜施工和验收的质量管理，保证导体连接良好。

（2）选用经试验验证、可靠性高的电气元件，加强开关柜材质的管控。

（3）对在运开关柜绝缘隔板应定期检查，若出现绝缘劣化或爬电问题应及时进行更换或采取其他措施。在《国家电网有限公司十八项电网重大反事故措施（2018年修订版）及编制说明》中，规定开关柜的空气绝缘净距离应满足表5-4的要求。最小标称统一爬电比距：$\geqslant\sqrt{3}\times18\mathrm{mm/kV}$（对瓷质绝缘），$\geqslant\sqrt{3}\times20\mathrm{mm/kV}$（对有机绝缘）。

表5-4　　空气绝缘净距离

额定电压（kV）	7.2	12	24	40.5
相间和相对地（mm）	≥100	≥125	≥180	≥300
带电体至门（mm）	≥130	≥155	≥210	≥330

（4）采取有效措施改善开关柜的运行环境，如在室内加装除湿器或开关

柜后柜进行封堵、加装除湿风扇等，图 5-18 为采用绝缘阻燃复合胶水封堵的高压开关柜后柜。开关柜及装用的各种元件均应进行凝露试验，开关柜整机应进行污秽试验，生产厂家应提供型式试验报告。

图 5-18　采用绝缘阻燃复合胶水封堵的高压开关柜后柜

（5）提高开关柜的制造工艺，采取有效措施改善柜内各处电场分布，避免局部场强集中。24kV 及以上开关柜内的穿柜套管、触头盒应采用双屏蔽结构，其等电位连线（均压环）应长度适中，并与母线及部件内壁可靠连接。

小结

  高压开关柜适用于 3 ~35kV 电网，结构紧凑、占地面积小、维护检修方便。本章主要由高压开关柜的分类、基本结构、主要电气参数、电气试验、运行维护、常见故障及异常处理六部分内容组成。其中，联锁装置是高压开关柜防止误操作、保证操作安全的重要组成部分，相关电力工作者必须熟练掌握。做好高压开关柜的运行、检修与维护工作，并利用带电检测技术加强对高压开关柜的监测，及时发现潜在隐患，消除高压开关柜缺陷，对保证电网的安全稳定运行具有重要意义。

习题与思考题

5-1 按不同绝缘介质，目前高压开关柜可以分为几类？

5-2 何为 LSC2 类高压开关柜？

5-3 简述高压开关柜中二次回路的作用。

5-4 超声波检测方法在高压开关柜的带电检测中有哪些不足？

5-5 简述高压开关柜泄压装置的作用。

5-6 出线侧不设置隔离开关和接地开关的 C-GIS 如何实现电缆接地？

5-7 高压开关柜的暂态对地电压信号是如何产生的？

5-8 高压开关柜可移开部件的不同位置有哪些？

5-9 简述母线设备柜的组成元件及作用。

5-10 对高压开关柜有哪些技术要求？

5-11 试论述空气绝缘开关柜小型化发展的方向及优缺点。

5-12 简述空气绝缘开关柜有哪些防潮的方法。 母线受潮的问题应如何解决？

第 6 章 CHAPTER SIX

互感器

06

　　互感器分为电压互感器和电流互感器两大类，是联络电力系统一次与二次的重要设备。互感器通过电压、电流变换，将高电压、大电流按比例转换成低电压、小电流，再提供给电力系统的各种测量、控制和保护装置，实现了一、二次系统的电气隔离，保证人身和设备的安全，同时使仪表和继电器的制造小型化、标准化，从而降低了成本，提高了经济效益。

　　互感器最早出现于 19 世纪末，随着电力工业的发展，互感器的电压等级和准确级都越来越高，目前电力系统中广泛采用的是电磁式电流互感器、电磁式电压互感器和电容式电压互感器。随着电网容量的不断增长、电压等级的不断提高以及保护要求的不断完善，使得传统互感器体积越来越大、造价越来越高，从而推动了新型电子式和光电式互感器的研制，但由于稳定性、兼容性等技术问题，这两类新型互感器在变电站中仍处于试点使用阶段。

交流变电站电气主设备

6.1

电 流 互 感 器

电流互感器也称为流变，用 TA 或 CT 表示，其本质上是一种专门用作变换电流的特种变压器，主要由铁芯、一次绕组、二次绕组、接线端子及绝缘支撑物组成。

电流互感器与变压器比较，其工作状态的特点是：

（1）由于测量仪器、继电保护装置的电流线圈的阻抗都很小，故电流互感器的正常工作状态接近于二次侧短路的变压器。

（2）电流互感器的一次绕组串联在被测电路中，一次绕组中电流完全取决于被测电路的一次负荷电流，而与电流互感器的二次电流无关。

6.1.1　电流互感器的分类与型号

1. 电流互感器的分类

电流互感器从不同的角度，通常有以下 7 种分类：

（1）按用途分：

1）测量用电流互感器。是指向测量、计量装置提供电网电流信息的电流互感器。

2）保护用电流互感器。是指向继电保护等装置提供电网故障电流信息的电流互感器。在变电站中使用的电流互感器一般兼具测量和保护功能。

（2）按安装地点分：

1）户内型电流互感器。安装于室内，一般用于 35kV 及以下的电压等级。

2）户外型电流互感器。安装于户外，一般用于 35kV 及以上的电压等级。

（3）按绝缘介质分：

1）油浸式电流互感器。由绝缘纸和绝缘油作为绝缘，一般为户外型，适用于全部电压等级。

2）浇注绝缘电流互感器。其绝缘主要由绝缘树脂浇注固化成型，尺寸小，重量轻，不需要特别维护，目前在 35kV 及以下电压等级系统中（特别是开关柜内）应用广泛。

3）气体绝缘电流互感器。绝缘主要是具有一定压力的绝缘气体，最常见的是六氟化硫（SF_6）气体，具有重量轻，维护方便，不存在火灾危险等优点。

（4）按安装方式分：

1）穿墙式电流互感器。装在墙壁或屏板的孔中，可节约穿墙套管，主要在 35kV 及以下电压等级中使用。

2）支持式电流互感器。安装在平面或支柱上，同时作为支柱用的电流互感器。

3）套管式电流互感器。本身不带一次绕组和一次绝缘，直接套装在绝缘的套管上的一种电流互感器。

4）母线式电流互感器。本身不带一次绕组但有一次绝缘，直接套装在母线上使用的一种电流互感器。

（5）按一次绕组匝数分：

1）单匝式电流互感器。其一次绕组只有一匝，大电流互感器通常采用单匝式。变电站中使用的电流互感器以单匝式为主。

2）多匝式电流互感器。其一次绕组有多匝，中、小电流互感器通常采用多匝式。

（6）按二次绕组装配位置分：

1）正立式电流互感器。在正立式结构中，一次绕组为 U 形结构，二次绕组装在产品下部，重心低、抗震性能好，是常用的结构形式。

2）倒立式电流互感器。在倒立式结构中，一次绕组为一形结构，二次绕组组装在产品上部，是近年来出现的新型结构形式，与正立式相比，其一次绕组较短，动、热稳定性好，但重心较高，抗震性能较差。

（7）按电流比分：

1）单电流比电流互感器。一、二次绕组匝数固定，只能实现一种匝数比的电流互感器为单电流比互感器。

2）多电流比电流互感器。一次或二次绕组匝数可改变，可以实现多种匝数比的电流互感器为多电流比互感器。

3）复合电流比电流互感器。在高压、超高压电流互感器中，为了同时满足测量和各种不同的继电保护方式的需要，往往有多个各自具有铁芯的二次绕组，这种电流互感器就称为复合电流比电流互感器，也叫多次级电流互感器。一般10、35kV电压等级的电流互感器会采用2次级或3次级设计（即2个二次绕组或3个二次绕组），如某10kV出线电流互感器（2次级设计），其二次绕组一组用于线路保护，另一组用于电流测量和电能计量。电流互感器电压等级越高，涉及的保护就越多，所需要的二次绕组也越多，如220kV出线电流互感器通常采用6次级设计，其中两组用于线路保护，两组用于母差保护，两组用于计量和测量。

2. 电流互感器的型号

国内电流互感器的型号一般由若干字母和数字组成，具体组成形式如图6-1所示。

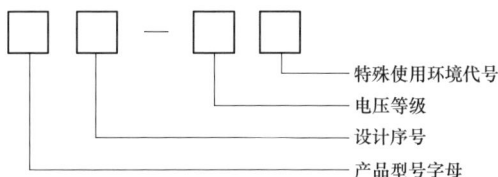

图6-1　电流互感器型号的组成形式

其中产品型号字母一般具有四到五位字母，含义分别为：

第一位字母表示互感器的用途：L—电流互感器。

第二位字母表示互感器的结构形式：D—单匝贯穿式；F—多匝贯穿式；M—母线式；Q—绕组型；R—套管式（装入式）；K—开合式；V—倒立式；Z—支持式；A—穿墙式。

第三位字母表示绕组外绝缘介质：Z—浇注绝缘；C—瓷绝缘；Q—气体绝缘。

第四位或第五位字母表示结构特征及用途：B—带保护级；C 或 D—差动保护用；Q—加强型；J—加大容量。

设计序号表示的是同类产品的第几次改型设计，目的是为了与原设计相区别。

特殊使用环境代号主要有以下 4 种：GY—高原地区用；W—污秽地区用（W1、W2、W3 分别对应污秽等级 Ⅱ、Ⅲ、Ⅳ）；TA—干热带地区用；TH—湿热点地区用。

还有一些电流互感器会在型号的最后加上结构代号或特征代号，其含义由厂家自行制定。

如型号 LZZBJ9-10E2 表示的是第 9 次改型设计的支持式、浇注绝缘、带保护级、加大容量的电流互感器，适用于 10kV 电压等级，结构代号为 E2；型号 LVQB-220W2 表示的是倒立式、气体绝缘、带保护级、防污秽等级 Ⅲ 级的电流互感器，适用于 220kV 电压等级。

6.1.2 常见电流互感器及其结构

根据电流互感器的分类，交流变电站中常见的电流互感器主要有以下 7 种。

1. 油浸正立式电流互感器

油浸正立式电流互感器作为最传统互感器形式，具有设计制造成熟，抗震性能好，价格低等显著优点，但产品笨重，用油量大，设计电流值上限较低，故应用逐渐减少。图 6-2 为典型油浸正立式电流互感器的设备外观图，型号为 LB6-35，此类电流互感器在早期电网中广泛采用，基本结构如图 6-3 所示，一次绕组为 U 形结构，二次绕组穿过 U 形导体位于下部，设备内部注有变压器油，主绝缘采用多层高压电缆纸与薄铝箔每层交替间隔制成的电容型绝缘，包绕在一次导体上，绝缘结构如图 6-4 所示，层间有电容屏，内屏与一次导体相连接，最外屏（即末屏）接地，构成同心圆柱形电容屏串，若配置合理则实现沿主绝缘厚度各层的电压分布均匀，从而充分利用绝缘。

图 6-2　油浸正立式电流互感器外观

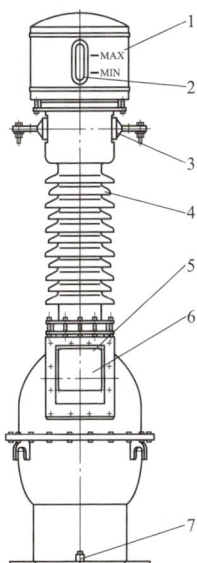

图 6-3　油浸正立式电流互感器基本结构

1—膨胀器；2—油位观察器；3——次绕组；4—瓷套；

5—二次出线盒；6—铭牌；7—接地螺栓

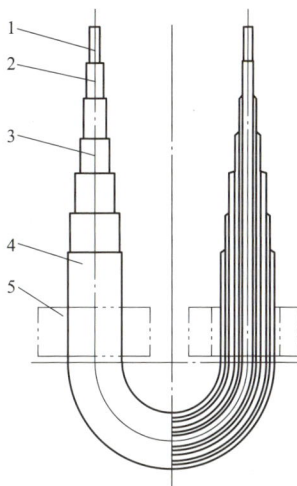

图 6-4　电容型绝缘结构

1——次绕组；2—高压电屏；3—中间

电屏；4—地电屏；5—二次绕组

2. 油浸倒立式电流互感器

　　油浸倒立式电流互感器作为一种新型的电流互感器结构形式，具有体积小，重量轻，额定电流大，耐动、热稳定电流能力强的特点，因此应用范围逐渐扩大。图6-5为典型油浸倒立式电流互感器的外观图，型号为LVB-220，图6-6为对应的基本结构图，主要分为头部、绝缘套管和底座三大部分。一次绕组为贯穿式导电杆结构，无返回导体；二次绕组通过金属屏蔽罩包裹，位于互感器头部；主绝缘采用多层高压电缆纸包绕而成，中间设置有若干个电容屏以提高绝缘材料利用率和改善电场分布，即油纸电容型绝缘，绝缘结构如图6-7所示。虽然油浸正立式与油浸倒立式电流互感器均采用电容型绝缘结构，但结构不同，前者将电容型绝缘材料包裹在一次绕组上，后者将电容型绝缘材料包裹于二次绕组，并将末屏与二次绕组引线管相连。

图6-5　油浸倒立式电流互感器外观

3. 浇注绝缘电流互感器

浇注绝缘电流互感器结构简单，维护工作量少，但由于绝缘结构和材料限制，一般只用于35kV及以下电压等级。图6-8为户内10kV浇注绝缘电流互感器，型号为LZZBJ9-10，其中图6-8（a）为安装前的外观图，图6-8（b）为安装于开关柜后的外观图；图6-9为户外35kV浇注绝缘电流互感器外观图，型号为LZZB1-35W，其中一次绕组端子位于顶部，二次绕组出线端子位于底部。

4. 气体绝缘电流互感器

气体绝缘SF_6电流互感器常采用倒立式结构，设备外观如图6-10所示，基本结构如图 6-11 所示，外形与油浸倒立式互感器相似，由头部、高压绝缘套管和底座组成，一次绕组可为一匝或两匝，两匝可接成串联或并联，二次绕组铁芯可自由组合，常见为 5~6 个铁芯。

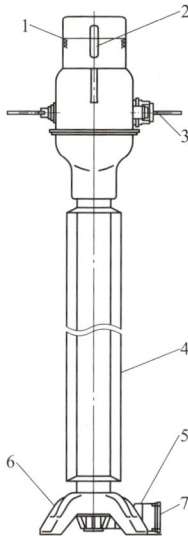

图 6-6 油浸倒立式电流互感器基本结构

1—膨胀器；2—油位观察窗；3—一次绕组；

4—套管；5—二次端子盒；6—底座；7—铭牌

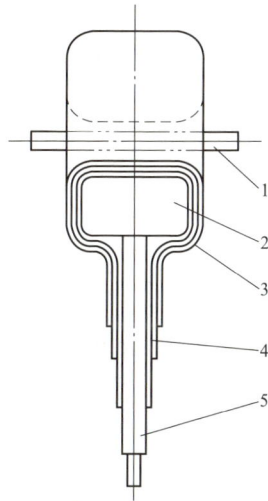

图 6-7 电容型绝缘结构

1——一次绕组；2—二次绕组；3—高压电屏；

4—中间电屏；5—地电屏

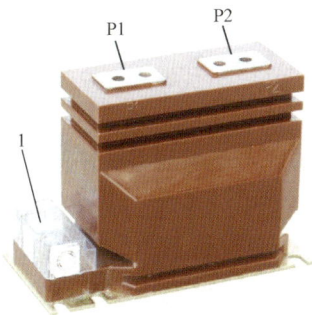

(a) 安装前

(b) 安装于开关柜后

图 6-8 户内 10kV 浇注绝缘电流互感器外观

1—二次绕组出线端子；P1、P2——一次绕组端子

图 6-9　户外 35kV 浇注绝缘电流互感器外观

图 6-10　SF_6 电流互感器外观

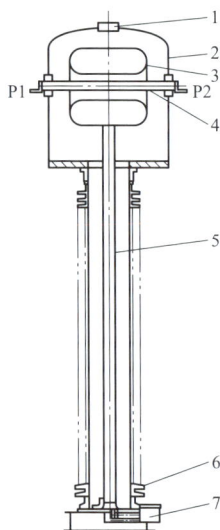

图 6-11　SF_6 电流互感器基本结构

1—防爆片；2—壳体；3—二次绕组及屏蔽筒；

4——次绕组；5—二次出线管；6—套管；

7—二次端子盒

5. 穿墙式电流互感器

穿墙式电流互感器常装在墙壁或屏板的孔中，兼做穿墙套管使用。图 6-12（a）为 10kV 穿墙式电流互感器外观图，图 6-12（b）红色框内为 35kV

穿墙式电流互感器外观图，两者均采用环氧浇注绝缘。

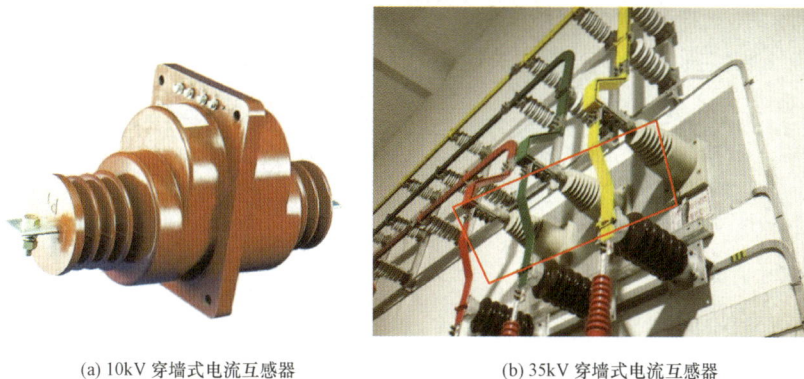

(a) 10kV 穿墙式电流互感器　　　　(b) 35kV 穿墙式电流互感器

图 6-12　穿墙式电流互感器外观

6. 套管式电流互感器

套管式电流互感器不具备一次绕组和一次绝缘，一般套在变压器套管或穿墙套管上使用，图 6-13 红色圈内为 110kV 套管式电流互感器，型号为 LRB-110，图中为与穿墙套管配套使用的情形。

7. 母线式电流互感器

母线式电流互感器也叫穿心式电流互感器，具备一次绝缘，可直接套在母线上使用，一般为环形结构，图 6-14 为 10kV 母线式电流互感器的外观图，型号为 LMZB3-10。

图 6-13　110kV 套管式电流互感器

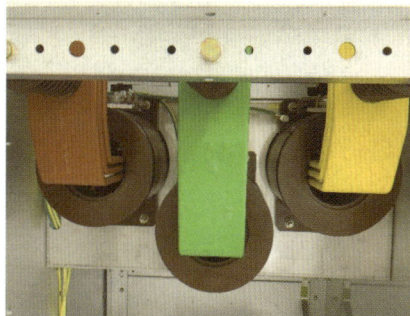

图 6-14　10kV 母线式电流互感器

在工程实际应用中，较为关注电流互感器的铭牌和电气参数。

1. 电流互感器的铭牌

以 LZZBJ9-10E2 型电流互感器为例，其铭牌和对应内容的含义如图 6-15 所示，其中额定绝缘水平、额定电流比、准确级、额定容量、额定短时热电流、额定动稳定电流等参数将在下文中介绍，二次绕组的端子标志方式将在 6.1.4 中介绍。

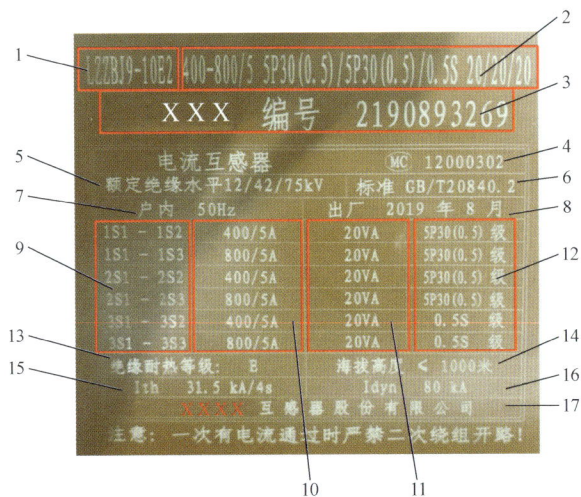

图 6-15　电流互感器铭牌示例

1—型号；2—主要参数；3—设备编号；4—中国制造计量器具许可证编号；5—额定绝缘水平；

6—符合的国家标准；7—使用场合及额定频率；8—出厂日期；9—二次绕组端子标志；

10—额定电流比；11—额定容量；12—准确级；13—绝缘耐热等级；14—适用海拔；

15—额定短时热电流；16—额定动稳定电流；17—生产厂家

2. 主要电气参数

根据工作实际和 GB/T 20840.2—2014《互感器　第 2 部分：电流互感器的补充技术要求》，电流互感器的主要电气参数有：

（1）额定电压。是指一次绕组长期对地或二次绕组能够承受的最大电压

（kV），应不低于所接线路的额定相电压。电流互感器的额定电压分为 0.5、3、6、10、35、110、220、330、500kV 等电压等级。

（2）额定电流。电流互感器的额定电流是作为互感器性能基准的电流值。对一次绕组而言，为额定一次电流。对二次绕组而言，为额定二次电流。

电流互感器的额定一次电流标准值为：10、12.5、15、20、25、30、40、50、60、75A 以及它们十进位倍数或小数。有下标线的是优先值。额定二次电流标准值为 1A 或 5A。

（3）额定电流比。是额定一次电流与额定二次电流的比值，常以分数型式表示，分子表示一次绕组的额定电流（A），分母表示二次绕组的额定电流（A）。以图 6-15 为例，其中一种额定电流比为 400/5A，则表示一次侧额定电流 400A，二次侧额定电流 5A。

（4）额定绝缘水平。电流互感器的一次绕组的绝缘水平以设备最高电压 U_m（最高的相间电压有效值）为依据。对设备最高电压 $U_m \leqslant 0.66kV$ 的电流互感器，其额定绝缘水平用额定短时工频耐受电压（有效值）表示；对设备最高电压 $3.6kV \leqslant U_m < 300kV$ 的电流互感器，其额定绝缘水平用额定短时工频耐受电压（有效值）和额定雷电冲击耐受电压（峰值）表示；对设备最高电压 $U_m \geqslant 300kV$ 的电流互感器，其额定绝缘水平用额定操作冲击耐受电压（峰值）和额定雷电冲击耐受电压（峰值）表示。以图 6-15 为例，该电流互感器的额定绝缘水平为 12/42/75kV，表示的是设备最高电压为 12kV，额定短时工频耐受电压（有效值）为 42kV，额定雷电冲击耐受电压（峰值）为 75kV。

（5）准确级。测量用电流互感器的准确级以该准确级在额定电流下所规定的最大允许电流误差百分数来标称。根据最大允许误差的大小，划分为不同的准确级。测量用的电流互感器的标准准确级为 0.1、0.2、0.5、1、3、5，特殊用途的测量用互感器的标准准确级为 0.2S、0.5S，准确级和对应的误差限值见表 6-1。

表 6-1　　　　　　　　测量用电流互感器的准确级和误差限值

准确级	一次电流为额定电流的百分数（%）	误差限值	
		电流误差（%）	相位角差（′）
0.1	5	±0.4	±15
	20	±0.2	±8
	100~120	±0.1	±5
0.2	5	±0.75	±30
	20	±0.35	±15
	100~120	±0.2	±10
0.5	5	±1.5	±90
	20	±0.75	±45
	100~120	±0.5	±30
1	5	±3	±180
	20	±1.5	±90
	100~120	±1	±60
3	50~120	±3	不规定
5	50~120	±5	不规定
0.2S	1	±0.75	±30
	5	±0.35	±15
	20~120	±0.2	±10
0.5S	1	±1.5	±90
	5	±0.75	±45
	20~120	±0.5	±30

保护用电流互感器的准确级以其额定准确限值一次电流下的最大复合误差 $\varepsilon\%$ 来标称，其后标以字母"P"表示保护用，常用的准确级为 5P 和 10P，保护用电流互感器的准确级和误差限值见表 6-2。定义复合误差的原因是短路过程中一、二次电流关系复杂，不能简单用比值和相位差来定义误差。复合误差 $\varepsilon\%$ 的表达式为

$$\varepsilon\% = \frac{100}{I_1} \sqrt{\frac{1}{T} \int_0^T (k_i i_2 - i_1)\, \mathrm{d}t} \tag{6-1}$$

式中　I_1——一次电流有效值，A；

　i_1、i_2——一、二次电流瞬时值，A；

　　T——一个周波的时间，s；

　　k_i——额定电流比。

所谓额定准确限值一次电流是指额定一次电流的倍数，也叫额定准确限值系数，其标准值为 5、10、15、20、30，一般将额定准确限值系数标注于准确级之后，如 5P20，表示的是一次电流为 20 倍额定电流时，最大复合误差为 5%。

表 6-2　　　　　　　保护用电流互感器的准确级和误差限值

准确级	额定一次电流下的误差限值		在额定准确限值一次电流下的复合误差（%）
	电流误差 ±（%）	相位角差 ±（′）	
5P	1.0	60	5.0
10P	3.0	无规定	10.0

以图 6-15 为例，不同的二次绕组对应于不同的准确级，如二次绕组 1S1-1S2 用于保护时对应的准确级为 5P30，用于测量时对应的准确级为 0.5。

（6）额定容量。也称为额定输出，是指在额定二次电流及接有额定负荷的条件下，互感器所供给二次回路的视在功率值（VA），也表征了电流互感器二次回路的带载能力。电流互感器的误差与二次负荷相关，因此同一台电流互感器处在不同准确度级下工作时，具有不同的额定容量。为保证电流互感器的准确度，二次侧所接负荷 S_2 应不大于额定容量 S_{N2}。

额定容量的标准值为：2.5、5、10、15、20、25、30、40、50、60、80、100VA。

额定容量也可以用额定二次负荷（Ω）来表示，两者之间换算公式为

$$Z_{N2} = \frac{S_{N2}}{I_{N2}^2} \tag{6-2}$$

式中　Z_{N2}——额定二次负荷的阻抗值，Ω；

$\qquad$ I_{N2}——额定二次电流，A；

$\qquad$ S_{N2}——额定容量，VA。

以图 6-15 为例，所有二次绕组的额定容量均为 20VA。

（7）额定短时热电流 I_{th}。在二次绕组短路的情况下，电流互感器能无损伤地承受 1s 或其他短时间的一次电流有效值（A）。以图 6-15 为例，额定短时热电流为 31.5kA/4s，表示该电流互感器可以承受 4s 时间的 31.5kA 电流。

（8）额定动稳定电流 I_{dyn}。在二次绕组短路的情况下，电流互感器能承受住其电磁力的作用而无电气或机械损伤的最大一次电流峰值（A）。以图 6-15 为例，额定动稳定电流为 80kA。

6.1.4　电流互感器的接线方式与端子标志

1. 电流互感器的极性

电流互感器的极性示意图如图 6-16 所示，其中 L1、L2 为一次绕组的首、末端，K1、K2 为二次绕组的首、末端。电流互感器的一、二次绕组在磁通的作用下感应出电动势，其中两个同时达到最高电位或最低电位的一端称为同极性端或同名端。在电流互感器中，广泛采用减极性标示法来确定同极性端，即任意选定一次绕组端头作为首端，当一次绕组电流 i_1 从首端流进时，二次绕组电流 i_2 流出的那一端就标为二次绕组的首端，满足这种瞬时电流关系的两端就是同极性端，通常用符号"·"来标注。电流互感器的极性在安装接线（尤其是

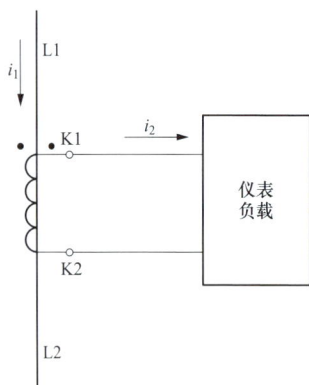

图 6-16　电流互感器的极性示意图

差动保护装置）时非常重要，极性错误会影响测量、保护的正确性，甚至可能烧坏仪器仪表。

2. 电流互感器的接线方式

根据不同的使用目的，电流互感器的绕组主要有以下 3 种接线方式，如图 6-17 所示。

图 6-17（a）为单相接线，一般用于测量对称三相负荷电路的其中一相电流。

图 6-17（b）为星形接线，可以测量每一相电流，可以反映各种类型的相间短路和单相接地故障，应用广泛，对于主变压器差动保护用的电流互感器，二次星形侧通常接成三角形接线。

图 6-17（c）为不完全星形接线，也称为 V 形接线，只在 A、C 相安装电流互感器，流过公共导线上电流为 A、C 相电流的相量和，在三相电流平衡时这个电流可反映 B 相电流，比起星形接线节省了一相的电流互感器，也可以反映相间短路，但不能完全反映单相接地故障，故不能作为单相接地保护，多用于 35kV 及以下电压等级的不重要出线。

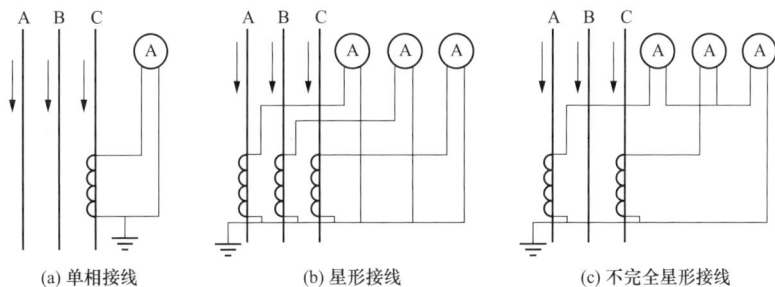

(a) 单相接线　　　　(b) 星形接线　　　　(c) 不完全星形接线

图 6-17　电流互感器的接线示意图

3. 电流互感器的端子标志

电流互感器的端子标志一般采用 P1、P2 表示一次端子，S1、S2 表示二次端子；若二次绕组有一个或多个抽头，二次端子标志则依次为：S1、S2、S3、……，如图 6-18（a）所示；若有多个二次绕组（各自具有铁芯）时，各二次绕组的抽头相应标志为：1S1、1S2、2S1、2S2、3S1、3S2、……，或 S_1^1、S_2^1，S_1^2、S_2^2，S_1^3、S_2^3、……，如图 6-18（b）所示。端子标志一经确定，就决定了电流互感器的极性，所有标有 P1、S1 的接线端子，在同一瞬间具有同一极性，即 P1、S1 是同名端。其他形式的端子标志（如单电流比互感器、互感器一次绕组分为两段供串联或并联等）具体可参考 GB/T 20840.2—2014《互感器　第 2 部分：电流互感器的补充技术要求》。

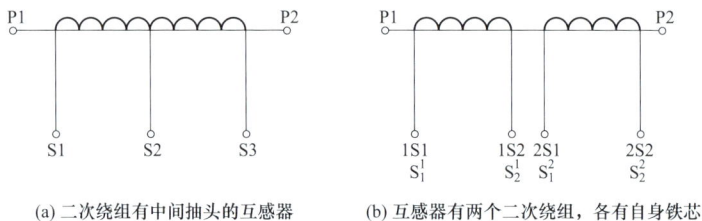

(a) 二次绕组有中间抽头的互感器　　　　(b) 互感器有两个二次绕组，各有自身铁芯

图 6-18　电流互感器的绕组端子标志

6.1.5　电流互感器的电气试验

电气试验主要包括出厂试验、交接试验和例行试验，其中后两者是运维检修工作中较为关注的试验。交接试验是指设备安装结束后全面检测的重要工序，以判定设备是否符合规定要求，是否可以投入运行，而例行试验是为了发现运行设备的隐患，预防发生事故或设备损坏，对设备进行的检查、试验或监测。对于电流互感器，交接试验的项目主要有绝缘电阻试验、电容量及介质损耗角正切值 tanδ 的测试、外施工频耐压试验、局部放电试验、变比与极性试验、励磁特性试验、直流电阻试验；例行试验的项目有绝缘电阻试验、电容量及介质损耗角正切值 tanδ 的测试、直流电阻试验。

1. 绝缘电阻试验

绝缘电阻试验的目的是检测电流互感器绝缘是否存在受潮、脏污和贯穿性缺陷，以及绝缘击穿和严重过热老化等缺陷。测量项目主要有一次绕组的绝缘电阻、末屏对地的绝缘电阻、二次绕组对地及之间的绝缘电阻和一次绕组段间的绝缘电阻等。

2. 电容量及介质损耗角正切值 tanδ的测试

测量电流互感器的介质损耗角正切值 tanδ 可以有效检测绝缘介质内部是否存在局部缺陷、气泡、受潮及老化。对于非电容型绝缘的电流互感器，测量项目有一、二次绕组之间及对地的电容量和 tanδ，对于电容型绝缘的电流互感器，测量项目有一次绕组对末屏之间的电容量、tanδ 和末屏对地的电容量、tanδ。

3. 外施工频耐压试验

为了考核电流互感器主绝缘强度并检查其局部缺陷，电流互感器应进行绕组连同套管一起对外壳的交流耐压试验，一般在交接、大修后或必要时进行。

4. 局部放电试验

局部放电试验是判断电流互感器绝缘状况的一种有效方法。作为典型电容型设备，局部放电试验电压从高压侧施加。

5. 变比与极性试验

测量互感器的极性尤为重要，极性判断错误会导致接线错误，使仪器仪表指示错误，甚至使继电保护误动作。测量变比可以检查互感器的一次、二次关系的正确性，给继电保护定值计算提供依据。

6. 励磁特性试验

互感器的励磁特性试验的目的主要是检查铁芯质量，通过磁化曲线的饱和程度判断有无匝间短路。对于电流互感器，励磁特性试验还是误差试验的补充，可以检验仪表保安系数、准确限值系数和复合误差。

7. 直流电阻试验

测量互感器的一、二次绕组的直流电阻是为了检查电气回路的完整性，以便及时发现因制造、运输、安装或运行中由于振动和机械应力等原因造成的导线断裂、接头开焊、接触不良、匝间短路等缺陷。

6.1.6 电流互感器的运行维护

根据《国家电网公司变电运维管理规定　第6分册　电流互感器运维细

则》，电流互感器的运行维护主要包括运行规定和巡视维护。

1. 电流互感器的运行规定

（1）电流互感器的所有二次侧严禁开路。其原因是电流互感器正常运行时接近于短路状态，二次电流产生的磁通对一次电流产生的磁通起去磁作用，励磁电流很小，铁芯中的总磁通也很小。若二次侧开路，二次电流的去磁作用消失，一次电流就会完全变为励磁电流，引起铁芯内磁通剧增，铁芯严重饱和，将在二次绕组两端产生数千伏的高压，对二次绝缘构成威胁，甚至危及人身安全。同时，铁芯突然饱和，损耗增加，电流互感器将严重发热，甚至烧坏绝缘。因此，电流互感器二次侧不允许开路，也不可以用熔丝来短路电流互感器的二次绕组，防止熔丝熔断引起二次侧开路。

（2）运行中的电流互感器二次侧只允许有一个接地点。其中公用电流互感器二次绕组二次回路只允许且必须在相关保护柜屏内一点接地。独立的、与其他电压互感器和电流互感器的二次回路没有电气联系的二次回路应在开关场一点接地。电流互感器的二次接地属于保护接地，防止一次绝缘击穿时，二次侧串入高压威胁人身、设备安全。只允许一点接地是为了避免多点接地引起分流使电流测量误差增大或继电保护装置的不正确动作。

2. 电流互感器的巡视维护

（1）各连接引线及接头无发热、变色迹象，引线无断股、散股。

（2）外绝缘表面完整，无裂纹、放电痕迹、老化迹象，防污闪涂料完整无脱落。

（3）金属部位无锈蚀，底座、支架、基础无倾斜变形。

（4）本体无异常振动、异常声响及异味。

（5）底座接地可靠，无锈蚀、脱焊现象。

（6）二次接线盒关闭紧密，电缆进出口密封良好。

（7）接地标识、出厂铭牌、设备标识牌、相序标识齐全、清晰。

（8）端子箱内清洁、无受潮凝露，空气开关、接线端子等无异常，屏蔽线接地良好。

（9）油浸电流互感器油位指示正常，各部位无渗漏油现象；吸湿器硅胶变色在规定范围内；金属膨胀器无变形，膨胀位置指示正常。

（10）SF_6 电流互感器压力表指示在规定范围，无漏气现象，密度继电器正常，防爆膜无破裂。

（11）应按照检查周期，对电流互感器的本体、引线、接头、二次回路进行红外测温。

6.1.7 常见故障及异常处理

电流互感器的常见故障及对应的处理方式如下：

（1）本体渗漏油，表现为本体外部有油污痕迹或油珠滴落现象、器身下部地面有油渍、油位下降。

处理方式：检查本体各处有无渗漏油现象，确定渗漏油部位。根据渗漏油及油位情况，判断缺陷的严重程度，采取加强监视、按缺陷处理流程上报或立即汇报值班调控人员申请停运处理等措施。

（2）膨胀器鼓包，表现为现场巡视油浸式电流互感器发现其顶部膨胀器鼓包、倾斜或破裂。

处理方式：立即汇报值班调控人员申请停运处理，对故障电流互感器油样进行油色谱分析，检查内部放电情况。

（3）本体及引线接头发热，表现为引线接头处有变色发热迹象、红外检测本体及引线接头温度和温升超出规定值。

处理方式：应使用红外热像仪进行检测，确认发热部位和程度，全面检查有无其他异常情况，查看负荷情况，判断发热原因。根据严重情况采取加强监视、按缺陷处理流程上报或立即汇报值班调控人员申请停运处理等措施。

6.2

电 压 互 感 器

电压互感器也称为压变，用 TV 或 PT 表示，是一种专门用作变换电压的互感器。根据电压变换的原理不同，电压互感器分为电磁式和电容式两种。

（1）电磁式电压互感器。电磁式电压互感器主要由铁芯、一次绕组、二次绕组、接线端子及绝缘支撑物组成。

电磁式电压互感器与变压器比较，其工作状态的特点是：

1）由于测量仪器、继电保护装置的电压线圈的阻抗都很大，故电压互感器的正常工作状态接近于二次侧空载的变压器。

2）电压互感器的一次绕组并联于在被测电路中，一次绕组电压完全取决于被测电路的电压，而与电压互感器的二次负荷无关。

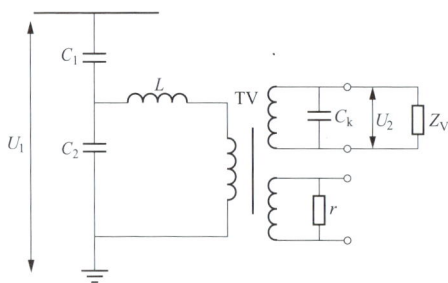

图 6-19　电容式电压互感器工作原理

（2）电容式电压互感器。电容式电压互感器（CVT）由电容分压器、中间变压器、补偿电抗器和铁磁谐振阻尼装置组成，其工作原理图如图 6-19 所示。电容分压器由若干个相同的电容器串联而成，将电容器分成主电容 C_1 和分压电容 C_2 两部分，则电容 C_2 两端的电压为

$$U_{C2} = \frac{C_2}{C_1 + C_2} U_1 = K U_1 \tag{6-3}$$

式中　U_1—— 一次侧电压，V；

　　　U_{C2}——电容 C_2 两端的电压，V；

　　　K——电容器分压比。

可以看到，电容 C_2 两端的电压 U_{C2} 与一次电压 U_1 成正比，测量 U_{C2} 就可以换算出 U_1。改变电容 C_1、C_2 的比值就可以实现不同的分压比。但在电容 C_2 两端直接接入测量仪表或其他负荷时，由于所接负荷并没有远大于电容的容抗（大容量高压电容需要很高的成本），而导致所测得电压值将小于 U_{C2}，且负荷电流越大，测得的电压值就越小，误差就越大。为减小误差，电容分压器和二次负荷 Z_v 之间都会有一台中间变压器 TV，其本质就是一台电磁式电压互感器。中间变压器除一、二次绕组外，还有补偿电感 L，若满足式（6-4），则电容器和补偿电感的等效阻抗为 0，从而使电压测量值与二次负荷的大小无关。

$$\omega L = \frac{1}{\omega(C_1 + C_2)} \tag{6-4}$$

式中 ω——系统角频率，rad/s。

实际上，电容器、补偿电感、中间变压器均存在损耗，电压测量时仍存在一定的误差，故在中间变压器的二次绕组上并联一个补偿电容 C_k，以补偿中间变压器的励磁电流和负荷电流中的电感分量，以减小测量误差。中间变压器的另一个二次绕组上接有阻尼电阻 r，作用是抑制内部铁磁谐振。

6.2.1 电压互感器的分类与型号

1. 电压互感器的分类

电压互感器从不同的角度，通常有以下 6 种分类：

（1）按用途分：

1）测量用电压互感器。是指向测量、计量装置提供电网电压信息的电压互感器。

2）保护用电压互感器。是指向继电保护等装置提供电网故障电压信息的电压互感器。在变电站中使用的电压互感器一般兼具测量和保护功能。

（2）按安装地点分：

1）户内型电压互感器。安装于室内，一般用于 35kV 及以下的电压等级。

2）户外型电压互感器。安装于户外，一般用于 35kV 及以上的电压等级。

（3）按相数分：

1）单相电压互感器。为分相式电压互感器，一般 35kV 及以上电压等级采用单相式。

2）三相电压互感器。为三相一体式电压互感器，一般 35kV 及以下电压等级采用三相式。

（4）按磁路结构分：

1）单极式电压互感器。油浸单极式电压互感器的一次绕组和二次绕组同绕在一个铁芯上，铁芯为地电位，用于 35kV 及以下电压等级。

2）串级式电压互感器。油浸串级式电压互感器的一次绕组分成几个匝数相同的单元串接在一起，具有多个铁芯，二次绕组只有最下面的一个单元耦合，铁芯和绕组均采用分级绝缘，简化了绝缘结构，用于 60～220kV 的电压等级。

（5）按绝缘介质分：

1）油浸式电压互感器。由绝缘纸和绝缘油作为绝缘，一般为户外式，用于 220kV 及以下的电压等级。

2）浇注绝缘电压互感器。其绝缘主要由绝缘树脂浇注固化成型，结构紧凑，尺寸小，维护方便，目前在 35kV 及以下电压等级系统中（特别是开关柜内）应用广泛。

3）气体绝缘电压互感器。绝缘主要是具有一定压力的绝缘气体，最常见的是六氟化硫（SF_6）气体，具有重量轻、维护方便、不存在火灾危险等优点。

（6）按电压变换原理分：

1）电磁式电压互感器。根据电磁感应原理实现电压变换的电压互感器，多用于 220kV 及以下电压等级，但 GIS 组合电器中均采用电磁式电压互感器。

2）电容式电压互感器。根据电容分压实现电压变换的电压互感器，在 110~1000kV 电压等级中应用广泛（GIS 组合电器除外）。

3）光电式电压互感器。根据光电变换原理实现电压变换的电压互感器。

2. 电压互感器的型号

（1）电磁式电压互感器。国内电磁式电压互感器的型号一般由若干字母和数字组成，具体组成形式与电流互感器一致，由产品型号字母、设计序号、电压等级和特殊环境使用代号四部分组成，如图 6-20 所示。

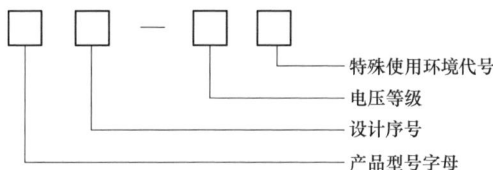

图 6-20　电流互感器型号的组成形式

其中产品型号字母一般具有四到五位字母，含义分别为：

第一位字母表示互感器的用途：J—电压互感器。

第二位字母表示互感器的相数：D—单相；S—三相。

第三位字母表示绕组外绝缘介质：J—油浸；C—瓷绝缘；Z—浇注绝缘；Q—气体绝缘。

第四位或第五位字母表示结构特征及用途：W—五铁芯柱；B—带补偿角差绕组；X—带剩余电压绕组；C—串级式带剩余绕组；F—测量和保护分开的二次绕组。

设计序号表示的是同类产品的第几次改型设计，目的是为了与原设计相区别。

特殊使用环境代号主要以下几种：GY—高原地区用；W—污秽地区用（W1、W2、W3 分别对应污秽等级Ⅱ、Ⅲ、Ⅳ）；TA—干热带地区用；TH—湿热点地区用。

此外，有些电压互感器会在型号的最后加上结构代号或特征代号，其含义由厂家自行制定。

如型号 JDZX9-10G2 表示的是第 9 次改型设计的浇注绝缘、带剩余电压绕组的单相电压互感器，适用于 10kV 电压等级，G2 表示 2 号全绝缘设计；型号 JSQXF-110 表示的是气体绝缘、带剩余电压绕组、测量和保护分开的三相电压互感器，适用于 110kV 电压等级。

（2）电容式电压互感器。类似地，电容式电压互感器型号也采用字母及数字表示，具体组成形式如图 6-21 所示。

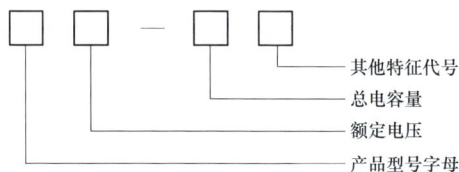

图 6-21　电容式电压互感器型号的组成形式

其中产品型号字母为 TYD，表示电容式电压互感器。其他特征代号主要用于表示接地情况、防污秽情况等，一般采用 F 表示中性点非有效接地，不带 F 表示中性点有效接地；采用 H 或 W 表示适用于Ⅲ、Ⅳ级污秽等级，不带 H 或 W 表示适用于Ⅱ级及以下的污秽等级。如 $TYD66/\sqrt{3}-0.005FH$ 表示是额定电压为 $66/\sqrt{3}kV$，额定电容为 $0.005\mu F$ 的电容式电压互感器，中性点非有效接地，外绝缘为防污型（Ⅲ、Ⅳ级污秽等级）。

6.2.2　常见电压互感器及其结构

根据电压互感器的分类，交流变电站中常见的电压互感器主要有以下 5 种。

1. 单极油浸式电压互感器

图 6-22 为典型单极油浸式电压互感器的设备外观图，型号为 JDJJ2-35，图 6-23 为对应的基本结构图，铁芯位于油箱内，由条形硅钢片叠成，为三柱芯式，在中柱上绕有三个绕组，从里往外依次是剩余电压绕组、二次绕组和一次绕组，绕组间绝缘为油纸绝缘。由于是单相设备，需三台成套使

用。此类油浸式电压互感器在早期电网中广泛采用，设计制造成熟，耐震性能好，但因为运维成本高、重量大等缺点，逐步被浇注绝缘电压互感器取代。

图 6-22　单极油浸式电压互感器外观

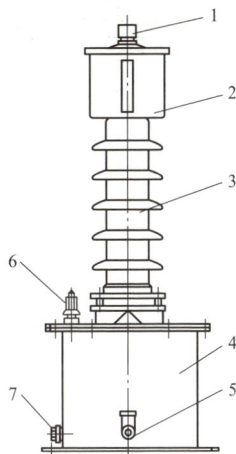

图 6-23　单极油浸式电压互感器基本结构

1——一次端子；2—储油柜；3—瓷套；4—油箱；

5—放油阀；6—二次端子；7—接地螺栓

2. 串极油浸式电压互感器

为了降低油浸式电压互感器的绝缘成本，串级式电压互感器的铁芯和绕组采用分级绝缘，优化了绝缘结构。图 6-24 为 JDCF-110W3 型串极油浸电压互感器的设备外观图，图 6-25 为基本结构图，铁芯和绕组均装在充满变压器油的瓷箱中。图 6-26 为某个串级式电压互感器的原理接线图，一次绕组由匝数相等的几个部分组成（图 6-26 中以四部分为例），分别套在两个铁芯的上、下柱上，串联接在相与地之间，二次绕组绕在末级铁芯的下柱上，平衡绕组和连耦绕组的作用是使各绕组的电位分布均匀。若施加在一次绕组上的电压为 U，且一次绕组电位完全均为分布，则绕组边缘线匝对铁芯的电压为 $U/4$，即绝缘只需按 $U/4$ 设计，但单极式电压互感器的绕组对铁芯的绝缘需要按 U 设计，因此串级式结构可以大大节约绝缘材料。

图 6-24　串级油浸式电压互感器外观

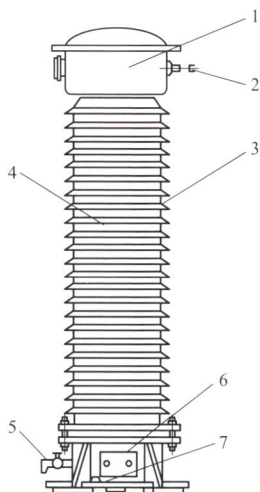

图 6-25　串级油浸式电压互感器基本结构

1—储油柜；2—一次端子；3—瓷套；4—瓷箱；

5—放油阀；6—二次端子盒；7—接地螺栓

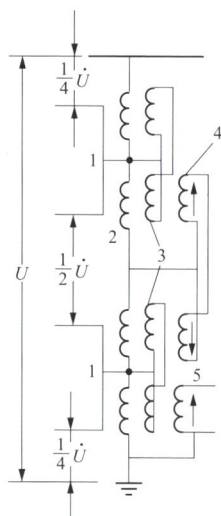

图 6-26　串级式电压互感器原理接线

1—铁芯；2—一次绕组；3—平衡绕组；

4—连耦绕组；5—二次绕组

3. 浇注绝缘电压互感器

图 6-27 为户内 10kV 浇注绝缘电压互感器，型号为 JDZX9-10G2，其中

6-27（a）为安装前的外观图，图6-27（b）为三台JDZX9-10G2型电压互感器组成在一起（红色框内部分），再安装于开关手车后的外观图。

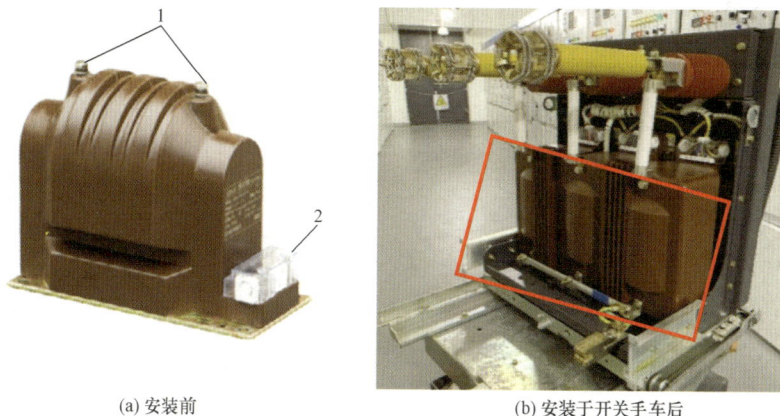

(a) 安装前　　　　　　　　　　　　(b) 安装于开关手车后

图6-27　浇注绝缘电压互感器外观

1——次绕组端子；2—二次绕组出线端子

4. 气体绝缘电压互感器

SF$_6$气体绝缘电压互感器通常采用单相双柱式铁芯，器身结构与油浸单极式电压互感器相似，层间绝缘采用有纬聚酯黏带和聚酯薄膜，一次绕组采用矩形或分级宝塔形。目前独立式SF$_6$电压互感器主要依靠高压引线与其他附件的间隙来保证其绝缘强度，其设备外观如图6-28所示，基本结构如图6-29所示。

5. 电容式电压互感器

图6-30所示为电容式电压互感器的外观图，型号为TYD-220/$\sqrt{3}$-0.01H，图6-31为对应的为基本结构图，总体上可以分为电容分压器和电磁单元两大部分，电容分压器由主电容器（也叫高压电容器）、分压电容器（也叫中压电容器）、防晕环等组成，电磁单元由中间变压器、补偿电抗器、限压装置、阻尼器、油箱、中压接地开关等组成，电容分压器装在瓷套内，电磁单元在下方的铁壳箱体内。

图 6-28　SF$_6$ 电压互感器外观

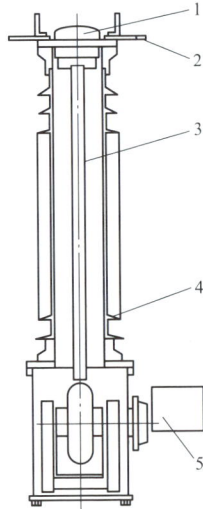

图 6-29　SF$_6$ 电压互感器基本结构

1—防爆片；2——次出线端子；3—高压引线；

4—瓷套；5—二次端子盒

图 6-30　电容式电压互感器外观

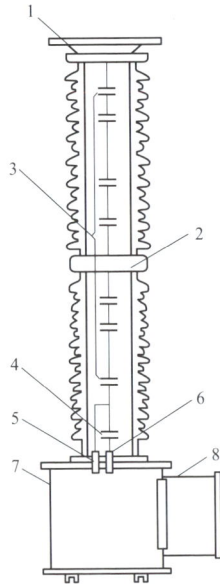

图 6-31　电容式电压互感器基本结构

1—防晕环；2—屏蔽罩；3—主电容器；4—分压

电容器；5—中压套管；6—低压套管；

7—电磁单元油箱；8—二次接线端子盒

6.2.3 电压互感器的主要电气参数

在工程实际应用中，较为关注电压互感器的铭牌和电气参数。

1. 电压互感器的铭牌

（1）电磁式电压互感器。以 JDZX9-10G2 型电压互感器为例，其铭牌和对应内容的含义如图 6-32 所示。

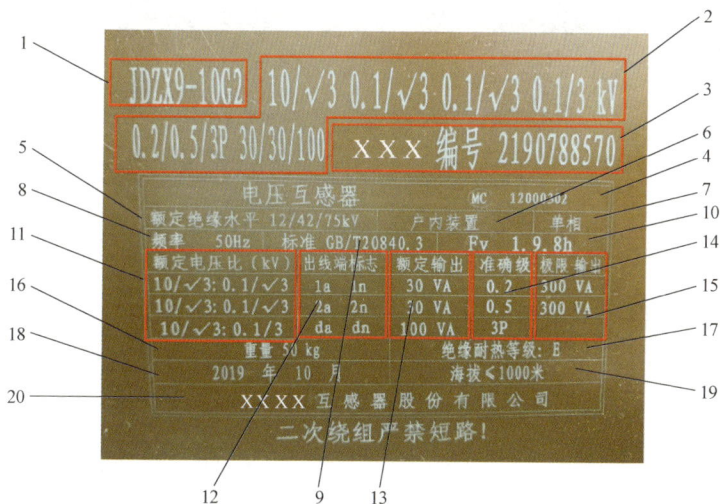

图 6-32 电磁式电压互感器铭牌示例

1—型号；2—主要参数；3—设备编号；4—国家计量标准；5—额定绝缘水平；6—使用场合；7—相数；

8—额定频率；9—符合的国家标准；10—额定电压因数；11—额定电压比；12—二次绕组端子标志；

13—额定容量；14—准确级；15—极限输出容量；16—重量；17—绝缘耐热等级；

18—出厂日期；19—适用海拔；20—生产厂家

（2）电容式电压互感器。以 TYD110/$\sqrt{3}$-0.02H 型电压互感器为例，其铭牌和对应内容的含义如图 6-33 所示。

其中额定绝缘水平、额定电压因数、额定一次电压、额定二次电压、额定电压比、准确级、额定容量等参数将在下文中介绍，二次绕组的端子标志方式将在 6.2.4 中介绍。

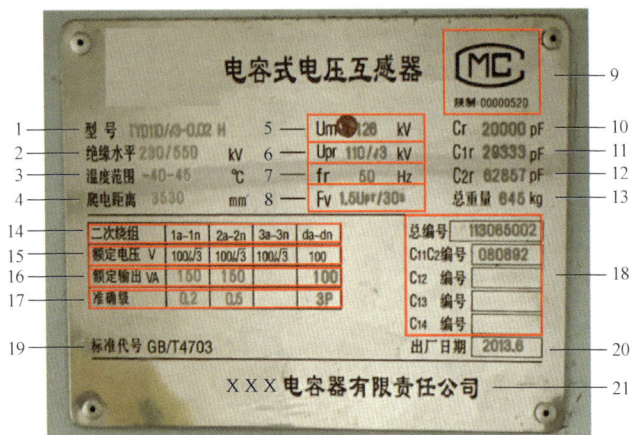

图 6-33　电容式电压互感器铭牌示例

1—型号；2—绝缘水平；3—适用温度范围；4—爬电距离；5—设备最高电压；6—额定一次电压；

7—额定频率；8—额定电压因数；9—国家计量标准；10—总电容量；11—主电容量；12—

分压电容量；13—总重量；14—二次绕组端子标志；15—额定二次电压；16—额定容量；

17—准确级；18—编号；19—适用的国家标准；20—出厂日期；21—生产厂家

2. 主要电气参数

根据工作实际和 GB/T 20840.3—2013《互感器　第 3 部分：电磁式电压互感器的补充技术要求》、GB/T 20840.5—2013《互感器　第 5 部分：电容式电压互感器的补充技术要求》，电压互感器的主要电气参数有：

（1）额定电压。电流互感器的额定电压是作为互感器性能基准的电压值，主要包括额定一次电压、额定二次电压和剩余电压绕组额定电压。电压互感器的额定一次电压为所接系统的额定电压或额定电压的 $1/\sqrt{3}$，额定二次电压为 100V 或 $100/\sqrt{3}$ V，保护用剩余电压绕组（也叫辅助绕组）的额定电压为 100/3V 或 100V。以图 6-33 为例，额定一次电压为 $110/\sqrt{3}$ kV，额定二次电压为 $100/\sqrt{3}$ V，剩余电压绕组额定电压为 100V。

（2）额定电压因数。是与额定一次电压相乘以确定最高电压的一个因数，在最高电压下，电压互感器应满足相应的规定时间的热性能要求和相应的准确度要求。额定电压因数标准值和最高运行电压的允许持续时间见表 6-3。以图 6-32 为例，该电压互感器的额定电压因数为 1.9，对应额定时间 8h。

表 6-3　　额定电压因数标准值和最高运行电压的允许持续时间表

额定电压因数	额定时间	一次绕组连接方式和系统接地条件
1.2	连续	任意电网中的相间 任一电网中的变压器中性点与地之间
1.2	连续	中性点有效接地系统中的相与地之间
1.5	30s	
1.2	连续	带有自动切除故障的中性点非有效接地系统的相与地之间
1.9	30s	
1.2	连续	无自动切除对地故障的中性点绝缘系统或无自动切除对地故障的谐振接地系统的相与地之间
1.9	8h	

（3）额定电压比。是额定一次电压与额定二次电压的比值，常以分数型式表示，分子表示一次绕组的额定电压（kV），分母表示二次绕组的额定电压（kV）。如额定电压比为（$10/\sqrt{3}$）：（$0.1/\sqrt{3}$），则表示一次侧额定电压为 $10/\sqrt{3}\,\mathrm{kV}$，二次侧额定电压为 $0.1/\sqrt{3}\,\mathrm{kV}$。对于有辅助绕组的电压互感器，额定电压比通常还将辅助绕组的额定电压（kV）表示进去，以图 6-32 为例，额定电压比为（$10/\sqrt{3}$）：（$0.1/\sqrt{3}$）：（$0.1/3$），表示一次侧额定电压为 $10/\sqrt{3}\,\mathrm{kV}$，二次侧额定电压为 $0.1/\sqrt{3}\,\mathrm{kV}$，辅助绕组的额定电压为 $0.1/3\mathrm{kV}$。

（4）额定绝缘水平。电压互感器的一次绕组的绝缘水平以设备最高电压 U_m（最高的相间电压有效值）为依据。对设备最高电压 $U_\mathrm{m} \leq 0.66\mathrm{kV}$ 的电压互感器，其额定绝缘水平用额定短时工频耐受电压（有效值）表示；对设备最高电压 $3.6\mathrm{kV} \leq U_\mathrm{m} < 300\mathrm{kV}$ 的电压互感器，其额定绝缘水平用额定短时工频耐受电压（有效值）和额定雷电冲击耐受电压（峰值）表示；对设备最高电压 $U_\mathrm{m} \geq 300\mathrm{kV}$ 的电流互感器，其额定绝缘水平用额定操作冲击耐受电压（峰值）和额定雷电冲击耐受电压（峰值）表示。以图 6-33 为例，额定绝缘

水平为 230/550kV，表示的是额定短时工频耐受电压（有效值）为 230kV，额定雷电冲击耐受电压（峰值）为 550kV。

（5）额定容量。也称为额定输出，通常是指在额定二次电压及接有额定负荷的条件下，互感器所供给二次回路的视在功率值（VA），也表征了电压互感器二次回路的带载能力。电压互感器的误差与二次负荷相关，因此同一台电压互感器处在不同准确度级下工作时，具有不同的额定容量，准确级越高，额定容量就越小。

二次功率因数为 1 时，额定容量的标准值为 1、1.5、2.5、3、5、7.5、10VA；二次功率因数为 0.8（滞后）时，额定容量的标准值为：10、15、20、25、30、40、50、75、100VA。三相电压互感器的额定容量是指每相的额定容量。

以图 6-32 为例，二次绕组 1a-1n、2a-2n 的额定容量为 30VA；辅助绕组 da-dn 的额定容量为 100VA。

（6）准确级。测量用电压互感器的准确级以该准确级在额定电压和额定负荷下所规定的最大允许电压误差百分数来标称。根据最大允许误差的大小，划分为不同的准确级。测量用的电压互感器的标准准确级为 0.1、0.2、0.5、1、3，准确级和对应的误差限值见表 6-4，其中 U_{N1} 为额定一次电压、S_{N2} 为额定容量，$\cos\varphi_2$ 为二次功率因数。

表 6-4　　　　　　测量用电压互感器的准确级和误差限值

准确级	误差限值		一次电压变化范围	二次负荷变化范围
	电流误差 ±（%）	相位角差 ±（'）		
0.1	0.1	5		
0.2	0.2	10		
0.5	0.5	20	$(0.8\sim1.2)\ U_{N1}$	$\cos\varphi_2 = 0.8$，$(0.25\sim1)\ S_{N2}$
1	1.0	40		
3	3.0	不规定		

保护用电流互感器的准确级是以该准确级在 5% 额定电压到额定电压因数

相对应电压范围内的最大允许电压误差百分数来标称，其后标以字母"P"表示保护用。标准的准确级为 3P 和 6P，保护用电压互感器的准确级和误差限值见表 6-5，其中 U_{N1} 为额定一次电压、S_{N2} 为额定容量，$\cos\varphi_2$ 为二次功率因数。

表 6-5　　　　　　保护用电压互感器的准确级和误差限值

准确级	额定一次电流下的误差限值		一次电压变化范围	二次负荷变化范围
	电流误差 ±（%）	相位角差 ±（′）		
3P	3.0	120	$(0.05\sim1)\ U_{N1}$	$\cos\varphi_2=0.8,$ $(0.25\sim1)\ S_{N2}$
6P	6.0	240		

以图 6-32 为例，不同二次绕组对应于不同的准确级，如二次绕组 1a-1n 的准确级为 0.2。

6.2.4　电压互感器的接线方式与端子标志

1. 电压互感器的极性

与电流互感器一样，电压互感器也有极性。电压互感器的极性示意图如图 6-34 所示，其中 A、X 为一次绕组的首、末端，a、x 为二次绕组的首、末端。电压互感器的一、二次绕组在磁通的作用下感应出电动势，其中两个同时达到最高电位或最低电位的一端成为同极性端或同名端。在电压互感器中，一般采用减极性标示法来确定同极性端，即任意选定一次绕组端头作为首端，当一次绕组电流 i_1 从首端（A）流进时，二次绕组电流 i_2 流出的那一端（a）就标为二次绕组的首端，满足这种瞬时电流

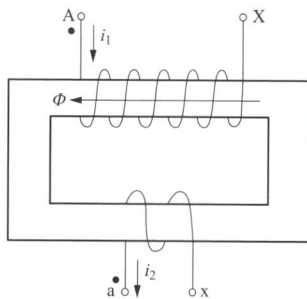

图 6-34　电压互感器极性示意图

关系的两端就是同极性端，通常用符号"·"来标注。电压互感器的极性错误同样也会引起继电保护装置的错误动作或影响电能计量的正确性。

2. 电压互感器的接线方式

根据不同的使用目的，电压互感器的二次绕组主要有以下 6 种接线方式，如图 6-35 所示。

图 6-35（a）为一台单相电压互感器的接线，一般用于测量一相对地电压或线电压。

图 6-35（b）为两台单相互感器接成的 V，v 形接线，可以测量线电压，但不能测量相电压，主要用于 20kV 及以下中性点不接地或经消弧线圈接地的系统中。

图 6-35（c）为一台三相三柱式电压互感器接成的 Y，yn0 接线，只能测量线电压。若要使用三相三柱式电压互感器测量相电压，则一次绕组必须接成星形且中性点接地，当中性点不直接接地系统发生单相接地时，三相电压不平衡，零序电压将使三个铁芯柱中产生零序磁通，而三个铁芯柱未形成闭合回路，经过空气间隙和外壳的通路磁阻很大，从而造成铁芯过热甚至烧毁，故不能用于相电压的测量。

图 6-35（d）为一台三相五柱式电压互感器接成的 YN，yn0，d0 接线，一、二次绕组均为星形接线且中性点接地，并带有接成开口三角的辅助绕组以反映系统单相接地，可以测量线电压、相电压和零序电压，广泛用于小电流接地系统中。当系统发生单相接地时，零序磁通可以两边的辅助铁芯构成的回路，铁芯磁阻小，不会出现铁芯烧毁的情况。

图 6-35（e）为三台单相电压互感器接成的 YN，yn0，d0 接线，可测量线电压、相电压和零序电压，广泛应用于 35kV 及以上的系统中。当发生单相接地时，各相零序磁通在各自的铁芯内构成回路，不会烧毁铁芯。

3. 电压互感器的端子标志

（1）电磁式电压互感器的端子标志。电磁式电压互感器的端子标志一般采用 A、B、C、N 来表示一次绕组端子，a、b、c、n 来表示二次绕组端子，da、dn 来表示剩余电压绕组端子，以带剩余电压绕组的三相电压互感器为例，其端子标志如图 6-36（a）所示；若具有多个二次绕组，其二次绕组端子分别表示为 1a、1b、1c、1n，2a、2b、2c、2n，……，以三相电压互感器为例，其端子标志如图 6-36（b）所示。其他形式的端子标志（如单个二次绕组的单相电压互感器、多个二次绕组的单相电压互感器、单个二次绕组的三相电压互感器、二次绕组多抽头的单相电压互感器、二次绕组多抽头的三相电压互感器、带剩余电压绕组的单相电压互感器等）具体可参考 GB/T 20840.3—2013《互感器 第 3 部分：电磁式电压互感器的补充技术要求》。

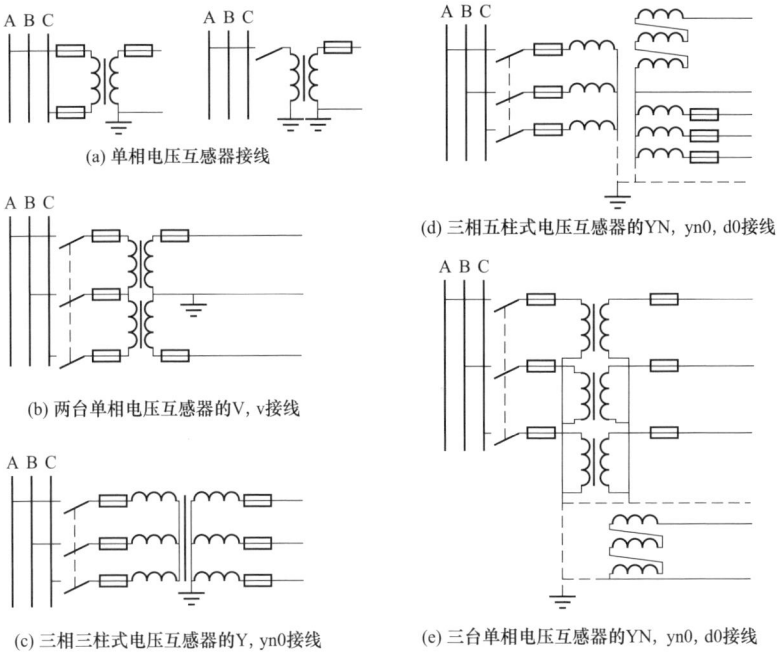

(a) 单相电压互感器接线

(b) 两台单相电压互感器的 V，v 接线

(c) 三相三柱式电压互感器的 Y，yn0 接线

(d) 三相五柱式电压互感器的 YN，yn0，d0 接线

(e) 三台单相电压互感器的 YN，yn0，d0 接线

图 6-35　电压互感器的接线示意图

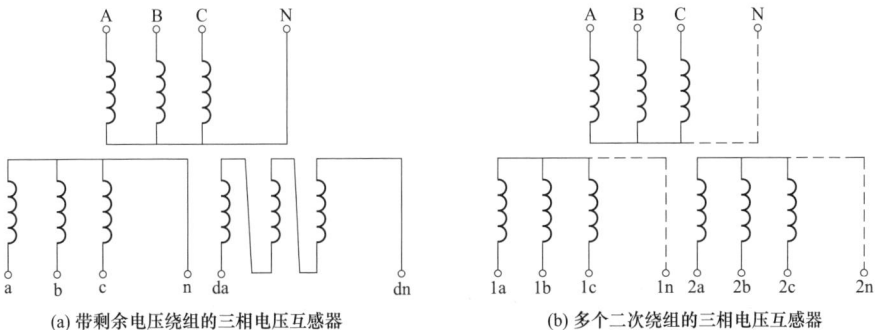

(a) 带剩余电压绕组的三相电压互感器

(b) 多个二次绕组的三相电压互感器

图 6-36　电磁式电压互感器的绕组端子标志

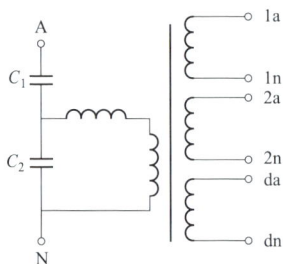

图 6-37　电容式电压互感器（具有
剩余电压绕组和多个二次绕组）

（2）电容式电压互感器的端子标志。因电容式互感器均为单相且一端接地，故端子标志采用 A、N 来表示一次端子，a、n 来表示二次端子；若具有多个二次绕组的电容式电压互感器，其二次端子分别为 1a、1n、2a、2n、……，图 6-37 为具有剩余电压绕组和多个二次绕组的电容式电压互感器的端子标志图。其他形式的端子标志（如单个二次绕组的电容式电压互感器、多个二次绕组的电容式电压互感器、具有多个带多抽头二次绕组的电容式电压互感器等）具体可参考 GB/T 20840.5—2013《互感器　第 5 部分：电容式电压互感器的补充技术要求》。

6.2.5　电压互感器的电气试验

电压互感器交接试验的项目主要有绝缘电阻试验、电容量及介质损耗角正切值 $\tan\delta$ 的测试、外施工频耐压试验、感应耐压试验、局部放电试验、变比与极性试验、励磁特性试验、直流电阻试验；例行试验的项目主要有绝缘电阻试验、电容量及介质损耗角正切值 $\tan\delta$ 的测试、直流电阻试验。

1. 绝缘电阻试验

绝缘电阻试验的目的是检测电压互感器的绝缘是否存在受潮、脏污、贯穿性缺陷、绝缘击穿和严重过热老化等缺陷。对于电磁式电压互感器，测量项目有一次绕组的绝缘电阻和二次绕组的绝缘电阻；对于电容式电压互感器，测量项目有主电容的极间绝缘电阻、分压电容的极间绝缘电阻、中间变压器的绝缘电阻和二次绕组的绝缘电阻。

2. 电容量及介质损耗角正切值 $\tan\delta$ 的测试

测量电压互感器的介质损耗角正切值 $\tan\delta$ 是判断其绝缘是否进水受潮、支架绝缘是否存在缺陷的一个有效手段。对于电磁式全绝缘电压互感器，测量项目为一次绕组对二次绕组及辅助绕组的电容和 $\tan\delta$；对于电磁式分级绝缘电压互感器，测量项目有一次绕组对二次绕组及辅助绕组的电容和 tanδ、一次绕组对支架与二次绕组并联的电容和 tanδ、绝缘支架的电容和 tanδ 等；对于电容式电压互感器，测量项目有主电容的电容和 tanδ、分压电容的电容和 tanδ 和中间变压器的电容和 tanδ。

3. 外施工频耐压试验

为了考核全绝缘电压互感器主绝缘强度并检查其局部缺陷，应进行绕组连同套管一起对外壳的交流耐压试验，一般在交接、大修后或必要时进行。分级绝缘电压互感器因一次绕组首末端对地电位和绝缘等级不同，不能进行工频耐压试验。

4. 感应耐压试验

电压互感器感应耐压的目的主要是考核分级绝缘电压互感器对工频过电压、暂时过电压、操作过电压的承受能力，检查外绝缘和层间及匝间绝缘状况。

5. 局部放电试验

局部放电试验是判断电压互感器绝缘状况的一种有效方法。对于电磁式电压互感器，往往采用二次侧加压，一次侧感应出相应的试验电压的方法；对于电容式电压互感器，从高压侧施加电压，常采用串联谐振升压法。

6. 变比与极性试验

测量电压互感器的极性、变比可以检查接线和一、二次关系的正确性，从而保证继电保护正确动作，给定值计算提供依据。

7. 励磁特性试验

互感器的励磁特性试验的目的主要是检查铁芯质量，通过磁化曲线的饱和程度判断有无匝间短路。对于电压互感器，根据铁芯励磁特性可以合理选择配置互感器，避免产生铁磁谐振过电压。

8. 直流电阻试验

测量互感器的一、二次绕组的直流电阻是为了检查电气回路的完整性，以便及时发现导线断裂、接头开焊、接触不良、匝间短路等缺陷。

6.2.6　电压互感器的运行维护

根据《国家电网公司变电运维通用管理规定　第7分册　电压互感器运维细则》，电压互感器的运行维护主要包括运行规定和巡视维护。

1. 电压互感器的运行规定

（1）电压互感器二次侧严禁短路。其原因是电压互感器二次侧短路时，二次侧会产生很大的短路电流，造成二次小开关跳闸或熔丝熔断，影响表计显示和保护动作，若熔丝容量配置不当，还可能烧坏电压互感器。

（2）电压互感器的各个二次绕组（包括备用）均必须有可靠的保护接地，且只允许有一个接地点。接地点的布置应满足有关二次回路设计的规定。

2. 电压互感器的巡视维护

（1）外绝缘表面完整，无裂纹、放电痕迹、老化迹象，防污闪涂料完整无脱落。

（2）各连接引线及接头无松动、发热、变色迹象，引线无断股、散股。

（3）金属部位无锈蚀；底座、支架、基础牢固，无倾斜变形。

（4）本体无异常振动、异常音响及异味。

（5）接地引下线无锈蚀、松动情况。

（6）二次接线盒关闭紧密，电缆进出口密封良好。

（7）油浸电压互感器油色、油位指示正常，各部位无渗漏油现象；吸湿器硅胶变色小于2/3；金属膨胀器膨胀位置指示正常。

（8）SF_6电压互感器压力表指示在规定范围内，无漏气现象，密度继电器正常，防爆膜无破裂。

（9）电容式电压互感器的电容分压器及电磁单元无渗漏油。

（10）接地标识、设备铭牌、设备标示牌、相序标注齐全、清晰。

（11）端子箱内清洁、无受潮凝露，封堵严密，照明完好，空气开关、接线端子等无异常。

（12）应按照检查周期，对电压互感器的本体进行红外测温。

6.2.7　常见故障及异常处理

电压互感器的常见故障及对应的处理方式如下：

（1）本体渗漏油：表现为本体外部有油污痕迹或油珠滴落现象、器身下部地面有油渍、油位下降。

处理方式：检查本体各处有无渗漏油现象，确定渗漏油部位。根据渗漏油及油位情况，判断缺陷的严重程度，采取加强监视、按缺陷处理流程上报或立即汇报值班调控人员申请停运处理等措施。

（2）二次电压异常，表现为：监控系统发出电压异常越限告警信息，相关电压指示降低、波动或升高；变电站现场相关电压表指示降低、波动或升高；相关继电保护及自动装置发"TV断线"告警信息。

处理方式：

1）测量二次空气开关（二次熔断器）进线侧电压，如电压正常，检查二次空气开关及二次回路；如电压异常，检查设备本体及高压熔断器。

2）处理过程中应注意二次电压异常对继电保护、自动装置的影响，采取相应的措施，防止误动、拒动。

3）中性点非有效接地系统，应检查现场有无接地现象、互感器有无异常声响，并汇报值班调控人员，采取措施将其消除或隔离故障点。

4）二次熔断器熔断或二次空气开关跳开，应试送二次空气开关（更换二次熔断器），试送不成汇报值班调控人员申请停运处理。

5）二次电压波动、二次电压低，应检查二次回路有无松动及设备本体有无异常，电压无法恢复时，联系检修人员处理。

6）二次电压高、开口三角电压高，应检查设备本体有无异常，联系检修人员处理。二次回路开路，应申请降低负荷；如不能消除，应立即汇报值班调控人员申请停运处理。

6.3

新 型 互 感 器

随着电网容量和电压等级的提高、保护要求的不断完善和光纤、光电技术的飞速发展，电子式、光电式互感器开始在数字化变电站和智能变电站中使用。电子式、光电式互感器的诞生是互感器传感准确化、传感光纤化和输出数字化发展趋势的必然结果。

6.3.1 电子式互感器

电子式互感器是将高电压或大电流信息转换为光信息后，通过绝缘性能优良的光纤传输至测量端的互感器。

1. 电子式电流互感器

电子式电流互感器适用于额定电压为 110、220、330、500kV 的电力系统，具有高测量准确度、大动态范围和较好的暂态特性，其结构原理图如图 6-38 所示，主要由四部分组成，分别是：

（1）一次传感器。一次传感器位于高压侧，包括一个低功率线圈（LPTA）、两个空芯线圈、一个高压电流取能线圈。低功率线圈用于传感测量级电流，空芯线圈用于传感保护级电流，取能线圈用于从一次电流取得电能，供给远端电子模块。

（2）远端电子模块。远端电子模块位于高压侧，其作用是接收并处理低功率线圈和空芯线圈的输出信号，输出串行数字光信号给合并单元。电子式电流互感器具有两个相同的远端电子模块，互为备用，使互感器具有更高的可靠性。远端电子模块的工作电源由合并单元内的激光器或取能线圈供给，当一次电流小于 20A 时，由激光器供给；当一次电流大于 20A 时，由取能线圈供给。

（3）光纤绝缘子。光纤绝缘子是内嵌光纤的实芯支柱式复合绝缘子，内嵌八根光纤，实际使用四根，另外四根备用。

（4）合并单元。合并单元位于控制室，一方面为远端电子模块提供供能激光，另一方面接收并处理电流互感器远端电子模块下发的数据，对三相电流、电压信号同步后，将测量数据输出，供二次设备使用。

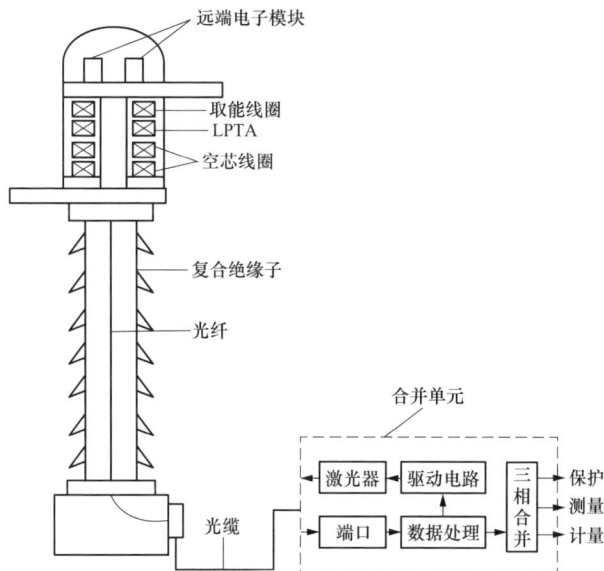

图 6-38　电子式电流互感器的结构原理图

2. 电子式电压互感器

电子式电压互感器适用于额定电压为 110、220、330、500kV 的电力系统，其结构原理图如图 6-39 所示，主要由三部分组成，分别是：

（1）电容分压器。电子式电压互感器通过电容分压器把被测高电压转换为低压信号，给远端电子模块处理。电容分压器的绝缘介质一般为绝缘油或介质胶，外绝缘采用硅橡胶复合绝缘子。

（2）远端电子模块。远端电子模块接收并与处理电容分压器的输出信号，输出串行数字光信号给合并单元。与电子式电流互感器类似，电子式电压互感器也有两个相同的远端电子模块，互为备用，但电子式电压互感器的远端电子模块工作电源只由站内直流电源提供。

（3）合并单元。电子式电压互感器的合并单元的功能、结构与电子式电流互感器类似，主要作用是接收并处理电压互感器远端电子模块下发的数据，对三相电流、电压信号同步后，将测量数据输出，供二次设备使用。

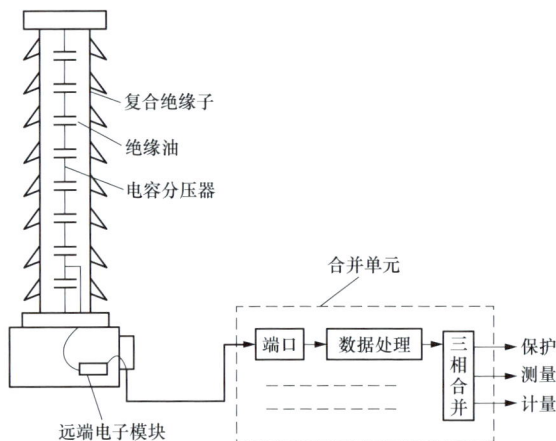

图 6-39　电子式电压互感器的结构原理图

3. 电子式电流电压组合互感器

电子式电流电压组合互感器是将电流互感器和电压互感器合为一体，同时测量电流、电压，其结构原理图如图 6-40 所示，主要由四部分组成，分别是：

（1）一次传感器。其结构与组成与电子式电流互感器的一次传感器相同。

（2）远端电子模块。远端电子模块位于高压侧，其作用是接收并处理低功率线圈、空芯线圈和电容分压器的输出信号，输出串行数字光信号给合并单元，同样具有两个相同的远端电子模块，其工作电源供给方式与电子式电流互感器相同。

（3）电容分压器。其功能、结构与电子式电压互感器的电容分压器相同。

（4）合并单元。其功能、结构与电子式电流互感器的合并单元相同

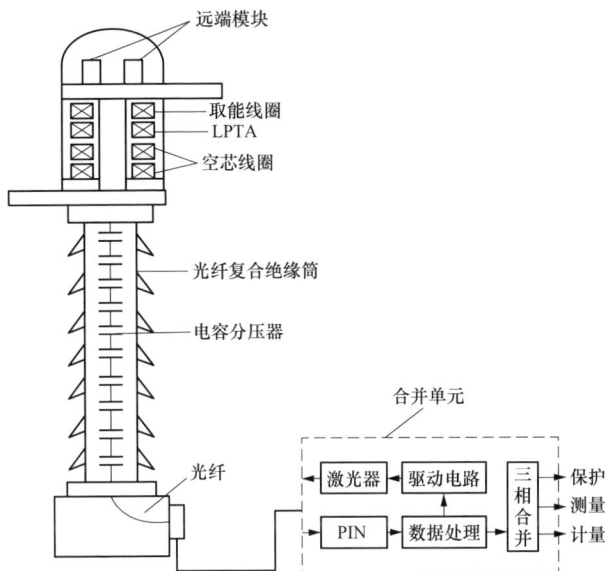

图 6-40　电子式电流电压互感器的结构原理图

4. 电子式互感器的优势

与传统电磁式互感器相比，电子式互感器具有以下显著优点：

（1）绝缘性能优良。电子式互感器将高电压或大电流信息转换为光信息后，通过绝缘性能优良的光纤传输至测量端，绝缘结构简单，可靠性高。

（2）无磁饱和问题。电子式互感器不采用铁芯做电磁耦合，从而避免了铁芯饱和带来的一系列问题，如铁磁谐振、铁芯烧毁等。

（3）动态响应好。电子式互感器动态响应范围大，一个测量通道可测量几十安小电流，也可测量几千安的大电流，同时满足测量和保护的要求。

（4）频率响应范围宽。电子式互感器测量频带很宽，可以测量工频和高次谐波，还可以测量故障时的暂态数据。

（5）抗电磁干扰能力强。电子式互感器无电磁耦合，消除了电磁干扰对互感器性能的影响。

（6）体积小、质量轻、造价低。主要原因是采用了光纤，绝缘结构简单，从而降低了绝缘成本和设备体积。

（7）利于电力计量实现自动化和微机化。电子式互感器本身就是利用光电技术的数字化设备，可直接输出给计算机，避免了中间环节。

（8）安全。电子式互感器为无油产品，消除了易燃、易爆等灾难性故障的危险。

尽管电子式互感器优势显著，但因其测量稳定性、接口兼容性、设备可靠性等技术问题尚未完全解决，目前仍在试点使用阶段。

6.3.2 光电式互感器

光电式互感器是一种特殊的电子式互感器，是利用光电子技术和电光调制技术原理，用光纤来传递电流或电压信息的互感器。

1. 光电式电流互感器

（1）光电式电流互感器的基本原理。光电式电流互感器分为有源型、无源型和全光纤型三种。

1）有源型。高压侧电流信号通过采样线圈传递给发光二极管而变成光信号，再经过光纤传递到低电位侧，最后通过变换成电信号放大输出。这种电流互感器的传感头结构复杂，需要电源供给，目前应用较少。

2）无源型。某些具有法拉第磁光效应的元件（如铅玻璃）放在电流产生的磁场中，用直线偏振光沿磁场方向入射该元件时，通过此元件的光的偏振面会随磁场强度和大小成正比地旋转，这种效应就是法拉第磁光效应。无源型的传感部分一般用具有法拉第磁光效应的元件制成，输出光强正比于磁场强度（即电流大小），因此只要测得光强就可以得到一次电流值。此种结构的电流互感器结构简单，目前应用最多。

3）全光纤型。全光纤型实质也属于无源型，结构比无源型更为简单，其传感头也是由光纤制成的，在被测电流的导体上用光纤绕上几圈即构成传感器，其他部分与无源型完全一致，比起无源型易于制造且可靠性更高，但这种光纤不能采用普通光纤，需要采用零双折射的具有保偏性能的光纤，这种光纤价格昂贵，质量难以保证，大大限制了全光纤型电流互感器的发展。

（2）光电式电流互感器的基本结构。无源型光电式电流互感器的基本结构与光电式电压互感器类似，如图 6-41 所示（典型的回转积分结构），由高压部分、光纤电流传感器、光电探测器三部分组成。

1）高压部分。包括高压绝缘套管、SF_6 气体等。光纤电流传感头安装在高压侧一次电流导线附近的磁场中，在导体周围配置法拉第元件，利用积分法进行测量，可使其他导体磁场的影响最小。

2）光纤电流传感器。包括法拉第磁光效应晶体、光信号变换的光学元件、光纤等。来自光源的光经光纤传送至高压侧，经起偏器变成线偏振光，入射法拉第磁光效应晶体，由于被测电流磁场沿光路方向作用，偏振光的偏振面发生旋转，经检偏器检测后，变成幅度受电流调制的线偏振光，最后经光纤传输至光电探测器。

图 6-41　无源型光电式电流
互感器的结构原理图

3）光电探测器。包括光电转换器、模拟与数字信号处理电路、光源驱动电路等。

2. 光电式电压互感器

（1）光电式电压互感器的基本原理。目前光电式电压互感器主要分为有源型和无源型。

1）有源型。有源型光电式电压互感器的高压侧电压信号通过采样后，将电压信号传递到发光二极管变成光信号，再经过光纤传递到低电位侧，最后变换成电信号放大输出。发光二极管的发光强度与被测电压成正比，故输出的电信号也与被测电压成正比，只要测出输出电信号的电压就可以得到被测电压。这种互感器的传感头需要电源，故称为有源型。有源型电压互感器需

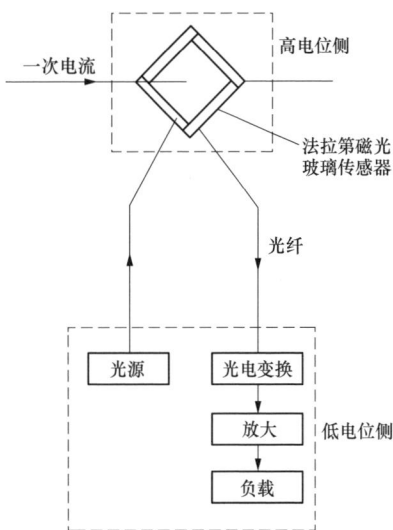

要供电电源，存在发光元件耐冲击性能差、强度随老化而发生变化的缺点，目前使用较少。

2）无源型。某些晶体物质（如 BGO-铋系化合物）具有光电效应，在没有外电场作用下，其各相同性，光率体为一圆球体，但在电场的作用下，透过该物质的光会产生双折射现象，这种现象称为泡克尔斯（Pockels）效应，这种晶体物质称为电光晶体。其双折射快慢轴之间的相位差与被测量电压成正比，即

$$\varphi = \frac{\pi U}{U_\pi} \tag{6-5}$$

式中　φ——快慢轴之间的相位差，rad；

　　　U——被测电压，V；

　　　U_π——半波电压，V，与光波长、晶体折射率、晶体透光方向的长度、沿施加电压方向晶体厚度、晶体材料的电光系数等参数相关。

当输入光强为 I_0 时，则输出光强 I 为

$$I = \frac{I_0}{2}(1 + \sin\varphi) \tag{6-6}$$

当 φ 接近于 0 时，$\sin\varphi \approx \varphi$，所以

$$I = \frac{I_0}{2}(1 + \varphi) = \frac{I_0}{2}\left(1 + \frac{\pi U}{U_\pi}\right) \tag{6-7}$$

可以看到，输出光强 I 与被测电压 U 是线性关系，因此只要测出输出光强 I，便可得到被测电压 U。

无源型光电式互感器传感头不需要供电、结构简单、无磁饱和问题、高压侧无电子器件、无温度稳定性问题、运行寿命长，故应用最为广泛。

（2）光电式电压互感器的基本结构。无源型光电式电压互感器的结构原理图如图 6-42 所示，主要由高压部分、光纤电压传感器、光电探测器三部分组成。

1）高压部分。包括高压绝缘套管、SF$_6$ 气体等，上电极与被测高电压相

连，下电极与地相连，泡克尔斯电光晶体位于电场中。若高电压经电容分压器分压后再施加在泡克尔斯电光晶体传感器上，则称为电容分压器型；若高电压直接施加在传感器上，则称为无分压型。后者结构更为简单，应用越来越广泛。

2）光纤电压传感器。包括泡克尔斯电光晶体、光信号变换的光学元件、光纤等。来自光源的光经光纤传送至传感头，经准直透镜将光传送至起偏器变成线偏振光，透过 1/4 波长板后，变成圆偏振光，入射到泡克尔斯电光晶体上，由于受电场力作用，通过电光晶体的光产生双折射，使圆偏振光变成椭圆偏振光，经检偏器检测后，变成幅度受电压调制的线偏振光，最后经光纤传输至光电探测器。

3）光电探测器。包括光电转换器、模拟与数字信号处理电路、光源驱动电路等。

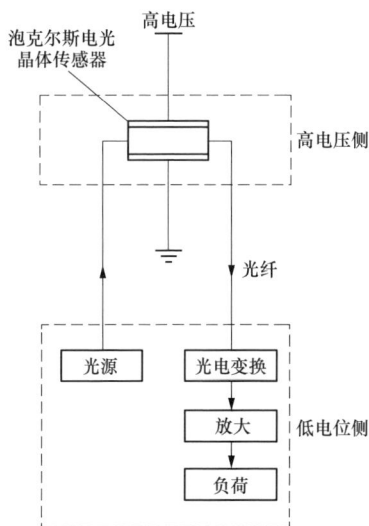

图 6-42　无源型光电式电压互感器的结构原理图

小结

　　互感器包括电流互感器和电压互感器两大类，是联络电力系统一次与二次的重要设备。本章主要介绍了电流互感器和电压互感器的基本原理、分类与型号、外观结构、电气参数、接线方式与端子标志、电气试验、运行维护及异常处理。此外还简要介绍了新型电子式互感器和光电式互感器的基本原理与结构，这两类互感器与传统互感器相比优势显著，但由于稳定性、兼容性等技术问题，在变电站中仍处于试点使用阶段。

习题与思考题

6-1　何为互感器？ 请简述互感器的作用。

6-2　简述对互感器二次侧接地的作用和要求。

6-3　简述电流互感器二次侧不允许开路的原因。

6-4　电流互感器二次开路有哪些事故特征？ 该如何处理？

6-5　何为电流互感器的末屏接地？ 若不接地或接地不良会有什么影响？

6-6　简述电压互感器二次侧不允许短路的原因。

6-7　10kV 非直接接地系统中允许单相接地运行多长时间？ 若超过该时间会有什么影响？

6-8　电压互感器退出、投入时的顺序是怎么样的？

6-9　电压互感器异常声响有哪些事故特征？ 该如何处理？

6-10　与传统电磁式互感器相比，电子式互感器有哪些优点？

6-11　油浸正立式、油浸倒立式、气体绝缘式电流互感器各自有什么优缺点？ 上海公司主要选用油浸倒立式电流互感器的原因是什么？

6-12　电容式电压互感器二次侧电压出现异常，可能是什么原因导致的？

补偿设备和中性点接地设备

除前面章节介绍的主要电气一次设备外，为确保电力系统的安全稳定运行以及保证供电质量，还有一些重要的电气一次设备不可或缺，鉴于此，本章将主要介绍交流变电站内电力电容器、电抗器等无功补偿装置以及中性点接地设备的基本知识。

国网上海市电力公司电力专业实用基础知识系列教材

交流变电站电气主设备

7.1

电　容　器

电容器是电力系统的重要设备，可以起到补偿电网无功功率、提高系统功率因数、改善电压品质、保护设备绝缘等作用。

7.1.1　典型电容器及作用

1. 并联电容器

电力系统中并联电容器组的主要作用是向系统提供容性无功，提高系统功率因数、改善电压质量、降低损耗和电压降。

并联电容器组由多个单台电容器单元按照一定接线方式组合而成。目前在运电容器组主要分为框架式和集合式两种。单台电容器由一个或多个电容器元件组装于单个外壳中，并有引出端子，其中电容器元件指由电介质和被它隔开的电极所构成的电容器的单一部件。

典型的金属外壳式电力电容器主要由外壳、芯子和出线结构组成，整体经真空干燥浸渍处理和密封制成，结构如图 7-1 所示，外壳用薄钢板焊接制成，用来容纳芯子及绝缘油，应能随内部绝缘油的温度变化而有一定热胀冷缩的裕度。盖上焊有出线套管，保证电容器出线与外壳之间的绝缘。电容器芯由作为极板的铝箔中间夹一定厚度、层数的介质如电容器纸、聚丙烯薄膜等经卷绕压扁而成。芯子中的元件按一定的串并联方式连接，以满足不同的电压和容量要求。

框（台）架式并联电容器装置指将若干个电容器单元安装在开放式框（台）架上，并与附属电器进行电气连接构成的并联电容器装置，如图 7-2 所示。

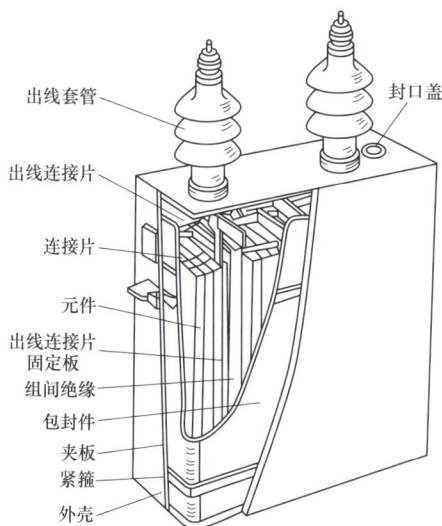

图 7-1　金属外壳式电力电容器结构图

图 7-2　框（台）架式并联电容器

集合式电容器是指将单台电容器按设计要求串、并联连接后集装于一个容器（或油箱）中，并有引出端子的组装体，又称密集型电容器，如图 7-3 所示。集合式电容器内部的单台电容器采用内熔丝电容器，当某个电容器元件击穿，其他完好元件对其放电，使熔丝迅速断开，切除故障元件。集合式并联电容器根据油补偿器结构的不同，可分为普通储油柜式和全密封式集合式并联电容器，储油柜式电容器的绝缘油通过呼吸器与外界沟通，可以有效调节油位，防止夏天溢油、冬天油面下降等问题。

图 7-3　集合式电容器外观图

集合式电容器内部绝缘油绝缘和散热性能好，使得电容器单元间尺寸大大减小，外部接线十分简单，安装简便，占地面积小。但是集合式电容器若出现故障，由于其密封构造，不易查找故障点，维修时需对其进行吊芯及绝缘油的净化处理，或进行整体更换。目前除少量仍在运，一般不再新采购使用。

2. 高压断路器断口均压电容器

为了使高压断路器的双断口电压得到均匀分配，在高压断路器断口并联均压电容器，如图 7-4 所示，用以改善电压分布，降低断路器断口瞬态恢复电压及其陡度，提高断路器的开断性能。

3. RC 阻容吸收装置电容器

真空断路器在开断交流电流尤其是感

图 7-4　高压断路器断口均压电容器

性负载如并联电抗器时，电弧在电流尚未到达自燃零点而是某一小电流值时就强制熄灭，电流被强迫截断，该电流即为截流，同时高频电磁振荡产生截流过电压，电弧重燃可能产生重燃过电压、三相同时开断过电压，威胁系统和设备绝缘。

　　为限制真空断路器开断过程中的各种过电压，保护设备绝缘，经常采用加装金属氧化物避雷器 MOA 和 RC 阻容吸收装置的方式，其接线图如图 7-5 所示，外观图如图 7-6 所示，MOA 用于限制过电压的幅值，但无法降低频率、保护匝间绝缘，RC 阻容吸收装置则在操作过电压来临时对电容器充电并通过电阻吸收振荡能量，从而降低暂态恢复电压的频率、幅值和陡度，对高频过电压加以阻尼，降低重燃可能性，但 RC 阻容吸收装置体积较大，且增大了接地电容电流，容易发生弧光接地过电压，还有可能放大系统谐波、加剧电流谐振。

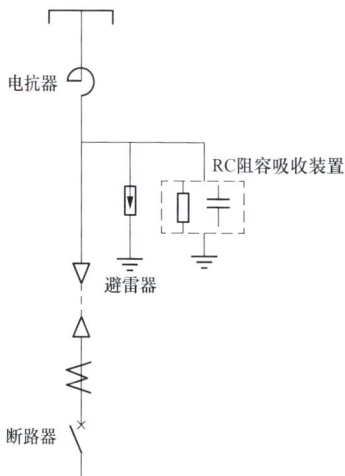

图 7-5　RC 阻容吸收装置限制真空
断路器开断并联电抗器过电压接线图

图 7-6　RC 阻容吸收装置和
避雷器并联回路外观图

7.1.2　电容器的型号

　　电容器的型号示意图如图 7-7 所示。其中，电容器型号中第一个字母代表电容器与电网系统的连接方式，第二个字母代表电容器内部的液体介质，第三个字母代表液体浸渍的固体介质。

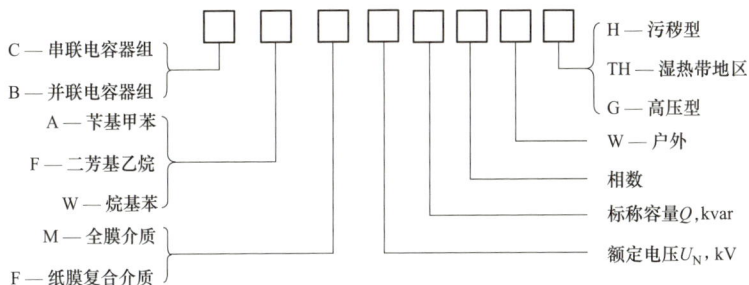

C — 串联电容器组
B — 并联电容器组
A — 苄基甲苯
F — 二芳基乙烷
W — 烷基苯
M — 全膜介质
F — 纸膜复合介质

H — 污秽型
TH — 湿热带地区
G — 高压型
W — 户外
相数
标称容量Q,kvar
额定电压U_N,kV

图 7-7　电容器型号

7.1.3　电容器组及其接线方式

高压并联电容器装置指制造厂根据用户要求设计并组装的以电容器为主体的，用于6~110kV电压等级并联补偿用的并联电容器补偿装置。

其中，10kV柜式电容器补偿装置如图7-8所示，柜式电容器补偿装置内部安装紧凑，柜体金属铠装，柜体构件可拆卸，且可满足多种需求，实现器件配置和结构型式多样化，实现产品无油化，采取小容量、多分组和频繁投切方式。

图 7-8　10kV 柜式电容器补偿装置

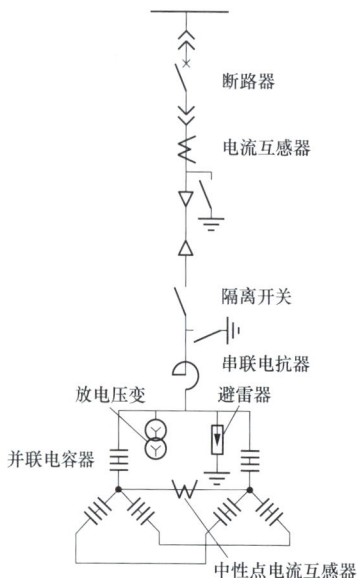

图 7-9　变电站典型高压
并联电容器装置接线图

变电站内典型高压并联电容器装置接线图如图 7-9 所示，某 35kV 电容器组如图 7-10 所示。

装置由投切电容器组的高压断路器、隔离开关、高压并联电容器组及其专用熔断器、串联电抗器或阻尼式限流器、放电压变、操作过电压保护用氧化锌避雷器及其计数器、接地开关、支柱绝缘子、连接母线、围栏构架、继电保护、控制、测量和指示部分等配套设备组成。若装置采用双星形接线，则还包括中性点不平衡电流保护用电流互感器。

断路器用于投切电容器组，应能承受开断正常工作电流、关合涌流以及工频短路电流和电容器高频涌流的联合作用，应具备频繁操作的性能，并严禁设置自动重合闸。

图 7-10　变电站内 35kV 电容器组

串联电抗器串接在电容器组回路中，用于抑制高次谐波，限制合闸涌流。

氧化锌避雷器并接在电容器组高压端线路上，以限制投切电容器组所引起的操作过电压。

放电压变并接于电容器的两端，如图7-11所示，当电容器组断开时，能将电容器两端剩余电压在短时间内从额定电压峰值降至0.1倍额定电压或50V以下。仅具有放电作用的该类设备称为放电线圈。当并联电容器正常运行时，放电压变还兼有电容器压差保护、二次电压监测功能。由于放电装置对电容器放电的不彻底性，一

图 7-11　放电压变

般电容器停电检修应通过专用放电杆进行相间及对地充分放电，才可从事电容器检修或其他工作。

高压熔断器与电容器串联，当电容器内部50%～70%串联单元击穿时，熔断器动作，将该台故障电容器迅速从电容器组切除，有效地防止故障扩大。

电容器、放电压变套管相互之间和电容器、放电压变套管至母线或熔断器的连接线应采用软连接，并有一定的松弛度。

需要特别注意的是电容器组接线中的断路器位置。某500kV变电站设计建造时，4号变压器低压35kV侧主接线采用以主变压器为单元的单母线接线，不设总断路器回路，电容器回路的串联电抗器均通过隔离开关直接与低压母线相连，断路器位于串联电抗器的后面，如图7-12所示。

这种接线方式下，随着运行时间增加，干式空芯电抗器绝缘老化导致故障率逐渐增高，一旦发生串联电抗器故障，主变压器后备保护动作，将直接导致主变压器跳闸，危及电网运行安全。故将断路器、串联电抗器进行接线改造，断路器及电流互感器改接至串联电抗器前。

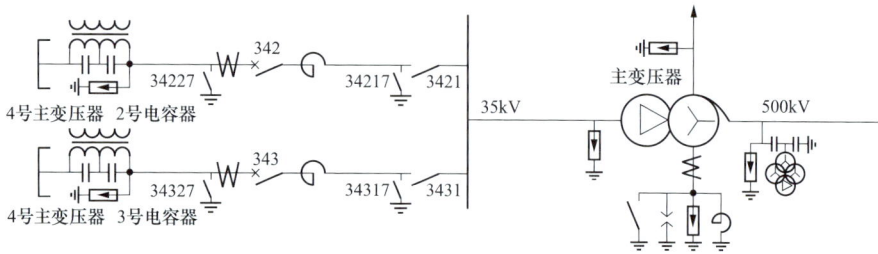

图 7-12　电容器组开关后置接线图

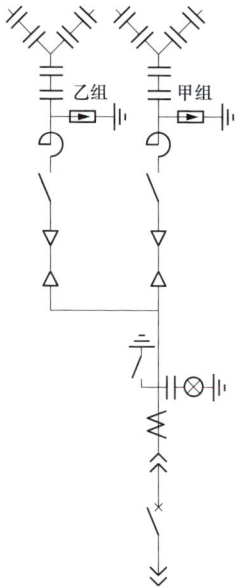

图 7-13　甲、乙组电容器

另外，有时为了方便调整电容补偿容量，会设置甲、乙组电容器，如图 7-13 所示。

1. 星形接线

电容器组的接线通常分为三角形和星形两种方式。此外，还有双三角形和双星形之分。

高压并联电容器最常用的基本接线为星形，以及由星形派生出的双星形接线，如图 7-14 和图 7-15 所示。每个星称为一个臂，两个臂电容器规格及数量应相同，在接线时，应使两个臂的实际容量尽量相等。单台电容器与母线应使用软导体连接，电容器组母线中性点侧和电源侧应留有供连接接地线夹的位置。

星形接线电容器的极间电压是电网的相电压，绝缘承受的电压较低。当电容器组中有一台电容器因故障击穿短路时，由于其余两健全相的阻抗限制，故障电流将减小到一定范围，并使故障影响减轻。单星接线结构简单，容易布置，但补偿容量较小。双星接线结构相对复杂，但补偿容量高，且继电保护方式更多、动作更灵敏，可靠性高。

2. 三角形接线

三角形接线的电容器直接承受线电压，任何一台电容器因故障被击穿时，就形成两相短路，注入故障点的能量不仅有故障相健全电容器的涌放电流，还有其他两相电容器的涌放电流和系统的短路电流，故障电流很大，如果故障不能迅速切除，故障电流和电弧将使绝缘介质分解产生气体，使油箱爆炸，并波及邻近的电容器，因此这种接线已经很少使用。

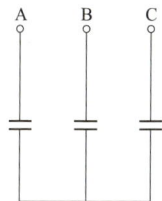

图 7-14 星形接线

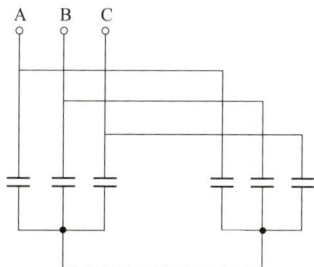

图 7-15 双星形接线

7.1.4 电容器的电气试验

电容器例行试验主要包括绝缘电阻、电容量、介质损耗因数试验等，交接试验主要包括绝缘电阻试验、断路器均压电容器介质损耗因数及电容量试验、交流耐压试验、冲击合闸试验等。

（1）绝缘电阻试验用于判断电容器相应部位的绝缘状况。

（2）介质损耗因数试验检查绝缘是否受潮或存在某些局部缺陷。

（3）交流耐压试验能有效地发现油面下降、内部进入潮气、瓷套管损坏及机械损伤等缺陷。

（4）冲击合闸试验主要检查电容器组补偿容量是否合适，电容器所用熔断器是否合适以及三相电流是否平衡。

（5）测量电容值，可以判断电容量的变化情况，判断内部接线是否正确，绝缘是否受潮，内部元件是否有击穿，内熔丝是否熔断，是否严重缺油，还可以基于电容器组的保护方式（压差保护、中性点电流保护、桥式平衡电流保护等）判断电容器组是否平衡，保障电容器组顺利投运。

7.1.5　电容器的运行维护

电容器运行时应注意电容器壳体是否存在变色、膨胀变形、破裂、漏油、喷油，集合式电容器有无渗漏油，油温、储油柜油位、吸湿器是否正常，母线及引线有无过紧过松、散股、断股、异物缠绕等情况，电容器固件有无松动，外熔断器有无熔断或松弛，套管、支柱绝缘子、支架等部件有无位移、变形、松动或破损、裂纹及放电闪络现象，对电容器组的各设备及其连接头开展红外测温，检测有无发热现象，注意瓷套表面有无污秽情况，有无异常振动或响声，有无焦味，原有的缺陷有无发展趋势，表面有无积雪、覆冰、积污情况等。当系统发生单相接地时，不可带电检查该系统上的电容器。

7.1.6　常见故障及异常处理

实际运行过程中，由于电容器本身质量问题以及系统中过电压、过电流、温升等原因，电容器故障和抢修较多，给电力系统的安全稳定运行带来影响。电容器异常及故障时，应停电并放掉残余电荷后再进行绝缘测试、电容值测量及三相电容平衡测量等试验，同时根据保护动作情况进行分析判断。

1. 电容器鼓肚

正常情况下，电容器油箱会随内部绝缘油的温度变化热胀冷缩，然而在高电场、过电压作用下或由于电容器本身绝缘问题等，可能会引起电容器内部发生局部放电或部分元件击穿、电极对外壳放电等，使得绝缘物质游离而分解出大量气体，电容器内部压力增大，外壳膨胀变形，如图 7-16 所示，此时往往说明电容器即将或已经故障，应及时进行处理，膨胀严重者应立即停止使用，避免事故蔓延扩大。温升过高也有可能引起电容器外壳膨胀，当夏季环境温度较高或负荷重时，应尽量通风以降低电容器温度。

2. 电容器渗漏油

由于设备质量问题或是运输安装过程中瓷套管与外壳交接处碰伤，造成裂纹；或是运行维护不当；或是长期缺乏维修以致壳体生锈腐蚀；或是电容器温度变化剧烈、压力增加等，均有可能造成电容器渗漏油，绝缘性能下降甚至击穿，如图 7-17 所示。

图 7-16 电容器鼓肚

图 7-17 电容器渗漏油

某 220kV 变电站并联电容器组，投运一年多后不断发生渗漏油事件，严重影响了电容器的正常运行和使用寿命。经调查分析后发现，绝大多数电容器的渗漏油部位都是在电容器本体两侧焊接的吊攀处，排查后，推测可能是由于吊攀工艺质量方面的问题，使得电容器组在运输安装固定中，吊攀处受力产生细微裂缝，进而发生油渗漏。

电容器接线端与母线排间的机械应力是使电容器发生渗漏油的重要原因，因此，在电容器的接线端子与母线排之间一定要采用软连接。应加强对电容器的巡视检查，注意电容器箱体有无渗漏油、过热等现象，电容器如果轻微漏油，可停电进行修补并减轻负荷或降低环境温度，但是不能长时间继续运行。电容器如果渗漏油严重，应及时退出运行，并注意对其经电阻放电，防止残余电荷伤人。

7.2

电　抗　器

电抗器在电力系统中的应用十分广泛，主要用于限制短路电流、限制工频过电压或吸收多余的无功功率、补偿系统的分布电容电流等。

7.2.1　电抗器的分类及作用

1. 按连接方式分

电抗器按连接方式可以分为并联电抗器、串联电抗器。

（1）并联电抗器。在变电站内，常见的并联电抗器主要分为以下两类：

1）并联布置于站内低压母线上，其作用是通过主变压器向系统输送感性无功功率，用于补偿电力系统的容性无功，防止无功功率不合理流动，提高变压器运行效率，防止在轻负荷时系统电压升高，维持电力系统电压稳定。

2）并联布置于站内远距离输电线路或电缆线路的末端与地之间，用于补偿线路巨大的容性充电无功功率，主要表现在：

a. 减小空载或轻负荷线路上的电容效应，以降低工频暂态过电压；

b. 改善长距离输电线路上的沿线电压分布；

c. 使轻负荷时线路中的无功功率尽可能就地平衡，防止无功功率不合理流动，减轻线路功率损失，提高变压器运行效率。

（2）串联电抗器。在变电站内，常见的串联电抗器主要分为以下两类：

1）串联在变电站出线上，用于降低本变电站和附近变电站的母线短路电流。随着电网的发展，一定区域内各厂站地理位置越来越集中，厂站之间电气距离不断拉近，造成系统短路电流水平不断提高，故需在变压器出线上增设串联电抗器。

2）串联在无功补偿电容器组中，用来抑制谐波和限制合闸涌流，防止谐波对电容器造成危害，同时避免电容器装置的接入对电网谐波的过度放大和发生谐振。

2. 按结构型式分

电抗器按结构可以分为空芯电抗器和铁芯电抗器。

空芯电抗器只有一个空芯的电感线圈，没有铁芯，以空气为磁路，空气的磁导恒定，不存在饱和现象，其电感值基本是一个固定的常数，不会随着流过电抗器电流的变化而变化，电感值一般较小，多用于中低压系统的限流，以及容量需求相对较小的并联补偿，安装灵活、噪声低微，维护工作量较小，但其磁通密度较低，存在较强的电磁泄漏，绕组中的涡流损耗和导电结构部件中的杂散损耗较高，容易造成周边的铁磁材料发热等问题。为了保证空芯电抗器对地的绝缘，通常采用绝缘子将整个电抗器支撑起来安装。

铁芯电抗器的线圈缠绕在一个由铁磁材料制作的铁芯上，以闭合的铁芯为磁路。由于磁性材料存在饱和现象，当磁密超过一定值后，铁芯饱和，电感将会降低。所以一般铁芯电抗器的磁密选取比同容量变压器的磁密要低许多。

铁芯电抗器的铁芯饼由硅钢片叠成，叠片方式一般有平行叠片、渐开线状叠片、辐射状叠片三种，如图 7-18 所示。其中，平行叠片的叠片方式与一般变压器相同，每片中间冲孔，用螺杆、压板夹紧成整体，适用于较小容量的电抗器。渐开线状叠片中间形成一个内孔，外圆与内孔直径之比为 4：1~5：1，适用于中等容量的电抗器。辐射状叠片的叠片方式为硅钢片由中心孔向外辐射排列，适用于大容量电抗器。

3. 按绝缘介质分

电抗器按绝缘介质可以分为油浸式电抗器和干式电抗器。油浸式电抗器指绕组和铁芯均浸渍于液体绝缘介质中的电抗器。干式电抗器指绕组和铁芯（如果有）不浸渍于液体绝缘介质中的电抗器，包含干式空芯电抗器和干式铁

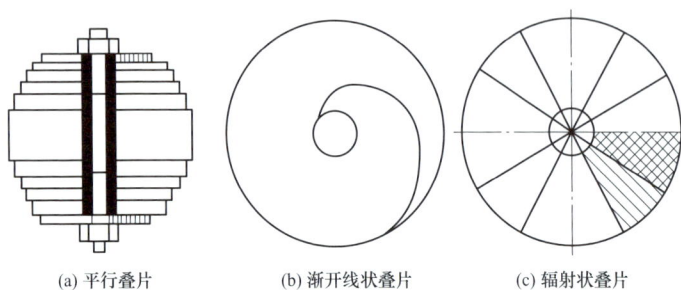

(a) 平行叠片   (b) 渐开线状叠片   (c) 辐射状叠片

图 7-18 铁芯电抗器铁芯饼的叠片方式

芯电抗器。干式空芯电抗器由多个并联的包封绕组组成，每个包封由环氧树脂浸渍过的玻璃纤维对线圈进行包封绝缘；干式铁芯电抗器由铁芯和绕组组成，绕组采用环氧树脂成型固体绝缘。

7.2.2 电抗器的型号

电抗器的型号示意图如图 7-19 所示。CK 表示串联电抗器，BK 表示并联电抗器；S 表示三相电抗器，D 表示单相电抗器。

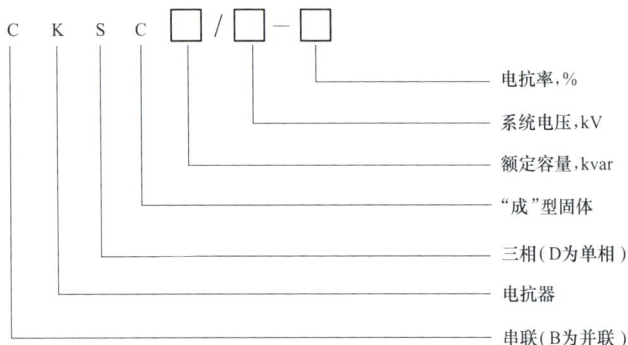

图 7-19 电抗器型号

7.2.3 电抗器的基本结构

1. 油浸并联电抗器结构

油浸并联电抗器的外观图如图 7-20 所示。油浸并联电抗器一般只需一个绕组，冷却方式采用自冷式，为了提高电感量的线性度，油浸并联电抗器的铁芯一般带有气隙，铁芯由导磁的铁芯和非导磁的间隙交替叠成，如图 7-21 所示，磁通由主磁通和漏磁通组成，主磁通通过铁芯闭合，漏磁通通过空气闭合，在电抗器本身及其外壳中产生涡流，使涡流损耗增加，易产生过热以及局部过热现象，同时在运行中容易发生振动。

图 7-20　油浸并联电抗器外观图

图 7-21　油浸并联电抗器铁芯

油浸并联电抗器的芯柱为气隙饼式结构，铁轭为截面矩形的方框结构。铁芯饼、气隙垫块之间采用环氧树脂浇注黏接方式，以缓冲铁芯饼间力的冲击，减小铁芯的振动。芯柱与上下铁轭之间有磁屏蔽板全面覆盖线圈，控制漏磁分布，减小夹件、油箱壁中的磁通，防止结构件局部过热。磁屏蔽板中有磁导向，可以降低磁场中磁密大的点，防止局部磁密过大。

绕组采用工艺成熟的内屏蔽连续式绕组，并增加关键部位绝缘，保证绕组的耐冲击能力；设置纵向油道，增强散热能力，降低绕组温升；采用气相恒压干燥，使绕组高度定型，电抗值更精确；上下端设置磁压板，减小涡流横向损耗。

主柱器身主绝缘采用薄纸筒、小油隙以增加绝缘强度，端绝缘采用带有特殊形状垫块的端圈增加了爬距，旁轭设有屏蔽。

油箱采用钟罩式或桶式结构，采用槽形折板加强铁加强油箱、控制箱壁振动。

引线采用直接出线，高压引线与低压引线分别位于器身两侧，保证外部绝缘距离。

在运行过程中，油浸并联电抗器会产生较大的噪声。研究分析，噪声的控制措施一般可分为传播过程控制和声源控制，其中传播过程控制可以通过增设隔声屏障、加装减震垫等的方法进行降噪，而噪声的主要来源是铁芯振动，可以通过以下方法限制：采用高硬度的主磁路间隙材料，降低其伸缩振动的频率；采用铁芯饼迭片形状减小振动，防止磁力线过于集中，降低电磁噪声；采用高磁导率、大电阻率的低损耗超薄型晶粒取向冷轧硅钢片，降低电磁噪声；铁芯夹件设计为高强度的稳定框架，同时安装由穿心螺杆和特制碟簧、螺母组成的强力压紧装置，降低铁芯振动。另外，需定期检查设备是否由于长时间运行等原因出现内外紧固件松动，并及时处理。

2. 干式铁芯电抗器结构

干式铁芯电抗器由绕组、铁芯、夹件、温控系统及组部件等组成，外观图如图 7-22 所示。

带有非磁性间隙的干式铁芯电抗器，铁芯柱同为气隙饼式结构，绕组多采用圆筒式结构，由树脂与玻璃纤维复合固化绝缘材料浇注成形，以空气为复合绝缘介质、以含有非磁性间隙的铁芯和铁轭为磁通回路，其结构示意图如图 7-23 所示。

铁芯带有非磁性间隙是由铁芯电抗器在电网上补偿容性电流的实际作用决定的。如果铁芯为完全闭合的磁通回路，则其励磁电流很小，电感电抗值很大，铁芯磁导将呈非线性，当励磁电流超过一定数值时，铁芯就会饱和，其磁导率会急剧下降，电感、电抗也将急剧下降，从而影响电抗器正常工作。而带间隙的铁芯结构，由于铁芯部分的相对磁导率远远高于树脂和空气的复合绝缘的磁导率，磁路的磁阻几乎都由间隙部分形成，磁阻的大小主要取决于间隙的长度，因此在一定的范围内，铁芯电抗器的电感值仅取决于间隙长度以及自身绕组的匝数，不再取决于外在电压或电流。

铁轭
绕组
铁饼
间隙

图 7-22　干式铁芯电抗器外观图　　图 7-23　干式铁芯电抗器结构示意图

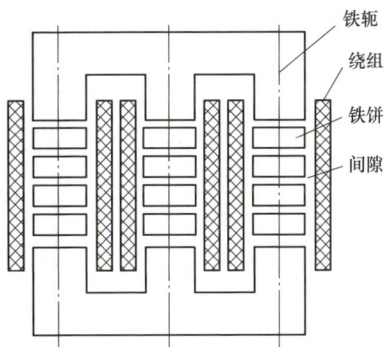

3. 干式空芯电抗器结构

干式空芯电抗器没有铁芯，以空气作导磁介质，没有限制性磁回路，绕组采用多包封、多层、小截面圆铝线的多并联支路结构，用聚酯薄膜绝缘的铝导线绕成单层圆筒式，将内外很多单层组成整个绕组，首尾端并联，每层线圈的首尾端是进线和中性线，层间用聚酯薄膜或间隔放入空气气道，作为绝缘或散热。用环氧树脂玻璃纤维材料增强绕包，绕组绕成后干燥浸渍聚酯并固化，端部用高强度铝合金星形架夹持、环氧玻璃纤维带拉紧，成为刚性整体。支架下用磁绝缘子和撑脚固定于地面基础，在相间及对地间按规定留有一定的距离，基础的混凝土钢筋需相互间绝缘，不能构成回路，防止漏磁引起涡流损耗。

干式空芯电抗器结构示意图如图 7-24 所示，外观如图 7-25 所示。干式空芯电抗器长期运行后存在涂层剥落、风道堵塞、线圈端部局部匝间绝缘破损等缺陷，近年来多发烧损事故，特别是在雨后等潮湿气候下进行投切时，风险尤高，宜采用加装防雨帽以及过电压吸收装置等措施进行改善。

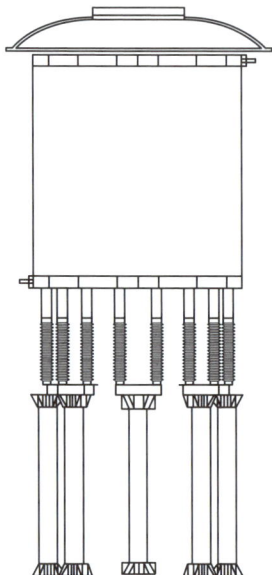

图 7-24 单相干式空芯
电抗器结构示意图

图 7-25 500kV 干式空芯
电抗器外观图

三个单相干式空芯电抗器不同的排列方式对应的相间互感不同，因而对绕组的绕向和匝数的要求也不同，如图 7-26（a）的排列方式，为了减少相间支撑瓷座的拉伸力，中间一相的绕向应与上下两相相反；图 7-26（b）的排列方式，重叠两相绕组绕向相反，下节绕组与旁边相绕向相同；图 7-26（c）的排列方式，则三相绕向相同。

7.2.4 电抗器的电气试验

（1）油浸式电抗器。油浸式电抗器的例行试验与油浸式变压器类似，主要包括绝缘电阻及吸收比试验，绕组连同套管的介质损耗因数试验，铁芯、夹件绝缘电阻试验，电容量和介质损耗因数试验，绝缘油的电气和理化试验，直流电阻试验等。

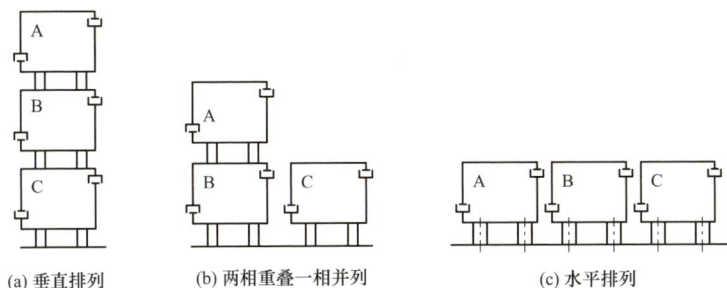

图 7-26　干式空芯电抗器三相排列方式

(a) 垂直排列　　　(b) 两相重叠一相并列　　　(c) 水平排列

油浸式电抗器的交接试验，主要包括绕组连同套管的直流电阻试验，绕组连同套管的绝缘电阻、吸收比或极化指数试验，绕组连同套管的介质损耗因数及电容量试验，绕组连同套管的交流耐压试验，与铁芯绝缘的各紧固件的绝缘电阻试验，绝缘油的试验，非纯瓷套管的试验，冲击合闸试验等。

（2）干式铁芯电抗器。干式铁芯电抗器的例行试验主要包括绕组直流电阻试验、绝缘电阻试验、铁芯对地绝缘电阻试验等。

干式铁芯电抗器的交接试验主要包括电抗值测量、绕组直流电阻试验、绝缘电阻试验、交流耐压试验、铁芯对地绝缘电阻试验等。

（3）干式空芯电抗器。干式空芯电抗器的例行试验主要包括绕组直流电阻试验、绝缘电阻试验等。

干式空芯电抗器的交接试验主要包括绕组直流电阻试验、绝缘电阻试验、交流耐压试验、冲击合闸试验等。

7.2.5　电抗器的运行维护

电抗器运行时，应注意表面有无裂纹、起皱、鼓泡、脱落、损坏现象，空芯电抗器撑条有无松动、位移、缺失等，铁芯电抗器紧固件有无松动，引线有无散股、断股、扭曲，绝缘子和连接金具接触是否良好，运行中有无过热、异味或冒烟、异常声响、震动及放电声，室外布置电抗器有无鸟窝等异物。

7.2.6　常见故障及异常处理

（1）干式空芯电抗器的运行异常主要是由于线圈受潮、局部放电电弧、局部过热等引起的线圈匝间绝缘击穿或烧损，以及漏磁造成的周围金属构架、接地网、高压柜内接线端子的损耗和发热等。主要表现为外表面树脂放电、滑闪、局部击穿、匝间短路和烧损等。

图 7-27　某干式电抗器过热冒烟

某变电站电容器串联电抗器发生过热冒烟异常情况，如图 7-27 所示，现场对该串联电抗器设备进行检查后发现该电抗器内部绝缘损坏，线圈匝间击穿，导致设备运行中过热至发生冒烟。推测由于长期运行绝缘老化出现细微裂缝，加上水分和污秽物的侵蚀使绝缘下降，从而造成匝间短路。

（2）干式铁芯电抗器常见缺陷是噪声，已成为影响电抗器运行质量最普遍的缺陷之一。主要原因是：

1）所用材料本身固有特性及产品固有设计要求所致；

2）产品制造工艺手段不良及材料选择不当引起的噪声；

3）设计不合理产生的噪声；

4）安装不当，运行时系统参数变化引起的噪声。

某变电站干式铁芯电抗器在运行过程中出现噪声异常增大缺陷，通过声成像仪检测发现存在两处异响，如图 7-28 所示，初步判断电抗器本体存在紧固装置松动情况。随后对其进行红外测温发现铁芯柱有异常发热情况，继续运行存在安全隐患。对其进行调换并返厂解体，发现电抗器结构件紧固采用的紧固螺栓不当，防松螺栓固定胶强度不够，在长时间的运行振动中，上下铁轭、铁芯柱发生位移，造成整体电抗器松散，不能有效地形成一个整体，结构噪声剧烈增大。铁轭、铁芯柱上下错位后会造成铁芯有效截面的减小，磁密升高，电抗器损耗增大，铁芯异常发热。

图 7-28　某干式铁芯电抗器声成像检测图谱

7.2.7　其他无功补偿装置

除以上介绍的几种无功补偿装置外，目前电力系统中还有少量静止无功补偿器和静止同步补偿器在运。

1. 静止无功补偿器

静止无功补偿器是一种没有旋转部件，快速、平滑可控的动态无功功率补偿装置，它采用固定不动的电力电子器件，比如采用晶闸管作为开关器件，从而对电容或电感进行动态的调节控制，使之得到可控的电容或电感效果，保持或控制电力系统的一些特定参数如电压或频率等，能实现高效、快速、平稳和无级补偿，从而提高整个电力系统的功率因数及电能质量的其他指标，保证电网安全稳定可靠运行，具有体积小、占地面积少、重量轻、控制灵活、动态响应时间短、效率高等优点。

静止无功补偿器（static var compensator，SVC）的功能和响应特性，在很大程度上取决于其控制系统，针对不同的功能，其控制目标和控制策略也不同。通常 SVC 可根据控制有无反馈环节采用开环和闭环两种基本控制方式，开环控制响应迅速，适用于负载补偿、抑制电压波动，而闭环控制则更加精确。SVC 根据相别可以实现三相对称控制、分相控制，根据控制目标不同可以分为基于无功功率的控制方式和复合型控制策略、基于电网电压的控制策略和基于无功电压曲线的控制策略等。

　　SVC 控制还分为主控制和附加控制。主控制一般采用传统比例积分（proportion-integration，PI）控制，目的是维持 SVC 所在线路的电压稳定，附加控制分为传统控制和现代控制，由于控制目的不同及使用的控制方法不同而呈现多样性。传统控制主要是 PI 控制，现代控制方法包括：非线性控制（非线性鲁棒控制、变结构控制、非线性自适应控制、微分几何控制等）、最优变目标策略控制、智能控制（模糊控制、遗传算法）等。相比传统控制，现代控制方法具有更好的自适应性、容错性、并行性、多功能性，但是由于其控制器成本较高，大部分方法无法应用到工程实践中，因此现阶段 PI 控制仍是 SVC 工程应用的主流控制方法。

　　上海某 220kV 变电站中，SVC 装置晶闸管控制电抗器（thyristor controlled reactor，TCR）支路和 3 次滤波支路、并联电容器组同时运行，其 SVC 控制模式分电压控制模式和无功功率控制模式两种。在电压控制模式下，SVC 以 220kV 母线电压为控制目标，同时兼顾对 35kV 母线电压的控制；在无功功率控制模式下，SVC 装置根据无功曲线，发出相应的无功功率。

　　在实际运行中由于负载特性较复杂，单独的静止无功补偿器大多只有单向补偿功能，有时无法满足动态控制响应速度快和双向补偿控制的要求，故经常采用复合型的静止无功补偿装置，比如：固定电容器和晶闸管控制电抗器、固定电容器和磁控电抗器、固定电容器和晶闸管投切电容等，这样既能满足负荷无功补偿要求，又能适当降低系统运行费用。

2. 静止同步补偿器

　　静止同步补偿器（static synchronous compensator，STATCOM）是一种并联型无功补偿装置，它利用各种不同的开关型功率变流器（直流转换为交流，交流转换为直流），直接产生可控的无功功率，通过不同的控制策略（比如 PWM 调制技术），实现对电力系统的综合电能质量动态调节。与传统的无功补偿装置相比，STATCOM 具有调节连续、谐波小、损耗低、运行范围宽、动态响应速度快、控制灵活、可靠性高、调节速度快等优点。

STATCOM 主要分为电压型 STATCOM 和电流型 STATCOM。电压型 STATCOM 在变流器的直流侧并联了一个直流电容来稳压，而电流型 STATCOM 则是在变流器的直流侧串联了一个电抗器来实现稳流。由于电流型变流器损耗大，需要双向电压阻断性的功率半导体器件，目前较难实现，且需要提供额外的过电压保护，或选用更高电压额定值的器件。而电压型变流器中，与大电容并联的电压端子能够对功率半导体提供自动保护的功能，能够平抑传输线路上的电压瞬变，所以目前电压型 STATCOM 的应用更多。

虽然静止同步补偿器有巨大的应用空间，但是其应用成本相对较高，而且随着补偿容量的增加，其运行和维护费用也会随之上升，而且受到目前电力电子元器件电压水平、容量大小以及价格因素的制约，大容量、高电压的静止同步补偿器、器件的均压和不平衡控制问题、成本、新的功率模块研发等将是今后研究的重点方向。

7.3 中 性 点 接 地 设 备

电力系统中性点的接地方式指电力变压器或发电机的中性点接地方式，电力系统中性点接地与电压等级、接地短路电流、过电压水平、保护配置等有关，直接影响电网的绝缘水平、系统供电的可靠性和连续性、主变压器的安全运行等。

常见的变压器中性点接地方式为中性点不接地、中性点经阻抗或消弧线圈接地、中性点直接接地。对于变压器三角形接线无中性点或星形接线无法引出中性点时，可通过接地变压器构成中性点接地方式。变电站中性点设备主要涉及接地小电阻、消弧线圈、接地变压器、中性点成套装置等。

7.3.1　接地小电阻

中性点经小电阻接地系统常配置有零序保护装置，主要目的是保障系统发生单相接地故障时能够快速切断故障线路，并且抑制弧光接地过电压在较低的水平。与中性点不接地方式相比，经电阻接地方式能够避免系统出现弧光接地过电压、故障线路出现较大的接地电流，从而有助于提高故障选线的有效性和方便性，并且能够快速跳闸切除故障线路，保障了非故障线路不必因承受长时间的过电压而降低系统的绝缘水平。

由于接地电阻阻值较小，发生故障时的单相接地电流值较大，从而对接地电阻元件的材料及其动、热稳定性也提出了较高的要求。小电阻阻值合理选择的关键在于准确计算接地电容电流。上海地区根据区域电网特点，要求按接地相电流限制在 1000A 以内配置。对于 35kV 系统，小电阻阻值一般选择 20Ω；10kV 系统，小电阻阻值一般选择 5.77Ω。中性点接地小电阻一般采用不锈钢材质。

主变压器配电侧为 yn 接线的，中性点接地电阻可直接接入主变压器中性点，如图 7-29（a）所示。主变压器配电侧为三角形接线的，可通过直接与接地变压器的中性点连接，如图 7-29（b）所示。

小电阻接地系统不允许失去接地电阻运行，以防止该系统发生接地故障时，保护无法检测到零序接地电流。

7.3.2　消弧线圈

1. 消弧线圈的原理及作用

在中性点不接地的系统中，架空线、电缆、母线和变配电设备对地电容电流很大，当这一电流达到一定数值，遇到单相接地时，非故障相电压升高

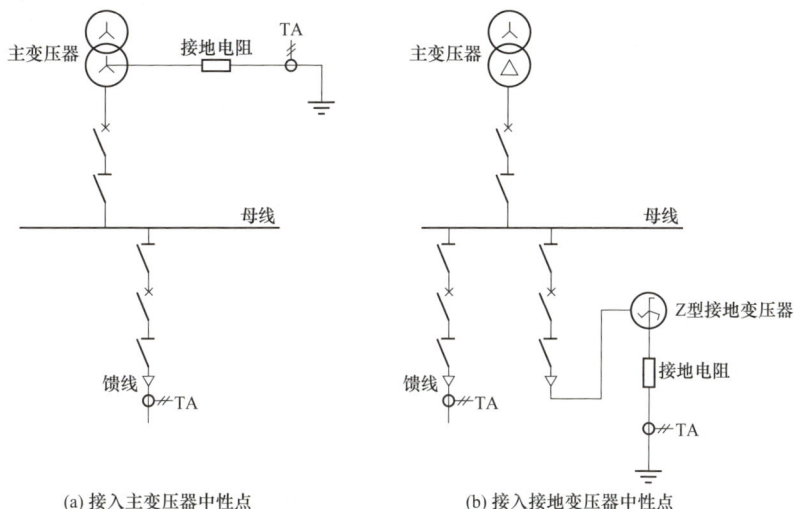

(a) 接入主变压器中性点　　　　　　　　(b) 接入接地变压器中性点

图 7-29　接地电阻接线方式

为线电压，流经故障点的电流较大，产生的电弧不易熄灭，有时会扩大成相间短路，同时可能会造成电力系统电磁能的强烈震荡、中性点位移、产生很高的弧光接地过电压，危及绝缘薄弱环节，甚至击穿，因此，常在系统中性点加装消弧线圈，如图 7-30 所示。

图 7-30　消弧线圈

　　消弧线圈的补偿原理如图 7-31 所示，正常运行时，中性点对地电压不变，消弧线圈中没有电流。当发生单相接地故障时，消弧线圈中可形成一个与接地电流大小接近但方向相反的电感电流，用来补偿电容电流，减小接地电流，使故障电弧迅速熄灭，避免电力系统受弧光接地过电压的危害，同时也能使电网带接地故障持续运行 2h，可利用这段时间查明和清除故障，并在过补偿条件下使线路断线时不发生共振现象，降低过电压倍数，提高供电可靠性。

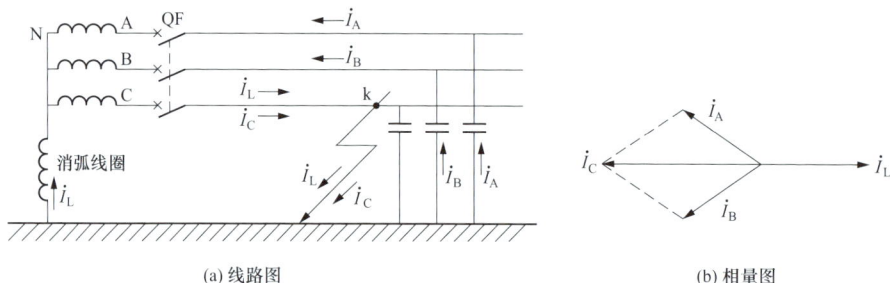

(a) 线路图　　　　　　　　　　　　　　　　　　(b) 相量图

图 7-31　消弧线圈补偿原理

2. 中性点经消弧线圈接地的优缺点

　　在系统中性点加装消弧线圈，能够防止电弧重燃，缩短过电压持续时间，降低过电压出现的概率，提高供电可靠性。

　　然而随着电力电缆在城市配电网中的大量使用，系统电容电流日益增大导致消弧线圈接地方式无法进行有效补偿。若继续采用消弧线圈接地方式，当电缆的电容电流增大，甚至达到 $100 \sim 150$A 及以上时，就需要相应增大补偿用消弧线圈的容量，成本较高，且性能要求更加严格，较难实现。另外，电缆线路的接地故障一般是永久性接地故障，如采用消弧线圈运行在单相接地情况下，非故障相将处在稳态的工频过电压下，加速电缆绝缘老化，甚至会引起多点接地等，造成故障扩大，所以应迅速切除故障。同时其对人身触电不能立即跳闸，不能保证人身安全。且当消弧线圈接地系统内过电压倍数增高时，可达 $3.5 \sim 4$ 倍相电压，特别是弧光接地过电压与铁磁谐振过电压，可能超过避雷器容许的承载能力。当补偿电网的中性点位移产生较严重偏移时，三相电压出现严重的不平衡，可能会引起系统发出接地信号，但此时系统并未真正接地，而是一种虚假接地。

因此，上海地区根据当前城市电网的运行状况，并根据运行经验正逐步将在运消弧线圈接地方式改为小电阻接地方式，保证供电可靠性。

7.3.3　接地变压器

1. 接地变压器的作用

电力系统中 35kV 及以下电网中一般都采用中性点不接地的运行方式，且电网中主变压器低压侧为三角形接线时没有可以接地的中性点。随着城市电网的不断扩大及电缆出线的不断增多，当中性点不接地系统发生单相接地故障时，系统对地电容电流急剧增加，单相接地后流经故障点的电容电流较大，电弧不易熄灭，容易激发铁磁谐振过电压及产生间歇性弧光接地过电压，其幅值可达 4 倍正常相电压峰值甚至更高，持续时间长，会对电气设备的绝缘造成极大的危害，可能导致绝缘损坏，使线路跳闸，而持续的电弧造成的空气离解破坏了周围空气的绝缘，容易发生相间短路，致使事故扩大，危及电网的安全运行，造成重大损失，故必须对中性点非直接接地系统中较大的单相接地电流加以限制。

接地变压器主要对中性点不接地系统提供一个人工接地的中性点，它可以经电阻、电抗器或消弧线圈接地，满足系统该侧接地的需求，检测接地故障，减小接地短路故障时的对地电容电流，提高系统供电可靠性，有时还可兼做站用变压器使用。接地变压器通过接地电阻接地如图 7-32 所示。

接地变压器绕组通常采用曲折形

图 7-32　接地变压器通过接地电阻接地

（Z形）联结，结构上与普通三相芯式电力变压器相同，但是将每一铁芯柱上的绕组分成相同的上、下两部分，然后把每一相绕组的末端与另一相绕组的末端倒接串联，两段绕组极性相反，组成新的一相。每相上半部分绕组首端U1、V1、W1引出来分别接 A、B、C 三相交流电，将下半部分首端 U2、V2、W2 连在一起作为中性点，可连接匹配的接地电阻、电抗器或消弧线圈后接地，如图 7-33 所示。

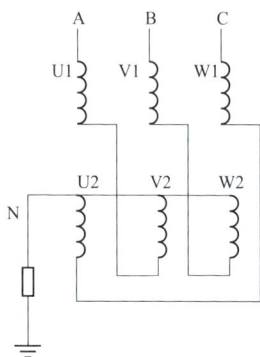

图 7-33　Z 形接地变压器
连接小电阻接地

当接地变压器两端加入三相正、负序电压时，接地变压器每一铁芯柱上产生的磁通势是两相绕组磁通势的相量和，磁阻小，磁通量大，感应电动势大，对正序、负序电流呈现高阻抗性。而单相短路时，接地变压器中的接地电流在三相绕组中大致均匀分配，每柱上两个绕组的磁势大小相等，方向相反，合成的磁通势为零，对零序电流呈现低阻抗性，有助于消除线路中的三次谐波电压，相电动势接近正弦波，不受连接电力电子变流器的直流磁化问题的影响，使接地保护可靠动作。

2. 接地变压器的动热稳定性能要求

接地变压器的零序阻抗是决定接地变压器性能的重要参数之一。当电网单相接地故障运行时，相当于在接地变压器零序阻抗两端直接施加系统相电压，接地变压器的零序阻抗加上中性点和地之间的阻抗就决定了单相对地故障时流过的电流。

接地变压器的零序短路性能包括承受零序短路的耐热能力和动稳定能力。当设备流过冲击短路电流时将产生很大的电动力，如果超出设备所能承受的能力，设备将遭到破坏，因此需对设备按冲击电流进行动稳定校核。同时设备在短路电流作用下会产生高温，如果超过该设备所能允许的最高温度，设备可能烧毁，因此需对设备根据稳态短路电流进行热稳定校核。

考虑到接地变压器的实际应用情况，接地变压器中性点接消弧线圈接地方式时承受零序短路的耐热能力的电流持续时间为 2s；接地变压器中性点接小电阻接地方式时承受零序短路的耐热能力的电流持续时间为 10s。

为了减小短路电流，接地变压器零序阻抗应越大越好。而接地变压器中性点接消弧线圈接地方式时，由于接地变压器零序阻抗的影响，当电网单相接地故障运行时，补偿电流会减小，影响补偿效果，此时接地变压器零序阻抗应越小越好。接地变压器中性点接小电阻接地方式时，由于接地变压器零序阻抗的影响，中性点电流会减小，影响系统的零序电流继电保护整定值及电网动作情况。因此，接地变压器的零序阻抗应在满足承受零序短路的耐热能力和动稳定能力的前提下进行优化设计。

7.3.4　变压器中性点成套装置

由于电力系统运行的需要，我国 110~220kV 有效接地系统的变压器中性点部分采用不接地运行方式，而变压器一般采用分级绝缘结构，绝缘水平相对较低，所以不接地运行的变压器中性点需要采取相应手段，避免雷电过电压、操作过电压和工频暂态过电压对其造成危害。

变压器中性点成套装置可以避免系统过电压或故障等引起的变压器中性点电压升高对变压器的损坏，还可实现变压器中性点接地运行或不接地运行两种不同方式的切换。

变压器中性点成套装置一般有：中性点接地隔离开关（含操动机构）、中性点避雷器及泄漏电流监测仪、中性点电流互感器、中性点放电间隙以及中性点的后备保护（零序电压和零序电流及间隙保护）等。

变压器中性点成套装置通过将避雷器和间隙配合使用，利用间隙放电的放电时延和金属氧化物避雷器无放电时延的特性，实现了高频瞬态过电压（雷击过电压、操作谐波过电压）下，避雷器动作，间隙不动作；工频过电压（单相接地过电压）下，间隙动作，实现快速保护。另外，间隙和避雷器的伏秒曲线应在变压器绝缘伏安特性曲线之下，以实现与变压器的绝缘配合，保护变压器绝缘。

变压器中性点成套装置接线图如图 7-34 所示，结构图如图 7-35 所示，外观图如图 7-36 所示。

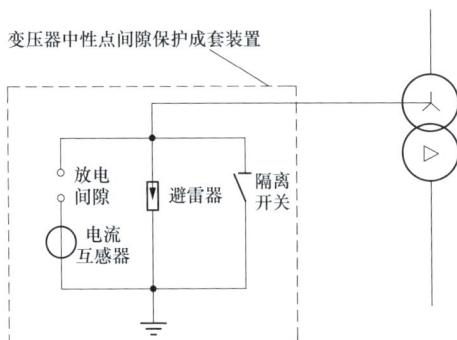

图 7-34　变压器中性点成套装置接线图

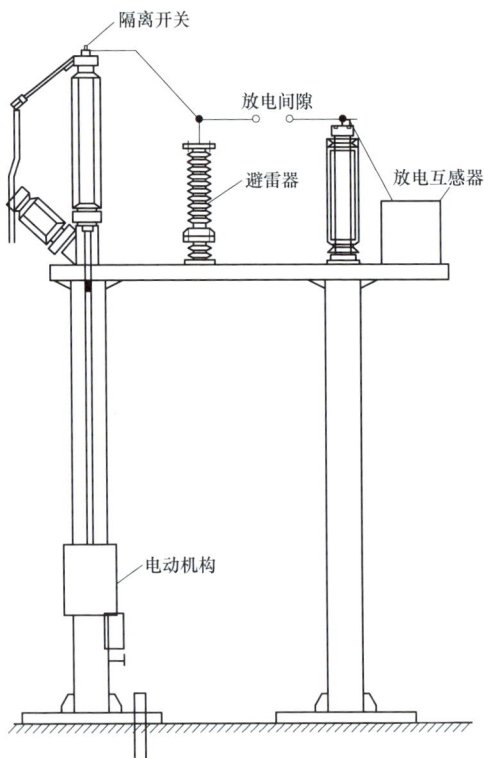

图 7-35　变压器中性点成套装置结构图

图 7-36　变压器中性点成套装置外观图

7.3.5　500kV 变压器中性点电抗器

上海电网是华东电网重要组成部分，随着电网容量越来越大，短路电流控制越发困难。尤其对于 500kV 自耦变压器，其受到的不对称短路电流有可能高于三相短路电流，为限制不对称短路电流，同时为了防止高压侧短路对自耦变压器中压侧产生工频过电压、危害变压器绝缘，常在 500kV 自耦变压器的中性点安装小电抗。

为保证接地系统电网任何情况不发生中性点失地运行，变压器中性点与接地串联小电抗器之间不主张安装隔离开关，以防止可能的误操作，但考虑到调整运行要求，安装并联接地隔离开关。同时为防止中性点过电压，在电抗器端子与变压器中性点之间安装避雷器；为保护电抗器和并联接地隔离开关，加装放电间隙。变压器中性点电抗器设备布置示意图如图 7-37 所示。

7.3.6　变压器中性点隔直装置

直流输电采用单极大地返回方式运行，大地杂散电流会导致直流偏磁现

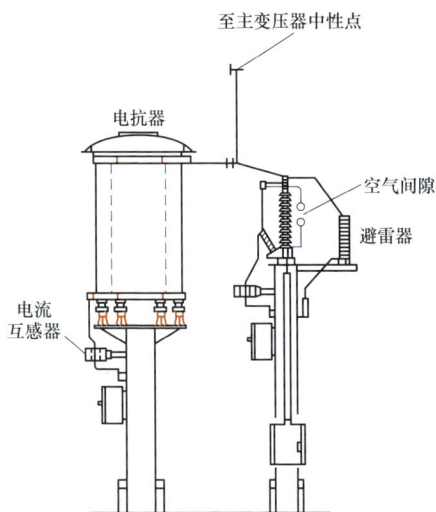

图 7-37　变压器中性点电抗器设备布置示意图

象的产生，直流电流流过变压器使得变压器运行时局部过热及运行噪声变大，励磁电流和无功损耗增加，产生谐波，系统电压下降，波形畸变，继电保护误动或拒动。

为保证变压器安全稳定运行，需要利用变压器中性点隔直装置，串接在变压器中性点与大地间，隔离直流偏磁电流流入变压器绕组内。

装置包括电容器、旁路隔离开关、旁路电子开关、交直流传感器、控制装置和计算机后台等部件，其一次工作原理简图如图 7-38 所示。

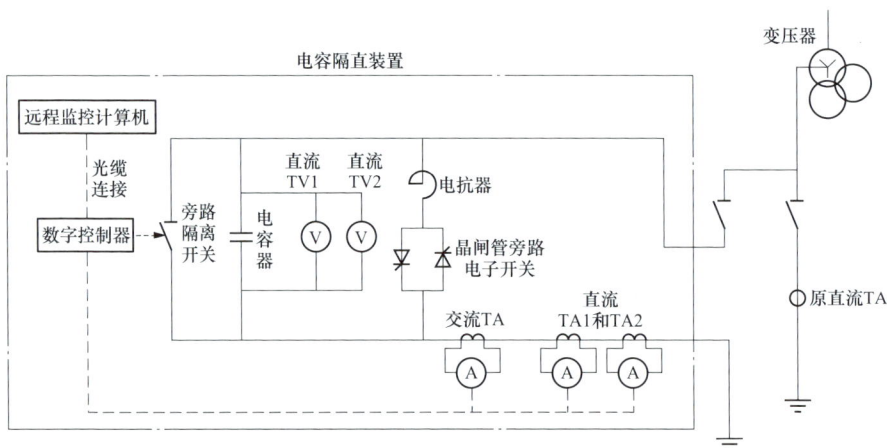

图 7-38　变压器中性点隔直装置一次工作原理简图

装置有两种工作状态，直接接地状态时，晶闸管及旁路隔离开关闭合，保证主变压器中性点直接接地；隔直工作状态时，旁路隔离开关开断，使电容器接入变压器中性点，起到抑制直流电流流入变压器中性点的作用。装置具有过电压、过电流保护，有就地和远方两种控制模式。

7.3.7 中性点接地设备的电气试验

1. 接地电阻

接地电阻的例行试验项目主要包括直流电阻试验和绝缘电阻试验，交接试验项目还包括交流耐压试验。

2. 消弧线圈

35kV 及以上油浸式消弧线圈同油浸式电抗器类似，其例行试验项目主要包括绕组连同套管的直流电阻试验，绕组连同套管的绝缘电阻、吸收比或极化指数试验，绕组连同套管的介质损耗因数及电容量试验，绝缘油的电气和理化试验。

除上述试验外，其交接试验项目还包括绕组连同套管的交流耐压试验，与铁芯绝缘的各紧固件的绝缘电阻试验，非纯瓷套管的试验，额定电压下冲击合闸试验等。

3. 接地变压器

接地变压器的电气试验同油浸式变压器试验类似，其例行试验项目主要包括绝缘电阻及吸收比、极化指数试验，绕组连同套管的介质损耗因数及电容量试验，铁芯、夹件绝缘电阻试验，绝缘油的电气和理化试验，直流电阻试验等。

除上述试验外，其交接试验项目还包括绕组连同套管的泄漏试验，外施工频交流耐压试验等。

7.3.8 中性点接地设备的运行维护

1. 运行巡视

消弧线圈、接地变压器的运行维护应注意：

（1）设备铭牌、运行编号标识清晰可见。

（2）设备引线连接完好无过热、接头无松动变色现象。

（3）干式消弧线圈、接地变压器表面无裂纹及放电现象、无异味、异常振动、异常声音。

（4）油浸式消弧线圈、接地变压器各部位密封应良好无渗漏，温度计外观完好、指示正常，储油柜的油位应与温度相对应，吸湿器呼吸正常，外观完好，吸湿剂符合要求，油封油位正常，各部位无渗油、漏油，释放阀应完好无损。

（5）各控制箱、端子箱应密封良好，加热、驱潮等装置运行正常。

（6）原存在的设备缺陷是否有发展。

（7）金属部位无锈蚀，底座、支架牢固，无倾斜变形。

（8）各表计指示准确。

（9）用红外测温设备检查无发热现象。

（10）接地引下线应完好，接地标识清晰可见。

（11）消弧线圈室通风正常。

（12）分接开关挡位指示应与消弧线圈控制屏、综自监控系统上的挡位指示一致。

（13）控制箱和二次端子箱内应清洁，无异物，二次引线接触良好，接头处无过热、变色，热缩包扎无变形。

（14）调容式消弧线圈单体电容器套管无渗油，壳体无膨胀变形、无异常发热。

（15）阻尼电阻各部位应无发热、鼓包、烧伤等现象，散热风扇启动正常。阻尼电阻箱内清洁，无杂物，标志明确，引线端子无松动、过热、打火现象，所有熔断器和二次空气开关正常。

（16）互感器、避雷器表面无裂纹、损伤或爬电、烧灼痕迹。

（17）中性点隔离开关分合位置正常，指示位置正确。

（18）电缆穿管端部封堵严密。

2. 日常维护

消弧线圈、接地变压器的日常维护应注意：

（1）红外检测消弧线圈、接地变压器、储油柜、套管、引线接头、电缆终端、阻尼电阻、端子箱内二次回路接线。

（2）吸湿剂受潮变色超过 2/3、油封内的油位超过上下限、吸湿器玻璃罩及油封破损时应及时维护。更换吸湿器及吸湿剂期间，应将相应重瓦斯保护改投信号。吸湿器内的吸湿剂宜采用同一种变色硅胶，其颗粒直径 4~7mm，且留有 1/6~1/5 的空间。

（3）油封内的油应补充至合适位置，补充的油应合格。

（4）维护后应检查呼吸正常、密封完好。

（5）更换消弧线圈成套柜外交流空气开关时，应检查设备电源是否已断开，用万用表测量接线柱（对地）是否已确无电压，二次线拆除后用绝缘胶布或护套包扎好，防止误碰临近带电设备，更换完毕后应检查接线正确、紧固。

7.3.9 常见故障及异常处理

作为充油线圈类设备（变压器、电抗器、接地变压器等），消弧线圈常见故障及异常与其他充油线圈设备类似，包括渗漏油、油位异常、异常发热、噪声振动、油色谱分析异常等，一旦出现上述问题，应及时处理。若系统单相接地，此时，消弧线圈的上层油温最高不得超过规定值，且带负荷电流运行的时间不得超过铭牌上规定的时间，否则应及时处理。

接地小电阻常见故障及异常主要有电阻片锈蚀、接触不良等导致的电阻值超标问题，需通过更换接地电阻处理。

小结

　　电容器、电抗器等无功补偿设备可以调节电力系统的无功功率，改善电力系统的电压质量，是电力系统的重要设备，应用十分广泛。电力系统有多种中性点接地方式，与电压等级、接地短路电流、过电压水平、保护配置等有关，影响电力系统的保护方式、过电压、绝缘性能和安全稳定运行。在运行过程中需要加强对设备的巡视维护，带电检测及时发现设备缺陷，综合分析原因并进行相应处理。

习题与思考题

7-1 简述并联电容器的作用。

7-2 简述并联电容器装置的构成。

7-3 简述 RC 阻容吸收装置的作用。

7-4 简述空芯电抗器和铁芯电抗器的区别。

7-5 简述干式空芯电抗器的运行故障和主要表现。

7-6 列举常见的变压器中性点接地方式。

7-7 简述接地变压器的作用。

7-8 简述电力系统中性点装设消弧线圈的原理及作用。

7-9 变压器中性点成套装置一般由哪些设备组成？

7-10 简述变压器中性点隔直装置的作用。

7-11 当并联电容器组发生保护动作跳闸，可能由哪些原因导致？应开展哪些检查试验工作？

7-12 简述小电阻接地和消弧线圈接地方式的特点，及上海公司主要采用小电阻接地方式的原因。

第 8 章

CHAPTER EIGH

过电压防护与接地装置

08

变电站是电力系统的枢纽，一旦遭受过电压，将导致站内电气设备损坏，直接影响电力系统的安全稳定运行。本章围绕变电站防过电压的原理和方法展开，逐一介绍避雷器、避雷针、接地装置的原理、分类、结构、运行维护、常见故障及异常处理等内容，旨在让电力从业人员对变电站过电压防护与接地装置有一个整体而系统的认识，为今后的工作打下基础。

国网上海市电力公司电力专业实用基础知识系列教材

交流变电站电气主设备

8.1

过 电 压 防 护

变电站的过电压包括外部过电压和内部过电压。外部过电压即雷电过电压，包括雷电侵入波和直击雷。内部过电压是电力系统内部发生故障或扰动时产生的过电压，包括暂时过电压和操作过电压。

雷电侵入波是输电线路遭受直击雷或感应雷，在输电线路上产生过电压，该过电压以波的形式沿输电线路侵入变电站，损坏电气设备。通过在变电站内装设避雷器，将该过电压限制在电气设备能够承受的范围，保护电气设备免受雷电侵入波的危害。直击雷是带电雷云接近变电站，对建筑物或电气设备直接放电，损坏建筑物或电气设备。通过在变电站内装设避雷针，保护建筑物和电气设备免受直击雷的危害。

暂时过电压是电力系统中电感与电容参数配合不当所导致的电压升高。操作过电压是电力系统由于操作，从一种状态过渡到另一种状态的过程中所产生的过电压。通过装设避雷器，保护电气设备免受内部过电压的危害。

8.1.1　避雷器

避雷器的作用是释放过电压的能量，保护设备免受过电压的危害。避雷器与被保护设备并联，一端连接被保护设备，另一端接地，如图 8-1 所示。

避雷器具有截止和导通两个状态。无过电压时，避雷器处于截止状态，线路保持对地绝缘，保证线路正常输送电能。出现过电压时，避雷器瞬间导通，过电压的能量通过避雷器泄入大地，使设备上的过电压维持在一个较低的水平，不至于危害设备的安全。过电压消失后，避雷器迅速恢复到截止状态，使线路保持对地绝缘，保证线路正常输送电能。

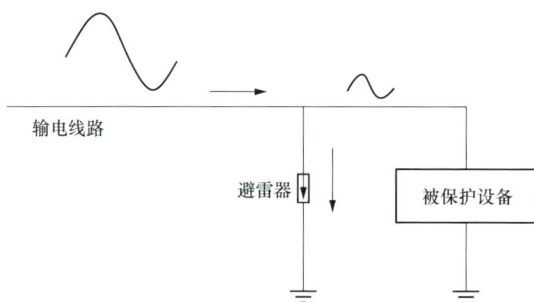

图 8-1　避雷器工作原理

避雷器的动作过程包括限压和恢复。限压即限制被保护设备上过电压的幅值，保护设备不被破坏；恢复即过电压消失后，避雷器迅速恢复到截止状态，不影响系统正常输送电能。

1. 避雷器的分类

避雷器可分为保护间隙、管型避雷器、阀型避雷器、金属氧化物避雷器。当前，变电站主要使用的是保护间隙和金属氧化物避雷器，管型避雷器、阀型避雷器已经退出使用，下面将分别介绍保护间隙和金属氧化物避雷器。

保护间隙由两个间隙串联而成，包括主间隙和辅助间隙，如图 8-2 所示。主间隙被外物短路时，辅助间隙能够防止线路被短路接地，避免引起停电事故。保护间隙结构简单，维护方便，过电压到达保护间隙后，电流通过保护间隙流入大地。但是，保护间隙没有设置灭弧装置，它的灭弧能力很差，过

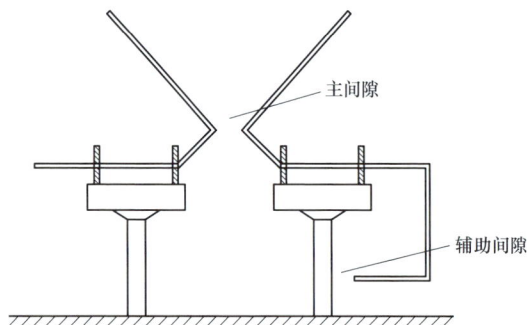

图 8-2　保护间隙

电压消失后电弧不会马上熄灭，在工频电压的作用下产生工频续流，容易引起断路器跳闸，所以一般与零流保护配合使用。

金属氧化物避雷器又称氧化锌（ZnO）避雷器，它的核心元件为氧化锌阀片，也叫氧化锌电阻片，如图 8-3 所示。氧化锌电阻片由压敏电阻制成，具有优异的非线性伏安特性。在正常工作电压下，氧化锌电阻片的阻值非常大，几乎相当于绝缘状态，因此可以不用安装火花间隙，直接与线路连接。当电压升高到一定值时，氧化锌电阻片的阻值迅速降低，处于导通状态。电压降低到阈值以下时，避雷器电阻迅速增大，恢复到绝缘状态。

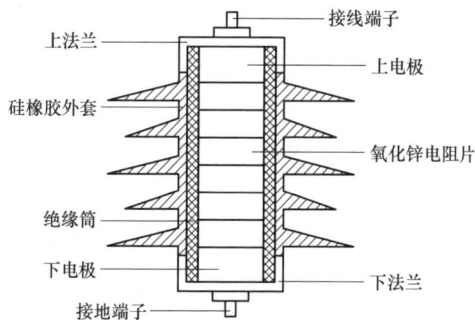

图 8-3　氧化锌避雷器

过电压到达氧化锌避雷器时，氧化锌避雷器由绝缘状态变为导通状态，电流通过氧化锌避雷器流入大地。过电压消失后，氧化锌避雷器迅速恢复到绝缘状态，在工频电压下不会产生工频续流，但为了避免工频过电压下避雷器热崩溃的风险，应与零压保护配合使用。

2. 避雷器的型号及基本结构

（1）避雷器的型号。氧化锌避雷器的型号说明如图 8-4 所示。

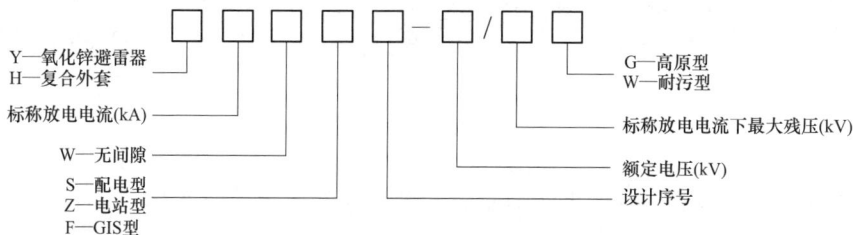

图 8-4　氧化锌避雷器型号说明

氧化锌避雷器的常见型号及相关参数见表 8-1。

表 8-1 氧化锌避雷器常见型号及相关参数

型号	系统标称电压（kV）	类型	标称放电电流（kA）	间隙类型	使用场所	设计序号	避雷器额定电压（kV）	标称放电电流下最大残压（kV）	特殊性能
HY5W1-51/134W	35	复合外套	5	无间隙	—	1	51	134	耐污型
Y10WF5-108/281	110	金属罐式	10	无间隙	GIS	5	108	281	—
Y10W1-216/562W	220	瓷外套	10	无间隙	—	1	216	562	耐污型
Y20WF1-444/1062	500	金属罐式	20	无间隙	GIS	1	444	1062	—
Y20W1-828/1620W	1000	瓷外套	20	无间隙	—	1	828	1620	耐污型

（2）避雷器的基本结构。氧化锌避雷器按其外套材料的不同可分为绝缘外套避雷器和金属罐式避雷器，绝缘外套避雷器又可分为瓷外套避雷器和复合外套避雷器。三种避雷器的外观如图 8-5 所示。

(a) 瓷外套避雷器　　　　(b) 复合外套避雷器　　　　(c) 金属罐式避雷器

图 8-5　氧化锌避雷器的分类

瓷外套避雷器、复合外套避雷器、金属罐式避雷器各有优势，均广泛应用于变电站。表 8-2 列出了三种避雷器的优缺点。

表8-2　　　　　　　　　　　不同种类氧化锌避雷器的优缺点

种类	优点	缺点
瓷外套避雷器	机械强度高、无外套劣化	耐污秽能力弱
复合外套避雷器	体积小、重量轻、耐污秽能力强	存在外套劣化
金属罐式避雷器	无外套劣化和污秽问题、运行维护方便	价格高

　　瓷外套避雷器内部有空腔，避雷器发生过载或其他异常情况时，内部压力会急剧升高，可能导致瓷套爆炸。为避免瓷套爆炸，瓷外套避雷器安装有压力释放装置，在内部压力达到某一值时，启动装置，排出气体。隔弧筒的作用是在避雷器内部发生故障产生电弧时保护瓷套，避免烧伤瓷套。瓷外套避雷器的结构如图8-6所示。

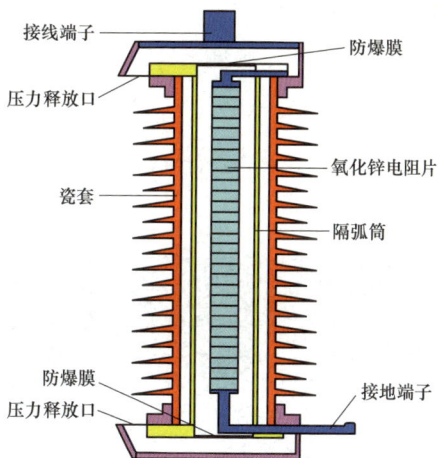

图8-6　瓷外套避雷器

　　复合外套避雷器的外套由硅橡胶制成，氧化锌电阻片通过绝缘筒、硅橡胶外套与外部绝缘。复合外套避雷器内部无空腔，不需要装设压力释放装置。复合外套避雷器的结构如图8-7所示。

　　金属罐式避雷器是GIS的配套设备，氧化锌电阻片封装于充满高压SF_6气体的金属密封罐内，具有体积小，环境适应性强，维护方便的特点。金属罐式避雷器的结构如图8-8所示。

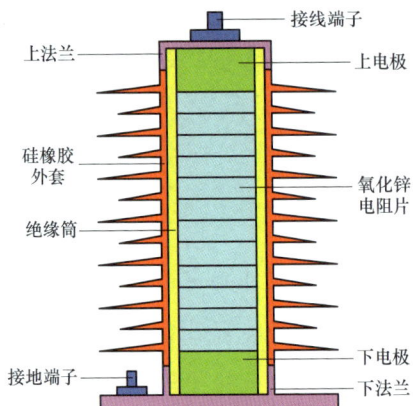

图 8-7　复合外套避雷器结构

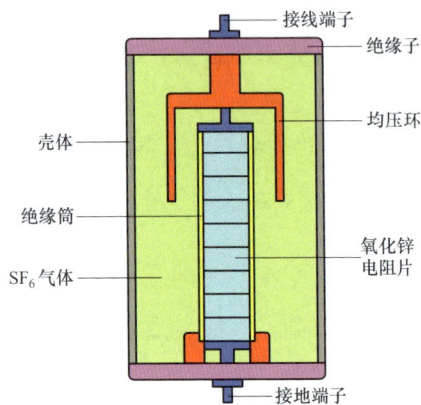

图 8-8　金属罐式避雷器

　　氧化锌避雷器与周围设备之间会产生电容，该电容称之为杂散电容，电压等级越高，杂散电容越明显，它会影响氧化锌避雷器电阻片上的电位分布，越靠近高压端，电阻片上的电位分布越不均匀。为了使氧化锌避雷器电阻片上的电位分布尽量均匀，通常在氧化锌避雷器顶端装设均压环，如图 8-9 所示。

图 8-9　氧化锌避雷器均压环安装位置

　　泄漏电流是反映避雷器运行状态的重要参数，泄漏电流表串联在避雷器接地端子与地之间，能够实时监测避雷器泄漏电流的数值及动作次数，如图 8-10 所示。

3. 避雷器的主要电气参数

氧化锌避雷器铭牌中列出了体现氧化锌避雷器性能的主要电气参数，如图 8-11 所示。氧化锌避雷器的性能取决于避雷器制造技术和各项电气参数，下面将对氧化锌避雷器的主要电气参数进行逐一介绍。

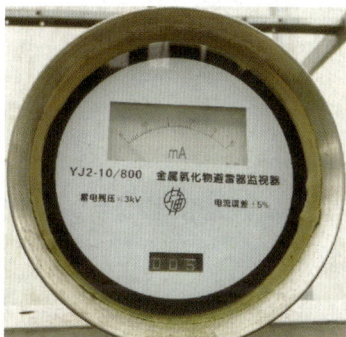

图 8-10　泄漏电流表

图 8-11　氧化锌避雷器铭牌

（1）额定电压（kV）：允许施加于避雷器两端的最大工频电压有效值。超过该电压时，避雷器动作，对地放电。避雷器的额定电压不等于系统的标称电压，为确保避雷器能正常工作，避雷器的额定电压应大于安装地点可能出现的最大短时工频电压。

（2）持续运行电压（kV）：允许持久地施加在避雷器两端的工频电压有效值，避雷器吸收过电压的能量后温度升高，在此电压作用下能正常冷却，不发生热击穿。

（3）工频参考电压（kV）：工频参考电流下避雷器的电压峰值除以 $\sqrt{2}$，工频参考电流由厂家确定。工频参考电压反映避雷器的老化程度、热稳定性。

（4）直流参考电压（kV）：超过该电压，通过氧化锌电阻片的电流将快速增加。对于交流避雷器，直流参考电压仅用于校核。

（5）工频放电电压（kV）：对避雷器的绝缘介质施加逐渐升高的工频电压，直至绝缘介质放电击穿，这时的电压就是工频放电电压。

（6）标称放电电流（kA）：避雷器能够持续承受通过而不损坏的电流。标称放电电流也称雷电冲击电流。标称放电电流一般取 5、10、15、20、25kA。

（7）残压（kV）：残压是指放电电流通过避雷器时，避雷器端子间产生的电压，该电压作用于被保护设备。残压包括标称放电电流下的残压和操作冲击放电电流下的残压。避雷器的残压越低，过电压时施加在被保护设备上的电压越低。因此，可以通过降低残压来提高避雷器的保护水平。

（8）保护比：避雷器残压（峰值）与额定电压（峰值）之比。避雷器的保护比越小，其保护性能越好。

（9）泄漏电流（mA）：在正常工频电压下，避雷器相当于绝缘体，只会流过极小的电流，该电流即为泄漏电流。泄漏电流反映避雷器的绝缘情况，越小代表避雷器的绝缘性能越好。

泄漏电流增大时避雷器发热量变大，其局部或整体温度升高，通过红外热像仪能够直观地观测到避雷器的发热部位。当避雷器的不同部位温差超过 0.5~1K，或相间温差超过 1K，可以判断为避雷器内部故障，应申请停运该避雷器。

4. 避雷器的安装位置及保护范围

避雷器安装位置的不同将影响避雷器的保护效果和保护范围，生产实际中，常见的有进线避雷器、变压器避雷器、母线避雷器和电容器避雷器，它们的安装位置及保护范围分述如下：

（1）进线避雷器。进线避雷器安装于变电站进线处，其作用是防止雷电侵入波沿进线进入变电站，如图 8-12 所示。

雷电侵入波沿进线进入变电站后，形成很高的过电压，该过电压的能量会危害站内电气设备的安全。通过在进线装设避雷器，将过电压的能量释放到大地，从而保护站内电气设备免受过电压的危害。

（2）变压器避雷器。变压器避雷器的安装位置包括变压器各侧引线和变压器中性点，图 8-13 是变压器中性点避雷器，安装的是棒间隙。

变压器各侧引线避雷器的作用是保护变压器绕组免受雷电侵入波的危害，安装的位置距离变压器越近越好。雷电侵入波进入变压器后，过电压破坏绕组绝缘，导致绕组匝间短路，甚至烧毁绕组。冲击电流会使绕组线圈变形，导致绕组损坏。变压器各侧引线加装避雷器后，可以限制过电压的幅值，使其降低到不会危害变压器的程度，从而保护变压器。

图 8-12　进线避雷器

图 8-13　变压器中性点避雷器（棒间隙）

变压器中性点避雷器的作用是保护中性点绝缘。110kV 及以上电压等级变压器一般是半绝缘，中性点绝缘水平低于线端绝缘水平。雷电侵入波侵入变压器或投切空载变压器产生的操作过电压会对变压器中性点绝缘产生威胁。通过在中性点装设避雷器，将过电压限制在一个较低的水平，使变压器中性点绝缘免受雷电侵入波和操作过电压的危害。

（3）母线避雷器。母线避雷器安装在母线上，作用是保护母线以及母线上所连接的设备免受雷电侵入波的危害，如图 8-14 所示。

图 8-14　母线避雷器

雷电侵入波到达母线后，在母线上形成很高的过电压，过电压的能量如不能及时释放到大地，会损坏母线和与母线连接的设备，通过在母线上装设避雷器，可以在极短的时间内释放过电压的能量，从而保护母线和母线上连接的设备。

（4）电容器避雷器。电容器避雷器与电容器组并联连接，作用是保护电容器免受操作过电压的危害。

投切电容器组时可能产生操作过电压，主要包括合闸弹跳过电压和分闸重燃过电压，严重的操作过电压会使电容器发生极间击穿或破坏电容器的对地绝缘。通过安装避雷器，将操作过电压限制在较低的范围，使电容器组免受操作过电压的危害。

5. 避雷器的电气试验

避雷器的电气试验包括出厂试验、交接试验、预防性试验，后两者是运维检修工作中较为关注的试验。避雷器交接试验主要有绝缘电阻测量、工频参考电压和持续电流测量、直流 1mA 电压（U_{1mA}）及 $0.75U_{1mA}$ 下的泄漏电流测量、放电计数器动作试验及监视电流表指示、工频放电电压试验、底座绝缘电阻测量。避雷器预防性试验主要有绝缘电阻测量、直流 1mA 电压（U_{1mA}）及 $0.75U_{1mA}$ 下的泄漏电流测量、运行电压下交流泄漏电流及阻性分量测量、放电计数器动作试验、底座绝缘电阻测量。下面简要介绍相关试验项目。

（1）绝缘电阻测量。绝缘电阻测量的目的是初步检查避雷器内部是否受潮。合格的标准：35kV 以上的避雷器，绝缘电阻不低于 2500MΩ；35kV 及以下的避雷器，绝缘电阻不低于 1000MΩ。

（2）直流电压下泄漏电流测量。直流电压下泄漏电流测量包括直流 1mA 电压（U_{1mA}）及 $0.75U_{1mA}$ 下的泄漏电流测量。U_{1mA} 为避雷器通过 1mA 直流电流时，避雷器两端的电压值。

U_{1mA} 下的泄漏电流试验的目的是检查避雷器内部是否受潮、阀片是否老化。合格的标准是实测值与出厂值或制造厂规定值比较，变化不应大于 ±5%。

$0.75U_{1mA}$ 下的泄漏电流试验的目的是检查避雷器长期允许工作电流是否满足要求，在同一温度下泄漏电流与避雷器寿命成反比。合格的标准是 $0.75U_{1mA}$ 下的泄漏电流不应大于 50μA 或与出厂值相差不大于 30%。

（3）运行电压下交流泄漏电流测量。运行电压下交流泄漏电流测量主要是测量避雷器的全电流和阻性电流。正常情况下，流过避雷器的主要为容性电流，阻性电流占比较小，约为 10%~20%。避雷器内部受潮、阀片老化时，阻性电流会大大增加。通过比较全电流和阻性电流，可以判断避雷器内部是否受潮、阀片是否老化。

在相同的环境条件下，阻性电流与上次测量值或初始值比较应不大于 30%，全电流与上次测量值或初始值比较应不大于 20%。当阻性电流增加 0.3 倍时应缩短试验周期并加强监测，增加 1 倍时应停电检查。

（4）放电计数器动作试验。放电计数器动作试验的目的是检查放电计数器是否能正确记录避雷器的动作情况。合格的标准是测试 3~5 次，均应正常动作。

（5）底座绝缘电阻测量。底座绝缘电阻测量的目的是测量避雷器底座绝缘是否良好。合格的标准是底座绝缘电阻不低于5MΩ。

6. 避雷器的运行维护

（1）外套的运行维护。瓷外套避雷器长期运行后，常存在积污的问题，发现积污后应及时进行清扫。一般通过喷涂防污闪涂料来提高瓷外套避雷器的防污闪性能。瓷外套应无裂纹、破损、放电现象，出现异常时应及时进行处理。硅橡胶复合外套避雷器存在外套劣化的问题，通常安装于室内，伞裙出现破损、变形、电蚀痕迹时，应及时进行处理。

（2）泄漏电流表的运行维护。泄漏电流表应密封良好，表计内部无受潮、进水现象。避雷器投入运行时，应记录泄漏电流的大小和动作次数，作为初始数据。泄漏电流指示异常时，应及时查明原因，必要时缩短巡视周期。表计指示为零时，应检查连接线是否完好，若连接线完好则可能是表计内部机械卡涩，应及时进行处理。

（3）其他部分的运行维护。瓷外套避雷器下方法兰应设置排水孔，避免底部积水导致避雷器内部受潮。排水孔发生堵塞或锈蚀时，应及时进行处理。避雷器的压力释放装置封闭应完好且无异物。引流线出现松股、断股、过紧或过松的现象时应及时进行处理。引线接头应无松动、发热或变色等现象。均压环应无位移、变形、锈蚀现象，无放电痕迹。密封结构金属件和法兰盘无裂纹、锈蚀。设备基础应完好、无塌陷，底座固定牢固、整体无倾斜，绝缘底座表面无破损、积污。接地引下线连接应可靠，无锈蚀、断裂。

7. 常见故障及异常处理

避雷器的常见故障有泄漏电流指示异常，包括泄漏电流异常增大或满偏，泄漏电流异常减小或指示为零。

避雷器内部严重受潮、阀片老化或外绝缘积污严重时，泄漏电流会明显增大，导致泄漏电流表指示增大，甚至出现满偏。泄漏电流异常增大会引起阀片发热量增大，避雷器局部或整体温度升高，可以使用红外热像仪对其进行检测，结合检测结果采取必要的处理措施。

泄漏电流异常减小可能的原因有避雷器底座绝缘能力降低，泄漏电流通过底座分流进入大地。泄漏电流异常减小后，泄漏电流表不能正确指示泄漏电流的大小，不能正确反映避雷器的工作状态，应及时进行处理。

避雷器泄漏电流表指示为零时，应检查避雷器与泄漏电流表之间的连接是否断裂，若连接正常，则可能是泄漏电流表内部机构卡涩，应及时进行处理。

8.1.2 避雷针

避雷针的作用是防直击雷，它将雷电引向自身，使被保护对象免受雷击。带电雷云靠近变电站时，变电站与带电雷云之间形成空间电场，该空间电场使站内建筑物、电气设备上部聚集大量与带电雷云极性不同的电荷，由于变电站内的建筑物、电气设备的形状、大小及分布各不相同，它们与带电雷云之间的空间电场的场强是不均匀的，当某些部分与带电雷云之间的电场强度超过大气游离临界强度时，带电雷云将对该部分放电。

避雷针是金属材质的细长杆状物，带电雷云靠近变电站时，避雷针尖端的电荷密度超过周围物体的电荷密度，其尖端电场发生畸变，且避雷针的高度超过周围物体的高度，避雷针与带电雷云之间的电场强度将率先超过大气游离临界强度，吸引带电雷云对其放电，从而保护变电站里的建筑物和电气设备免受雷击。

1. 避雷针的分类

避雷针本体可以是变电站设备构架，也可以是独立的支柱，根据避雷针本体结构的不同，将避雷针分为构架避雷针和独立避雷针，如图 8-15 所示。

构架避雷针的结构与构架保持一致，构架分为格构式、钢管式和钢筋混凝土式，如图 8-16 所示。

运行中，钢筋混凝土式构架在风力、温湿度等环境因素的影响下，构架表面或内部会出现细纹，长期发展下去可能演变为严重的裂缝，导致构架本体损坏。新建变电站一般不采用钢筋混凝土构架。

(a) 构架避雷针　　　　　　　　　(b) 独立避雷针

图 8-15　避雷针

(a) 格构式　　　　　　(b) 钢管式　　　　　　(c) 钢筋混凝土式

图 8-16　构架避雷针

独立避雷针分为格构式、钢管式、钢筋混凝土式，如图 8-17 所示。

变电站的建筑物一般在构架避雷针或独立避雷针保护范围之内，若在保护范围之外，需要在建筑物上安装避雷带。对于全封闭式变电站，没有安装独立避雷针，通常在建筑物顶部安装避雷带进行防雷。避雷带安装在建筑物易受雷击的部位，如图 8-18 所示。避雷带为长条状的带状体，由圆钢或扁钢制成。遭受雷击时，雷电流通过避雷带、接地引下线、接地装置导入大地，从而保护建筑物免受雷击。

(a) 格构式 (b) 钢管式 (c) 钢筋混凝土式

图 8-17　独立避雷针

图 8-18　避雷带

2. 避雷针的基本结构

避雷针由接闪器、接地引下线和接地装置构成，如图 8-19 所示。

接闪器为金属材质的细长杆状物，顶部呈针尖状圆锥形，安装在避雷针

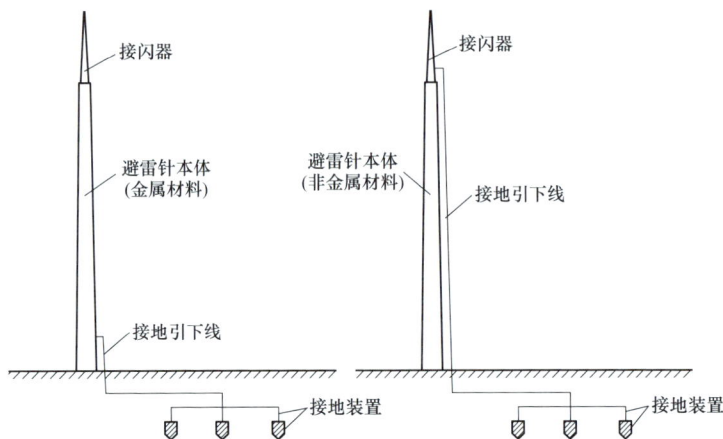

图 8-19　避雷针结构图

本体顶端，一般由镀锌圆钢或镀锌钢管制成，作用是接受直击雷的雷电流。雷击中避雷针后，雷电流通过接地引下线和接地装置散入大地。当避雷针的本体为钢结构时，可以利用避雷针的本体作为雷电流的通道。

接闪器与避雷针本体之间通过插接或法兰连接在一起，接闪器处于避雷针最高处，需要承受变化的风力载荷，室外昼夜温差大，容易使接闪器连接处出现裂纹，长期发展下去裂纹扩大，可能导致接闪器倾倒。接闪器位置很高，出现裂纹后不易发现，一般通过望远镜、无人机对其进行定期检测。近年来，开始使用爬行机器人对避雷针进行检测。

3. 避雷针的运行维护

避雷针应保持垂直，无倾斜。避雷针出现倾斜时，应及时联系专业人员进行处理，未处理前应采取防止避雷针倒塌的措施。避雷针的基础应完好，出现破损、酥松、裂纹、露筋及下沉等现象时，应及时进行处理。

避雷针本体出现锈蚀时，应及时采取防腐蚀措施进行处理。防腐处理前应清理锈蚀部分的表面，在其表面热喷涂锌或涂富锌涂层。钢管避雷针的底部应有排水孔，排水口应无堵塞、锈蚀，防止避雷针内部积水而导致的锈蚀。

4. 常见故障及异常处理

避雷针的常见故障为避雷针本体倾斜。避雷针本体出现倾斜时，应联系专业人员进行处理，在未处理前，应采取防倒塌的措施，并加强巡视。

8.2

接 地 装 置

接地是指将设备的某一部分通过接地装置和大地相连。接地是变电站过电压防护的重要环节，避雷针和避雷器都需要通过接地装置将过电压的能量释放到大地，从而保护电气设备免受过电压的危害。

8.2.1 接地装置的分类

接地装置中接地体的材料包括铜和钢，它们分别构成铜接地网和钢接地网，接地装置由此可以分为铜接地网接地装置和钢接地网接地装置。

铜接地网的优点是具有良好的热稳定性、导电性和耐腐蚀性。铜接地体被腐蚀后，其表面的氧化物能够阻断腐蚀，避免腐蚀进一步深入，从而保护接地体内部不被腐蚀。钢接地体被腐蚀后，其腐蚀程度会随着时间不断加深，导致其接地电阻不断增大。

上海电网的短路容量大，对接地装置的接地电阻有更高的要求，铜接地网抗腐蚀能力强，接地电阻能够长期保持稳定，上海电网普遍采用铜接地网接地装置。

8.2.2 接地装置的基本结构

接地装置由接地线和接地体构成，如图8-20所示。接地线是连接电气设备和接地体的金属导线。接地线包括接地干线、接地支线和接地引下线。接地体又称接地极，它是与土壤直接接触的金属体。为了降低接地装置的接地电阻，通常将多个接地体并联在一起，形成网状结构的接地体的集合，该集合称为接地网。接地网应设置水平均压带，尽量使地面的电位分布均匀，以减小接触电压和跨步电压。

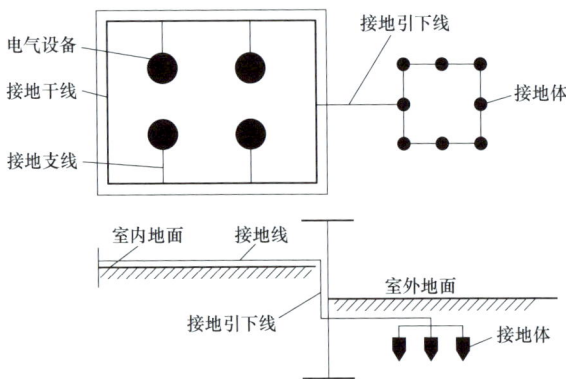

图 8-20　接地装置示意图

接地装置的接地体包括自然接地体和人工接地体。自然接地体包括与大地紧密接触的各种金属构件、建筑物的钢筋混凝土基础、埋地金属管道等。人工接地体有钢接地体和铜接地体。钢接地体可以通过镀铜或镀锌提高其抗腐蚀能力，但铜接地体抗腐蚀性能远优于镀铜或镀锌的钢接地体。接地装置应充分利用自然接地体，自然接地体与接地干线或接地网连接时至少应有两个不同的连接点。

8.2.3　接地装置的主要电气参数

接地装置的主要电气参数是接地电阻。接地电阻是接地装置对远方电位零点的电阻。

为了使过电压的能量安全、快速地释放到大地，过电压产生的电流流过接地装置时，接地装置上产生的电压不会对周围设备产生危害，接地装置的接地电阻应尽量小。接地装置接地电阻的标准见表 8-3。独立避雷针应安装独立的接地装置，其接地电阻不宜大于 10Ω。

表 8-3　　　　　　　　　　　接地装置接地电阻阻值标准

接地网类型	要求
有效接地系统	$Z \leqslant 2000/I$ 或 $Z \leqslant 0.5\Omega$（当 $I > 4000A$ 时） 式中：Z 为考虑季节变化的最大接地阻抗，Ω；I 为经接地装置流入地中的短路电流，A。 注：当接地阻抗不符合以上要求时，可通过技术经济比较增大接地阻抗，但不得大于 5Ω，当接地装置符合相关要求时，接地网电位升高可提高至 5kV。同时应结合地面电位测量对接地装置综合分析。为防止转移电位引起的危害，应采取隔离措施
非有效接地系统	（1）当接地网与 1kV 及以下电压等级设备共用接地时，接地阻抗 $Z \leqslant 120/I$。 （2）当接地网仅用于 1kV 以上设备时，接地阻抗 $Z \leqslant 250/I$。 （3）上述两种情况下，接地阻抗一般不得大于 4Ω
其他	露天配电装置的集中接地装置接地电阻不宜大于 10Ω

8.2.4　接地装置的电气试验

接地装置的交接试验主要有接地网电气完整性测试，接地阻抗测量，场区地表电位梯度、接触电位差、跨步电压和转移电位测量。接地装置的预防性试验主要有接地电阻测量和接地引下线导通试验。下面简要介绍相关试验项目。

1. 接地电阻测量

接地电阻测量的目的是检查接地网接地电阻值是否满足设计要求。接地网锈蚀会导致接地电阻变大，影响接地装置的性能。接地电阻试验合格的标准见表 8-3。

2. 接地引下线导通试验

接地引下线导通试验的目的是检测电气设备与接地网之间的连接状况，避免接地引下线锈蚀、断裂而导致的电气设备失地运行。

接地引下线导通试验的标准如下：

（1）状况良好的设备测试值应在 $50m\Omega$ 以下；

（2）50~200mΩ 的设备状况尚可，宜在以后例行测试中重点关注其变化，重要的设备宜在适当时候检查处理；

（3）200mΩ~1Ω 的设备状况不佳，对重要的设备应尽快检查处理，其他设备宜在适当时候检查处理；

（4）1Ω 以上的设备与主地网未连接，应尽快检查处理；

（5）独立避雷针的测试值应在 500mΩ 以上；

（6）测试中相对值明显高于其他设备，而绝对值又不大的，按状况尚可对待。

8.2.5　接地装置的运行维护

（1）接地引下线的运行维护。接地引下线应定期进行检查试验，连接应良好，无锈蚀。接地引下线连接螺栓、压接件出现松动、锈蚀时应进行紧固、防腐处理。电气设备大修后，设备与接地网之间的连接应良好，避免设备出现"失地"运行。

避雷针应采用双接地引下线，黄绿相间的接地标识清晰，无脱落、变色。

（2）接地网的运行维护。接地网周围不应存放具有腐蚀性的物质，防止腐蚀性物质渗入大地对接地网产生腐蚀。发现接地电阻不满足要求时，应及时采取降低接地电阻的措施。根据接地引下线导通测试、接地电阻测试的结果，判断接地装置的腐蚀程度，按要求对接地网进行开挖检查。

8.2.6　常见故障及异常处理

接地装置的常见故障有接地引下线接地不良。接地引下线连接螺栓、焊接部位出现松动，或存在烧伤、断裂、严重腐蚀时会导致接地引下线接地不良。

接地连接螺栓松动时，应对其进行紧固或更换连接螺栓并加装防松垫片。焊接部位出现松动、接地引下线烧伤、断裂、严重腐蚀时，应联系检修人员处理。

小结

　　过电压防护是保障变电站安全可靠运行的重要环节，良好的接地装置对保障避雷器、避雷针可靠工作至关重要。本章包括过电压防护和接地装置两部分内容，分别介绍了避雷器、避雷针、接地装置在过电压防护中的作用，它们的基本结构、工作原理、运行维护、常见故障及异常处理，避雷器、接地装置的电气参数、电气试验，对避雷器在变电站内的安装位置与保护范围进行了详细描述。

习题与思考题

8-1　何为雷电侵入波？

8-2　简述避雷器的作用。

8-3　简述降低避雷器残压的意义。

8-4　简述避雷器均压环的作用。

8-5　简述避雷器压力释放装置的作用。

8-6　何为直击雷？

8-7　简述避雷针的作用。

8-8　简述避雷针接地电阻偏大的危害。

8-9　何为反击过电压？

8-10　何为接地装置？ 简述接地装置的作用。

8-11　简述氧化锌避雷器进水受潮的危害，可通过哪些手段提前发现。

第 9 章　CHAPTER NINE

09

母线和绝缘子

　　母线是构成电气主接线、传输电能的主要设备，绝缘子既是架空输电线路的重要组成部分，也是电气设备进行绝缘隔离的重要部件，本章将主要从分类结构、电气试验、运行维护、常见故障及异常处理等方面介绍母线和绝缘子的基本知识。

国网上海市电力公司电力专业实用基础知识系列教材
交流变电站电气主设备

9.1

母　　线

母线是载流设备之一，是构成电气主接线的主要设备，可以将发电厂和变电站的各级电压装置的各个载流分支回路连接在一起，用于汇集、分配和传输电能。

9.1.1　母线的分类及结构

母线的材质主要是铜或铝。铜的电阻率低，机械强度高，防腐蚀性强，便于接触连接，是很好的母线材料，但铜的产量低、价格高，所以铜母线主要用于易腐蚀场所或有大电流接触连接的重要地方。铝的导电率仅次于铜，在配电装置母线中使用较多，其重量、价格、机械强度比铜低。

母线按外形和构造大致可分为硬母线、软母线、绝缘管型母线等。

1. 硬母线

常见的硬母线按形状不同可分为矩形母线、圆形母线、管形母线等。

矩形母线也称母线排，按其材质又有铝母线（铝排）和铜母线（铜排）之分。矩形母线安装连接简单方便，在运行中变化小、载流量大、散热条件好、集肤效应小，但造价较高，且矩形截面的四角曲率半径小，周围电场不均匀，易产生电晕现象。矩形母线常用在 35kV 及以下的室内装置中，如图 9-1 所示。

将母线用外壳封闭起来可形成封闭母线，常用于 35kV 开关柜母线仓中，如图 9-2 所示。封闭母线按外壳材料可分塑料外壳和金属外壳，按外壳与母线间的结构型式可分为三相共箱和分相封闭母线等。三相共箱母线设在没有相间隔板的公共外壳内，只能防止绝缘子免受污染和外物所造成的母线短路，而不能消除发生相间短路的可能性。分相母线设在相间有金属或绝缘隔板的金属外壳内，可较好地防止相间故障，在一定程度上减少母线电动力和周围钢结构的发热，但是仍然可能发生因单相接地而烧穿相间隔板造成相间短路的故障。

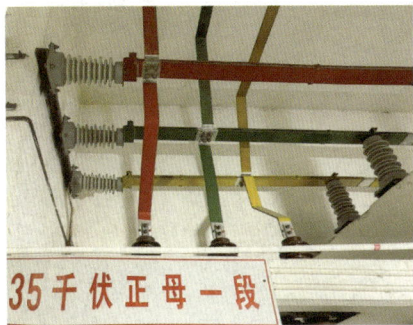

图 9-1　35kV 矩形母线排

图 9-2　开关柜母线仓封闭母线

圆形母线周围电场较均匀，无电场集中现象，不易产生电晕，但抗弯性能差，且在相同截面积下，圆形母线的周长相比矩形母线短，散热面积小，冷却条件差，允许工作电流小，常用在 35kV 以上的户外型配电母线装置中。

管形母线中间部分空心，集肤效应小，机械强度高，散热条件好，常用在 110kV 及以上装置中，如图 9-3 所示。

2. 软母线

软母线包含铝绞线、铜绞线、钢芯铝绞线、扩径空芯导线等，软母线多用于室外，室外空间大，导线间距宽，而其散热效果好，施工方便，造价也较低。220kV 软母线如图 9-4 所示。

3. 绝缘管型母线

绝缘管型母线主要分为全绝缘管型母线和半绝缘管型母线，本书主要介绍全绝缘管型母线。全绝缘管型母线外套全绝缘层，绝缘外包有接地金属屏蔽层，表面电位为零，能够与接地物体直接接触，运行相对稳定安全，具有载流量大、安全、敷设方便等优点，且占地面积少，适用于紧凑型变电站、地下变电站。

图 9-3 220kV 管形母线

图 9-4 220kV 软母线

目前，在运全绝缘管型母线主绝缘主要采用绕包、挤包和环氧浇注三种形式，见表 9-1。

表 9-1   全绝缘管型母线分类

绝缘形式	绝缘结构	绝缘材料
绕式式	电容芯子	聚四氟乙烯、聚酯薄膜等
挤包式	电缆结构	中密度乙烯（95℃）、乙丙橡胶等
环氧浇注式	电容芯子	环氧树脂

由于绕包式、挤包式产品质量参差不齐，对现场制作工艺要求较高，故障占比高，因此上海地区要求全绝缘管型母线采用环氧浇注式，如图 9-5 所示。

环氧树脂浇注式绝缘管型母线利用电容均压原理，在母线外与电容屏间浇注环氧树脂作为主绝缘，如图 9-6 所示。

采用环氧树脂材料生产浇注式绝缘管型母线，存在的主要缺点有母线环氧树脂浇注过程需在真空状态下进行，需严格控制真空度，防止产生气泡造成局部放电；生产工艺较复杂，制造成本最高。

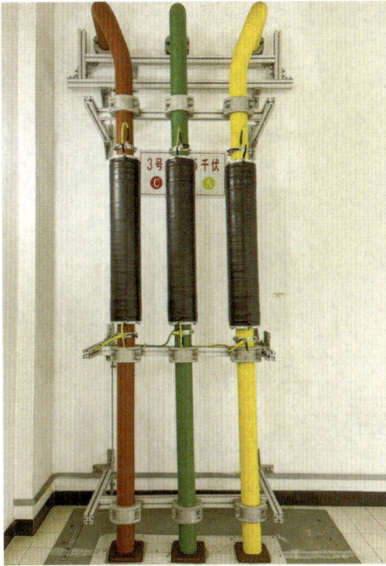

图 9-5　环氧浇注式全绝缘管型母线

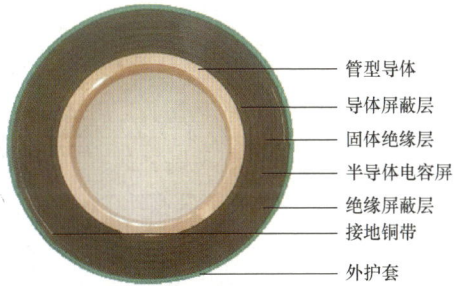

图 9-6　环氧树脂浇注式绝缘管型
母线横截面示意图

主要优点是采用了环氧树脂浸渍纸固体绝缘技术，耐温度变化性能好，机械强度高；母线电流密度小，高温下运行可靠性高，使用寿命长；可实现各段母线连接后带中间接头的出厂局部放电试验，能够有效检测中间接头的可靠性；防水、防外破性能优于绕包式和挤出式绝缘管型母线，缺陷率最低。

环氧浇注绝缘管型母线终端接头处采用多重电容屏锥，在母线与其他电气设备接口处采用了类似电缆应力锥结构进行连接，其端部结构如图 9-7 所示。

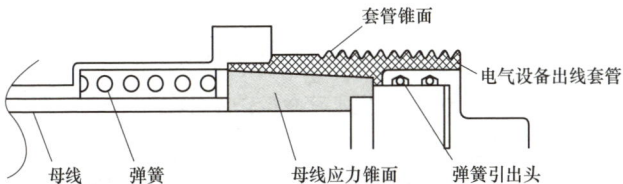

图 9-7　环氧浇注绝缘管型母线终端接口示意图

环氧浇注绝缘管型母线中间接头处采用全绝缘屏蔽筒，在设计中参照电缆接头考虑了其电场分布、支撑与固定的特殊性。图 9-8 为其典型设计结构示意图，为改善中间连接件的电场集中问题，一是在绝缘管型母线本体上通过分屏结构形成应力锥均匀端部电场，二是在绝缘屏蔽筒上通过加应力自粘带、设计电容屏等方法均匀电场，端部则通过两块特殊设计的法兰配合密封圈起固定、密封作用。

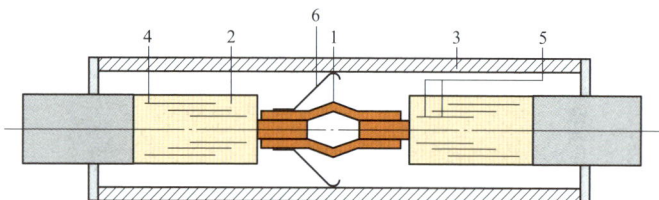

图 9-8　绝缘管型母线中间接头结构示意图

1—软连接铜带；2—环氧树脂浸渍纸绝缘；3—绝缘屏蔽筒；4—地屏；5—端屏；6—等电位连接片

9.1.2　母线的布置方式

母线的布置方式有两种，即水平布置和垂直布置，如图 9-9 所示。

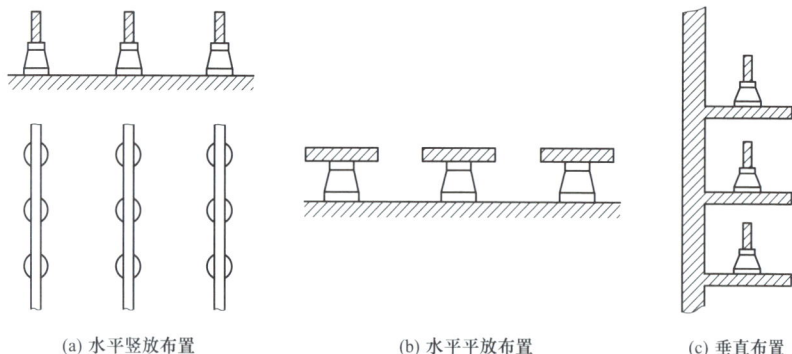

(a) 水平竖放布置　　　　(b) 水平平放布置　　　　(c) 垂直布置

图 9-9　母线水平布置和垂直布置

水平布置，三相母线固定在支持绝缘子上，可分为竖放和平放，水平竖放布置的母线散热条件好，母线的额定允许电流较平放方式要大，但机械强度不是很好。水平平放布置的母线机械强度较好，但散热条件较差，载流量不大。

垂直布置，三相母线分层安装，散热性强，机械强度和绝缘性能高，但增加了配电装置的高度。

9.1.3 母线的电气试验

常规母线电气试验项目主要考核母线附属的绝缘子等对地绝缘附件的绝缘性能，包括绝缘电阻测量和交流耐压试验等，将在绝缘子部分进行介绍。本节主要介绍全绝缘管型母线的例行试验和交接试验。

1. 例行试验

（1）绝缘电阻，能发现绝缘老化、受潮和贯穿性缺陷等。

（2）交流耐压，鉴定设备的绝缘强度，判断设备能否投入运行。

（3）带电检测，主要包括红外测温、紫外成像、局部放电、接地电流等项目，以检测绝缘管型母线是否存在异常发热、局部放电、接地线局部环流等情况，掌握绝缘管型母线的运行状态。

2. 交接试验

绝缘管型母线现场交接试验项目除了常规的绝缘电阻、交流耐压试验项目，还包括外观检查、局部放电试验、介质损耗因数测量、主回路电阻测量。

（1）外观检查，检查绝缘管型母线表面是否存在外护套绝缘破损、脏污等。

（2）局部放电试验，检查绝缘管型母线是否存在气泡、悬浮导体、毛刺等局部缺陷。

（3）介质损耗因数测量，判断绝缘管型母线是否存在绝缘整体受潮、劣化变质、贯通和未贯通的局部缺陷等。

（4）主回路电阻测量，可以检查主回路中的连接和接头接触情况。

9.1.4 母线的运行维护

在母线的运行维护方面，要定期开展巡视，巡视要点如下：

（1）无异物悬挂。

（2）外观完好，表面清洁，连接牢固。

（3）无异常振动和声响。

（4）线夹、接头无过热、无异常。

（5）带电显示装置运行正常。

（6）软母线无断股、散股及腐蚀现象，表面光滑整洁。

（7）硬母线应平直，焊接面无开裂、脱焊，伸缩节应正常。

（8）绝缘管型母线表面绝缘包敷严密，无开裂、起层和变色现象。

（9）绝缘管型母线屏蔽层接地应接触良好。

9.1.5　常见故障及异常处理

对于硬母线、软母线等非全绝缘管型母线，运行经验表明故障率低，因此本书主要介绍全绝缘管型母线运行中出现的常见故障。

全绝缘管型母线生产和安装过程中的工艺不良，以及长期不良的运行环境都有可能导致设备在运行中产生缺陷，比如密封不良受潮、机械损伤、过热、局部绝缘损坏等。

某 220kV 变电站 1 号主变压器 35kV 侧全绝缘管型母线 B 相中间接头绝缘筒击穿放电，如图 9-10 所示。检查发现故障原因为长期运行导致中间接头密封不良造成内部受潮，击穿放电。

图 9-10　某变电站全绝缘管型母线中间接头烧毁

9.2

绝　缘　子

9.2.1　绝缘子的作用

绝缘子是一种特殊的绝缘控件，是安装在不同电位的导体或导体与接地构件之间的能够耐受电压和机械应力作用的器件，其主要作用是实现电气绝缘和机械固定，即用于电气导体和设备的柔性或刚性支持并将导体和设备与地或其他导线和设备进行绝缘隔离。

9.2.2　绝缘子的分类及结构

绝缘子一般由固体绝缘材料制成，主要由绝缘件和连接金具两大部分构成。绝缘子种类繁多，形状各异，按绝缘材料不同可以分为瓷绝缘子、玻璃绝缘子和复合绝缘子，按用途可以分为线路绝缘子、电站绝缘子，其中线路绝缘子又可分为悬式绝缘子、针式绝缘子、横担绝缘子等，电站绝缘子又可分为支柱绝缘子、套管绝缘子等。

（1）瓷绝缘子。瓷绝缘子的绝缘件由电工陶瓷制成，如图 9-11 所示，外表面通常涂有一层棕色或白色的硬质瓷釉以提高其绝缘性能和机械强度，防水浸润，增加表面光滑度，抗老化性能极好，耐受腐蚀，有足够的电气和机械强度，使用最为普遍，但其耐污秽性能不好，笨重易碎，运输安装成本大，且制造能耗高。

（2）玻璃绝缘子。玻璃绝缘子如图 9-12 所示，其绝缘件由经过退火和钢化处理的玻璃制成，绝缘和机械强度高、尺寸小、质量轻、制造工艺简单、价格低廉、制造能耗较高，具有局部损坏后整体伞盘脱落的"自爆"特性，易于发现问题并维护。

图 9-11　瓷绝缘子外观图

图 9-12　玻璃绝缘子外观图

（3）复合绝缘子。复合绝缘子也称合成绝缘子，至少由芯体和伞套两种绝缘部件构成，材料主要采用硅橡胶、乙丙橡胶等有机物，端部装有配件，机械强度高、质量轻、污闪和湿闪电压高。复合绝缘子如图 9-13 所示。

（4）悬式绝缘子。悬式绝缘子广泛应用于高压架空输电线路和发电厂、变电站软母线的绝缘及机械固定。悬式绝缘子可分为盘形悬式绝缘子和棒形

图 9-13　复合绝缘子外观图

悬式绝缘子。

　　盘形悬式绝缘子由铁帽（可锻铸铁）、钢脚（低碳钢）和瓷件（或钢化玻璃）组成，如图 9-14 和图 9-15 所示。金具和绝缘件之间用水泥胶合。盘形悬式绝缘子可方便地组成绝缘子串，组成绝缘子串时，钢脚的球接头插入铁帽的球窝中，成为球绞软连接，使绝缘子串只承受拉力，不承受弯矩和扭矩。棒形悬式绝缘子则由伞套、芯棒及两端金具组成。

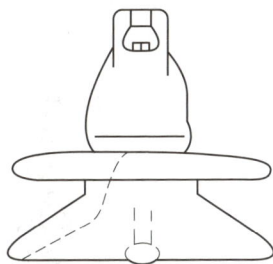

图 9-14　盘形悬式绝缘子
外形示意图

图 9-15　盘形悬式绝缘子外观图

　　（5）支柱绝缘子。支柱绝缘子主要用于发电厂及变电站的母线和电气设备的绝缘及机械固定，是用作带电部件刚性支持并使其对地或另一带电部件绝缘的绝缘子，主要用于固定没有封闭外壳的电气设备的载流部分，其电场分布是具有弱垂直分量的极不均匀电场。支柱绝缘子又可分为棒式支柱绝缘子、针式支柱绝缘子和圆柱形支柱绝缘子等。

电站支柱绝缘子如图 9-16 所示，由实心瓷柱和上、下金属附件通过水泥胶装组成。金属附件装在绝缘件的两端，用于将绝缘子固定在支架上和将载流导体固定在绝缘子上，为防锈蚀作镀锌处理。

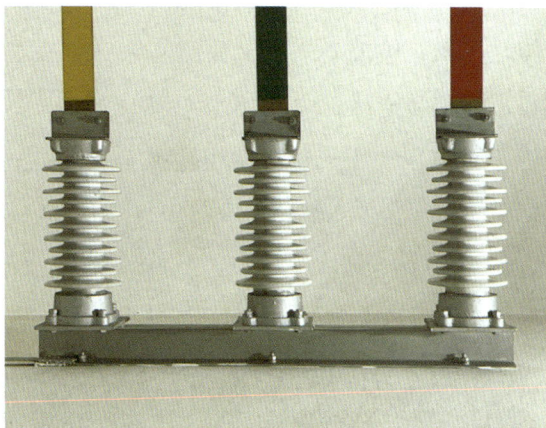

图 9-16　电站支柱绝缘子外观图

（6）套管。套管是将载流导线引入变压器或断路器等电气设备或母线穿过墙壁时的引线绝缘，用作导电体穿过电气设备外壳、接地隔板或墙壁，比如变压器的出线套管、穿越墙壁的穿墙套管（如图 9-17 和图 9-18 所示）、全封闭组合电器 GIS 的气体绝缘出线套管等，套管电场分布是具有强垂直分量的极不均匀电场，其表面电压分布极不均匀，在中间法兰边缘处电场十分集

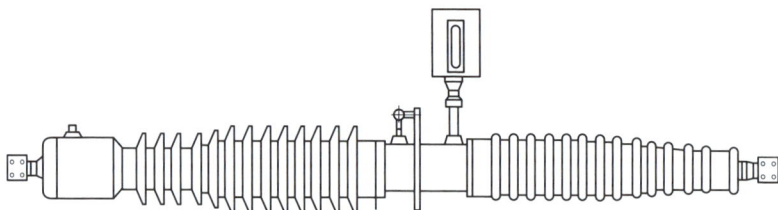

图 9-17　穿墙套管结构图

中，很易从此处开始电晕及滑闪放电。套管一般由瓷套、接地法兰及载流导体三部分组成，绝缘材料大多采用电瓷材料和复合材料。

9.2.3 绝缘子的主要参数

绝缘子能够实现电气绝缘和机械固定，故对其主要有电气性能和机械性能两方面的要求。

在电气性能方面，绝缘子的电气参数除常规的额定电压外，还有以下和电气性能密切相关的参数，如贯通两电极的沿绝缘体外部空气的放电电压——闪络电压。

图 9-18 穿墙套管室
外部分外观图

（1）干闪络电压，指绝缘子在表面清洁、干燥状态下的闪络电压。

（2）湿闪络电压，指清洁绝缘子在人工淋雨状态下的闪络电压。

（3）污秽闪络电压，指在一定的表面污秽度下，绝缘子在受潮情况下的闪络电压。

降雨可能导致湿闪、积污可能导致污闪、覆冰可能导致冰闪、雷击可能导致雷闪、操作过电压可能导致操作冲击闪络，运行中的绝缘子应能在正常工作电压和一定幅值的过电压下可靠工作。

另外，绝缘子的耐污闪能力通常用绝缘子的泄漏距离、爬电比距、干弧距离等来表征。

（1）泄漏距离，指在导电部位之间沿着绝缘表面测出的最短距离之和。

（2）爬电比距，是泄漏距离和运行电压的比值。

（3）干弧距离，指在两个端部电极之间通过中间介质的最短放电距离，或是通过若干中间电极的最短放电距离。其中，泄漏距离和干弧距离如图9-19所示。

用于表征电气设备外绝缘污秽程度的参数主要包括污层的等值附盐密度、污层的表面电导、泄漏电流脉冲等。

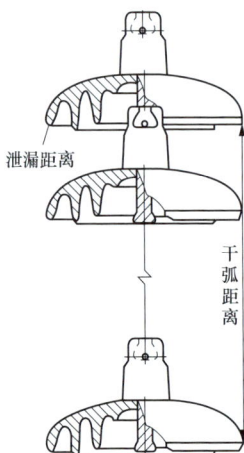

泄漏距离

干弧距离

图 9-19　绝缘子泄漏
距离、干弧距离

（1）污层的等值附盐密度以绝缘子表面每平方厘米的面积上有多少毫克的氯化钠来等值表示绝缘子表面污层导电物质的含量。

（2）污层的表面电导以表面电导来反映绝缘子表面综合状态。

（3）在运行电压下，绝缘子能产生泄漏电流脉冲，通过测量脉冲次数，可反映绝缘子污秽的综合情况。

在机械性能方面，不同的绝缘子在运行中可能承受拉伸、弯曲、扭转等一种或几种机械负荷，绝缘子机械试验可以验证绝缘子的机械强度、检查绝缘子缺陷。

（1）拉伸负荷以作用在绝缘子两端的轴向拉伸力来表征，如盘形绝缘子受导线重力和拉力造成的轴向拉伸负荷。

（2）弯曲负荷以作用在绝缘子顶部的垂直力来表征，如支柱绝缘子受导线拉力、风力、短路电流电动力等的作用造成弯曲负荷。

（3）扭转负荷以作用在绝缘子顶部的扭矩来表征，如隔离开关支持绝缘子在操作过程中会受扭转力矩作用。

9.2.4　绝缘子的电气试验

1. 例行试验

（1）盘形绝缘子零值检测，运行中的盘形绝缘子由于受到各种因素的影响，当绝缘子的绝缘逐渐老化，击穿电压不断下降至小于沿面干闪络电压时，就被称为低值绝缘子。低值绝缘子的极限，即内部击穿电压为零，就称为零值绝缘子。零值检测就是通过检测判断绝缘子是否低值或零值。绝缘子零值检测工作可分为停电检测和带电检测，两种检测方法可同时展开。

（2）绝缘电阻测量，主要对支柱绝缘子进行，能发现绝缘老化、受潮和贯穿性缺陷等。

（3）交流耐压试验，主要对支柱绝缘子进行，鉴定绝缘强度，判断设备能否投入运行。

（4）超声波探伤检查，适用于瓷质绝缘子，当怀疑设备有缺陷时开展，主要检查绝缘子等工件内部裂纹、夹杂、气孔等缺陷。

（5）憎水性试验，适用于复合绝缘子和硅橡胶涂层绝缘子。复合绝缘子和硅橡胶涂层绝缘子的防污闪性能主要来源于它独具的憎水性和憎水迁移性。所谓憎水性，即指绝缘子的表面不易受潮，吸附在绝缘子表面的水分以不连续的孤立小水珠的形式存在，不会形成连续的水膜，从而限制了绝缘子表面的泄漏电流，提高闪络电压；所谓憎水迁移性，指绝缘子表面的硅橡胶可把自身的憎水性迁移到污秽物表面，使污秽物表面也具有憎水性。实践证明，运行中的复合绝缘子由于污秽、潮湿、放电、低温等因素的影响，其憎水性会发生下降甚至丧失，并直接影响输变电设备的防污闪性能，甚至威胁电力系统的正常运行，因此，需对运行中的复合绝缘子的憎水性进行检测。

（6）现场污秽度测试，主要通过测量现场或试验站的参照绝缘子（指普通盘形悬式绝缘子）表面的等值盐密和灰密来确定。其他形状绝缘子表面的等值盐密和灰密应折算到参照绝缘子上。测量分析的目的是为了确定绝缘子的配置。

（7）带电检测，主要包括红外测温、紫外检测，用于检测绝缘子是否存在异常发热和表面局部放电情况。

应当指出的是，对于电容型穿墙套管，除进行绝缘电阻检测外，还要开展介质损耗因数和电容量检测，判断其绝缘是否存在受潮等缺陷。

2. 交接试验

（1）绝缘电阻测量。

（2）交流耐压试验。

（3）超声波探伤检查。

9.2.5 绝缘子的运行维护

1. 运行巡视

在绝缘子运行方面，要定期开展巡视，巡视要点如下：

（1）绝缘子防污闪涂料无大面积脱落、起皮现象。

（2）绝缘子各连接部位无松动现象、连接销子无脱落等，金具和螺栓无锈蚀。

（3）绝缘子表面无裂纹、破损和电蚀，无异物附着。

（4）支柱绝缘子伞裙、基座及法兰无裂纹。

（5）支柱绝缘子及硅橡胶增爬伞裙表面清洁、无裂纹及放电痕迹。

（6）支柱绝缘子无倾斜。

2. 日常维护

目前，污闪已被列为电力系统头号安全隐患，污闪事故也被列为电网重大安全责任事故。为防止绝缘子表面污秽造成严重后果，需要根据其表面状况开展污秽处理，保持绝缘子清洁无脏污。靠人工清扫的手段开展防污闪工作已经不能适应电网发展的需要，而带电水冲洗简单易行，工作效率高，清洗效果好，既减少了停电，又达到了防污闪的目的，经济效益显著。

从安全性角度看，水冲洗需要考虑水柱的直径、与带电体之间最小的水柱长度，以避免泄漏电流对人体的伤害。

从冲洗方式看，水冲洗原则上不允许单枪操作，以避免污水流下导致的绝缘连电效应，造成冲洗事故。一般至少是双枪操作。

从清洗的方向性看，水冲洗绝缘子时要求的是从下往上的顺序，绝不能颠倒。

9.2.6 常见故障及异常处理

1. 闪络

绝缘子表面和瓷裙内外落有污秽，受潮以后耐压强度降低，使泄漏电流增大，当达到一定值时，就会造成表面击穿放电。绝缘子表面和瓷裙内外落有污秽虽然少，但电网遭受过电压时，在过电压的作用下绝缘子表面也会发生闪络放电。

2. 异常发热

绝缘子长期运行过程中，受天气、环境、电场、机械作用等影响，表面积污受潮情况下，造成表面绝缘下降，引起局部发热、放电等缺陷。如图 9-20 所示为 4 种常见的绝缘子异常发热缺陷。对于内部受潮、低值或零值绝缘子需进行更换处理，对于因表面污秽引起的外表面发热或放电缺陷的绝缘子，需进行带电水冲洗或停电清擦，条件允许时可在绝缘子表面涂抹憎水性物质（如硅油、硅脂、地蜡、室温硫化硅橡胶 RTV 涂料等）或加装增爬裙的措施防止绝缘子污秽。

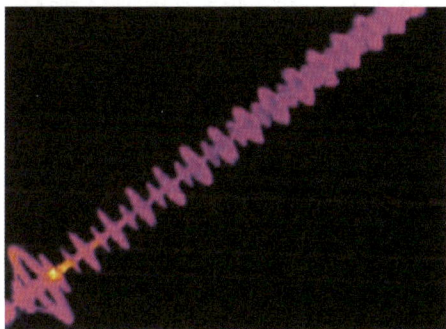

(a) 合成绝缘子端部芯棒受潮发热

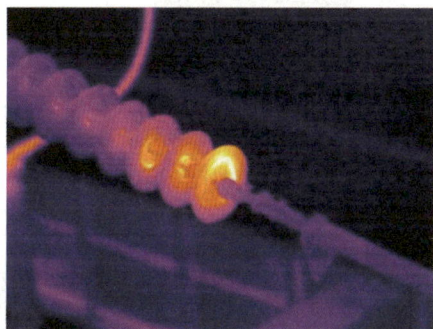

(b) 瓷绝缘子表面污秽发热

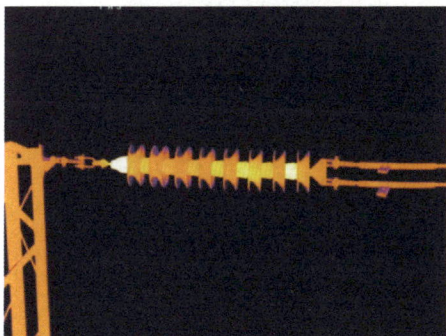

(c) 瓷绝缘子低值发热

(d) 支持绝缘子异常发热

图 9-20　绝缘子常见发热缺陷红外图谱

3. 复合绝缘子（套管）表面老化

硅橡胶复合绝缘子（套管）在运行环境因素作用下的老化失效问题给电网的安全运行带来重大隐患。依据老化的原因，可将硅橡胶老化分为物理老化、化学老化和电老化三种主要类型，引起物理老化的因素有紫外辐照、局部高温、应力疲劳等，导致化学老化的因素有酸碱、臭氧及氮氧化物等，而电老化过程往往伴生物理老化和化学老化，且对硅橡胶绝缘子（套管）的老化作用更严重，速度也更快。某220kV变电站巡视发现220kV副母分段C相电流互感器硅橡胶外绝缘有龟裂现象，如图9-21所示。

图9-21 硅橡胶外绝缘龟裂

4. 瓷绝缘子开裂

高压瓷绝缘子根部和法兰是用水泥胶装的，在运行过程中易受到电、热、力、环境、化学等因素的影响，若存在胶装工艺质量不过关、安装不到位等问题，运行中有断裂等安全隐患，如图9-22所示。

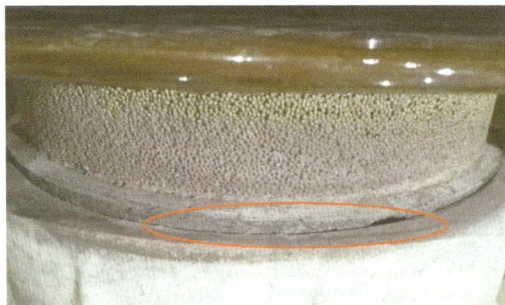

图9-22 瓷绝缘子胶装部位开裂

小结

　　母线用于汇集、分配和传送电能，绝缘子可以实现电气绝缘和机械固定，是电气接线的主要构成设备。全绝缘管型母线生产和安装过程中的工艺不良，以及长期不良的运行环境都有可能导致设备在运行中产生缺陷，比如密封不良受潮、机械损伤、过热、局部绝缘损坏等，绝缘子表面污秽闪络、老化、发热、开裂等也将影响电网安全稳定运行，故在日常工作中应加强母线和绝缘子的运行检测和维护，结合实际多开展相关有效检测技术手段的研究。

习题与思考题

9-1 简述母线在电力系统中的作用。

9-2 软母线根据材质可分为哪些？

9-3 简述环氧树脂浇注式绝缘管型母线的结构。

9-4 绝缘管型母线投运后的带电检测项目有哪些？

9-5 母线运行巡视时应注意哪些方面？

9-6 简述绝缘子的主要作用。

9-7 何为低值绝缘子？ 何为零值绝缘子？

9-8 简述表征电气设备外绝缘污秽程度的参数。

9-9 全绝缘管型母线相比于别的母线型式有哪些特点？ 试简述其主要应用场合。

9-10 如何表征绝缘子的耐污闪能力？ 若绝缘子发生污闪故障，可能由哪些因素导致？

站用电交直流系统

10

　　站用电交直流系统是变电站的重要组成部分，为变电站内一、二次设备及辅助设施等提供可靠的工作电源、操作电源及动力电源，是保证站内各类设备安全运行、环境稳定可控的关键环节。站用电系统负荷除站内照明、生活用电、检修电源外，还包括主变压器冷却器、消防泵类、气体采样系统等。此外，站内自动化监控系统、保护装置、通信系统、控制回路、动作机构等均需由站用电系统提供电源。站用电系统直接影响站内主、辅设备的安全运行，应具有高度的可靠性和稳定性。

国网上海市电力公司电力专业实用基础知识系列教材
交流变电站电气主设备

10.1

概　　　述

　　站用电交直流系统是变电站内供用电系统的总称，与普通市电不同，站用电系统一般由本站低压侧回路直接提供电源，仅供站内各类交、直流负载使用。图 10-1 为一种站用电系统结构示意图，电能经本站低压侧回路输送至两台站用变压器，降压为 380V 后通过站用电交流母线分配给站内交、直流负载使用，其中交流负载可以经站用电交流母线直接配电，直流负载需通过充电机将电能由交流转换为直流后再供直流负载使用。此外，为了保证站用电系统的可靠性，在站用电交流母线接入 UPS 电源，在直流母线接入蓄电池，以保证重要负荷的不间断供电。

　　在变电站现场，站用电系统一般被分为站用电交流系统和站用电直流系统。从电气连接上，站用电直流系统是站用电交流系统负载的一部分，但直流供用电系统由于采用直流电压，形成了相对独立的微型系统。同时，由于交流系统和直流系统设备特性不同，在变电站内通常分别进行管理维护。

　　站用电交流系统是指由站用变压器、站用变压器高压侧系统、低压侧交流系统、交流负载等构成的微型电力系统。其中站用变压器及其相连熔断器、隔离开关等设备一般位于站用变压器室；低压侧交流系统包含站用变压器 380V 进线开关至各负载开关间设备，该部分设备均为交流 380V 电压等级，通常集中布置于站用电室（或继保室）交流屏柜中。除以上供配电设备外，站用电交流负载主要包括主变压器冷却器、消防泵类、气体采样系统、照明、生活用电、检修电源、自动化监控系统机柜、断路器及隔离开关动作机构等。

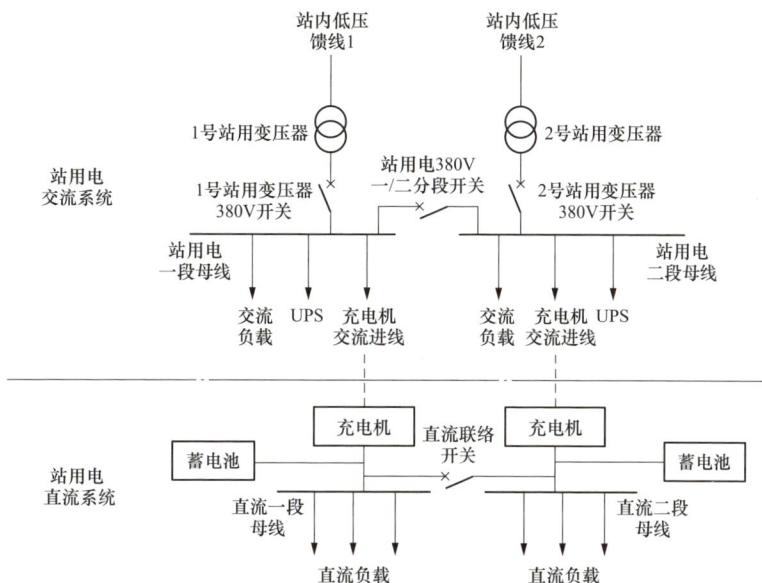

图 10-1　站用电系统结构示意图

站用电直流系统是指由充电机、蓄电池、直流负载等构成的站内直流供用电系统，一般采用直流 220V 或 110V 电压等级，其中通信直流采用 48V 电压等级。充电机、直流馈线屏等通常集中布置于站用电室（或继保室）直流屏柜中，蓄电池位于蓄电池室内。直流负载主要包括控制系统、继电保护、自动装置、信号系统、通信系统等。

10.2

站 用 电 交 流 系 统

10.2.1　站用电交流系统接线方式

1. 典型接线方式

保证站用电系统安全可靠供电，是保证站内设备、人员安全的关键环节。

多回路供电是站用电交流系统设计的基本要求，图 10-2 为三种典型的站用电交流系统接线方式示意图。

2. 应用及配置原则

图 10-2（a）接线方式常用于 35、110kV 变电站中。站用电系统由站内低压侧 10kV 两路馈线供电，两路馈线接于不同的母线，且两条母线应由站内不同主变压器供电。两路馈线经站用变压器降压为 380V 后，接入 ATS 自动投切装置，为 380V 母线供电。正常运行时，1、2 号站用变压器高低压侧断路器均在合闸位置，ATS 自动投切装置内 1 号站用变压器输入开关合闸，2 号站用变压器输入开关分闸，380V 母线由 1 号站用变压器供电，2 号站用变压器电源备用。当 1 号站用变压器供电回路故障失电时，ATS 装置自动将 1 号站用变压器输入开关分闸，2 号站用变压器输入开关合闸，由 2 号站用变压器向 380V 母线供电。

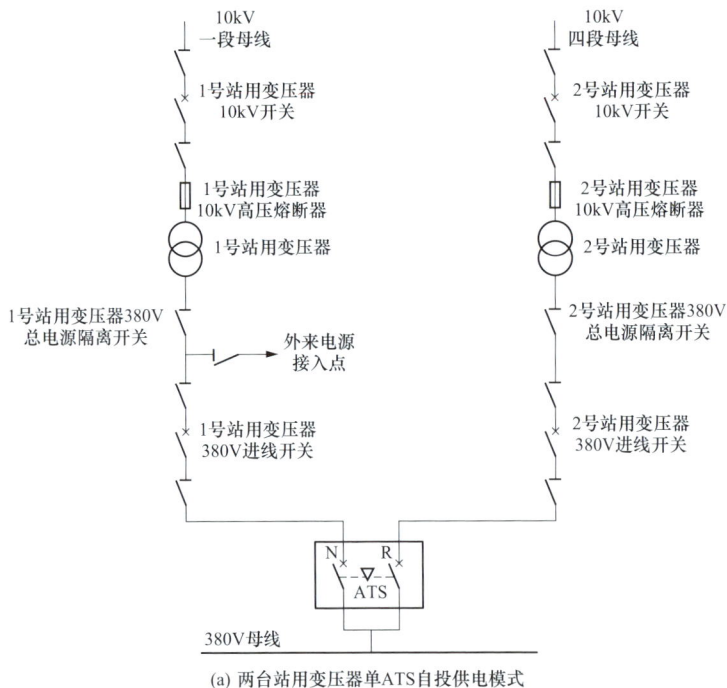

(a) 两台站用变压器单ATS自投供电模式

图 10-2　站用电交流系统接线方式示意图（一）

(b) 两台站用变压器无备自投供电模式

(c) 三台站用变压器带分段供电模式

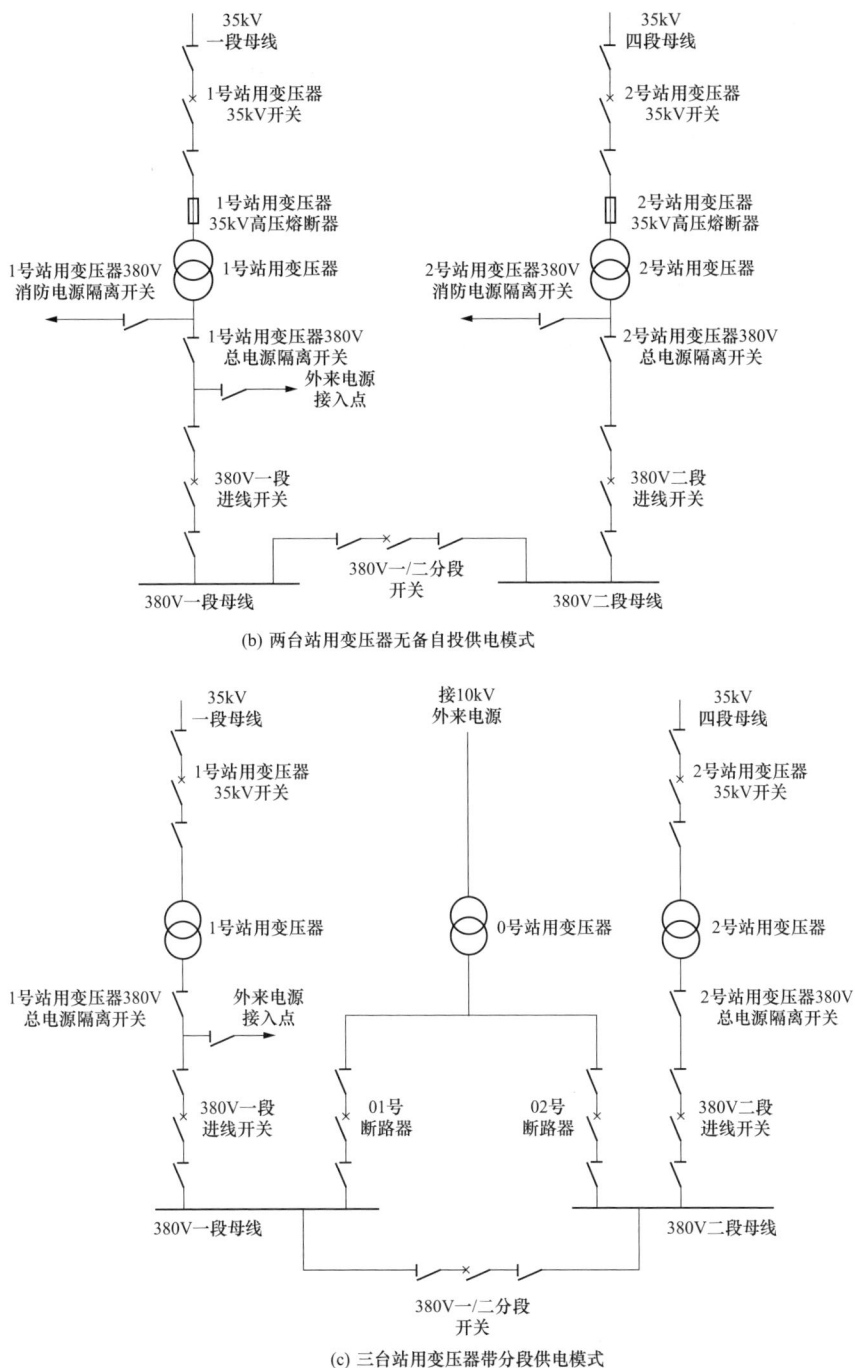

图 10-2 站用电交流系统接线方式示意图（二）

图 10-2（b）接线方式常用于 220kV 变电站中。站用电系统由站内低压侧 35kV 两路馈线供电，两路馈线接于不同的母线，且两条母线应由站内不同主变压器供电。两路馈线经站用变压器降压为 380V 后，分别供 380V 一段母线、380V 二段母线，两段母线通过 380V 分段开关联络。正常运行时，分段开关在热备用状态，两段母线分列运行。当一条母线失电时，可以拉开失电母线 380V 进线开关，合上分段开关，由另一路电源供电，保证站用电系统的可靠供电。该模式下消防系统泵类电源通常由两路 380V 消防电源直接供电，同时两路电源间设置消防电源自切屏，保证消防泵类的可靠供电。

图 10-2（c）接线方式常用于 500kV 变电站中。与图 10-2（b）模式相比，站用电系统除由站内低压侧两路馈线供电外，还增加了一路外来电源作为备用。外来电源通常取自市电 10kV 馈线，所接入降压变通常命名为 0 号站用变压器。外来电源经 0 号站用变压器降压为 380V 后，通过 01 号断路器和 02 号断路器分别接入 380V 一段母线、380V 二段母线。正常运行时，380V 一段母线、二段母线分别由 1 号站用变压器、2 号站用变压器供电，分段开关在热备用状态。0 号站用变压器送电至 01、02 号断路器，01、02 号断路器也在热备用状态。01、02 号断路器均设置自动切换功能，当 380V 一母失电时，01 断路器自动合上，由 0 号站用变压器为 380V 一母供电。三台站用变压器供电模式具有最高的可靠性，且事故状态下，供电模式切换也更加灵活。

此外，为了保证极端情况下站用电系统的供电，在变电站内还设置外来电源接入点。当全站所有供电回路均失电时，采用发电车接入，以恢复站用电系统供电。同时，当一台站用变检修或其他存在站用电系统失电风险的情况下，站内也会及时调配发电车，以保证站用电系统供电的可靠性。

3. 交流系统馈线网络

站用电交流系统用电负载主要包含以下几类：

（1）直流系统；

（2）交流操作电源（包括电动隔离开关操作）；

（3）主变压器强迫油循环风冷系统；

（4）UPS 逆变电源；

（5）主变压器有载调压装置；

（6）设备加热、驱潮、照明；

（7）检修电源箱、试验电源屏；

（8）SF_6 监测装置；

（9）配电室正常及事故排风扇电源，生活、照明等交流电源。

站用电负荷按停电影响可分为 I 类负荷、II 类负荷、III 类负荷。其中 I 类负荷是指短时停电可能影响人身或设备安全，最为重要的负荷；II 类负荷允许短时停电；III 类负荷长时间停电不会直接影响生产运行。

站用电负荷由站用配电屏直配供电，对重要负荷应采用分别接在两段母线上的双回路供电方式。

当站用变压器容量大于 400kVA 时，大于 50kVA 的站用电负荷一般由站用配电屏直接供电；其他较小的分散性负荷，如照明等，采用站用配电屏集中供电，就地分供的方式。

主变压器、高压并联电抗器的强迫冷却装置、有载调压装置及其带电滤油装置，一般按下列方式设置互为备用的双电源，并只在冷却装置控制箱内实现自动切换：

（1）采用三相设备时，每台设备分别设置双电源；

（2）采用成组单相设备时，每组设备分别设置双电源，各相变压器的用电负荷接在经切换后的进线上。

500kV 变电站的主控通信楼、综合楼、下放的继电器小室，可根据负荷需要设置专用配电分屏向就地负荷供电。专用配电分屏一般采用单母线接线，当带有 I 类负荷回路时应采用双电源供电。

断路器、隔离开关的操作及加热负荷，可采用按配电装置电压区域划分，分别接在两段站用电母线的下列双电源供电方式：

（1）按功能区域设置环形供电网络，并在环网中间设置分段开关以开环运行；

（2）双回路独立供电，在功能区域内设置双电源切换配电箱，向间隔负荷辐射供电；

（3）双回路独立供电，设备控制箱内设有双电源切换装置。

站内电源优先选用工作电源，当检测到任何相电压中断时，自动切换装置延时将负载从工作电源切换至备用电源；当工作电源恢复正常时，自动切换装置延时将负载从备用电源切换至工作电源供电。

检修电源网络一般采用按功能区域划分的单回路分支供电方式。

4. 中性点接地方式

站用电高压侧交流系统一般采用中性点不接地方式。外引高压站用电源系统中性点接地方式由站外系统决定。室外变电站站用电低压中央供电系统采用三相四线制中性点直接接地方式（TN-C），如图 10-3 所示。全室内变电站、建筑内及分散的检修供电可采用全部或局部三相五线制中性点直接接地方式（TN-S 或 TN-C-S），如图 10-4 和图 10-5 所示。

三相四线系统（TN-C）中引入建筑的保护接地中性导体（PEN）应重复接地，严禁在 PEN 线中接入开关或隔离电器。

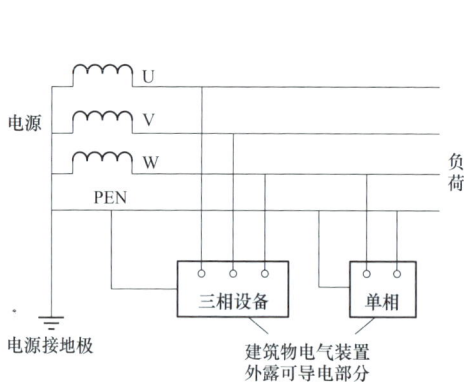

图 10-3　TN-C 系统示意图

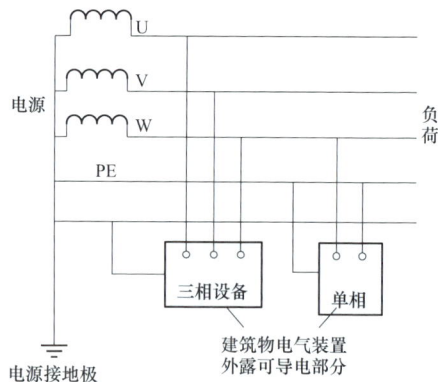

图 10-4　TN-S 系统示意图

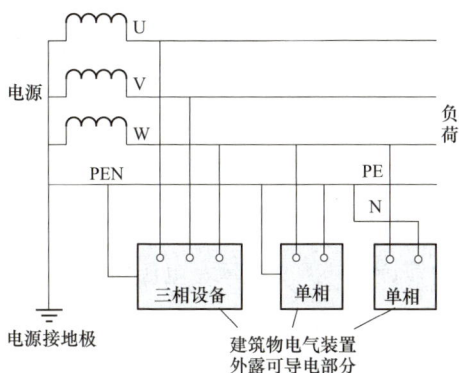

图 10-5　TN-C-S 系统示意图

10.2.2　站用电交流系统组成及功能

1. 系统构成

站用电交流系统主要由高压侧熔断器、站用变压器、低压侧闸刀箱、交流进线屏、交流馈线屏、分段开关屏、自动切换装置、交流负载网络、UPS系统，以及相应的监测、保护装置等设备构成。

2. 各组件功能

（1）高压侧熔断器。站用变压器高压侧熔断器可以对站用变压器回路起保护作用。当站用变压器过电流时，高压侧熔断器熔断可以对站用变压器起保护作用。

（2）站用变压器。站用变压器（简称站用变）负责将电能从高压降压为380V供站内设备使用，两台站用变压器通常选择相同容量。500kV变电站站用变压器高压侧一般为35kV或66kV；220kV变电站站用变压器高压侧一般为35kV；35kV及110kV变电站站用变压器高压侧一般为10kV。

（3）站用变低压侧总闸刀箱。220kV变电站中，通常在站用变压器低压侧设置380V闸刀箱，闸刀箱内配置380V刀熔开关。该闸刀箱通常位于站用变压器室，包括消防电源闸刀箱和380V总闸刀箱。其中消防电源闸刀箱为消防系统提供电源；380V总闸刀箱为站用电380V母线供电。

380V 总闸刀使站用变压器和站用电低压系统间有明显的断开点，当站用变压器检修时，通过断开该闸刀，可以明确工作的安全性。同时，刀熔开关在低压侧出现故障时将会熔断，切断故障电流，起到保护的作用。

（4）站用交流电源柜。站用交流电源柜主要包含交流进线柜、交流联络柜、交流配电柜。交流进线柜主要实现站用电 380V 交流电源的接入及监视、控制功能，主要包含交流进线开关、电流、电压监视、开关控制及监视等模块。含自动投切控制的供电模式中，交流进线柜还包含电源主备自动切换装置。交流联络柜主要起联络 380V 母线的作用，主要包含分段开关及其监视、控制模块。交流配电柜则起分配交流电源的功能，并监视各个馈线的空气开关状态。

图 10-6 为某站内交流电源柜实例，该站采用图 10-2（c）供电模式。其中图 10-6（a）为 1 号站用变压器 380V 交流进线柜，该交流进线柜包含 380V 一段进线电压、电流监视，380V 一段母线电压监视；1 号站用变压器 380V 进线开关，开关控制、状态监视，以及部分交流配电抽屉开关。图 10-6（b）为 0 号站用变压器 380V 一段进线柜，该柜包含 0 号站用变压器进线开关，开关控制、状态监视，以及部分交流配电抽屉开关。图 10-6（c）为 380V 一/二分段开关柜，该柜包含 380V 母线电压监控，分段开关，开关控制、状态监视，以及部分交流配电柜。图 10-6（d）为交流馈线柜，该柜主要包含各类交流负载抽屉开关，及其状态指示。图 10-6（e）为该站内交流电源屏全景图，从左至右依次为 1 号站用变压器 380V 一段进线柜、380V 一段交流馈线柜、0 号站用变压器 380V 一段进线柜、380V 一/二分段开关柜、0 号站用变压器 380V 二段进线柜、380V 二段交流馈线柜、2 号站用变压器 380V 二段进线柜。

（5）自动转换开关电器（ATSE）。自动切换开关电器（ATSE）是由一个或几个转换开关电器和其他必需的电器组成，用于监测电源电路、并将一个或几个负载电路从一个电源自动转换至另一个电源的电器。ATSE 的操作程序由两个自动转换过程组成：

1）常用电源被监测到出现偏差时，自动将负载从常用电源转换至备用电源。

(a) 1号站用变压器　　　　(b) 0号站用变压器　　　　(c) 380V一/二分段开关柜　　　(d) 1号交流馈线柜
　　380V一段进线柜　　　　　　380V一段进线柜

(e) 站内交流电源屏全景图

图 10-6　某站内交流电源柜实例

2）常用电源恢复正常时，自动将负载返回转换到常用电源。转换时可有预定的延时或无延时，并可处于一个断开位置。在存在常用电源和备用电源两个电源的情况下，ATSE 应指定一个常用电源位置。

（6）不间断电源系统（UPS）。不间断电源系统（UPS）可以向微机、通信、事故照明及其他不能停电的交流用电设备供电，保证当系统故障或需要检修时无间断的向负荷供电。该不间断电源系统有直流和交流两路输入，正常情况下，由交流输入经过整流，再通过逆变、输出隔离升压变压器、静态开关向负荷供电，直路输入处于热备用状态。当交流输入出现异常时，立即切换到正处热备用状态的直流输入，切换时间 0ms，真正做到无间断供电。当 UPS 系统故障时，系统无条件地切换到电子旁路输出，其切换时间不大于 4ms。该系统还配有维修旁路，当系统有故障或需检修时，可以把维修旁路投入，系统在保持无间断时间的情况下，把模块退出检修。UPS 系统接线示意图如图 10-7 所示，正常运行中除了维修旁路在拉开位置，其他交直流开关、旁路开关均应在合闸位置。

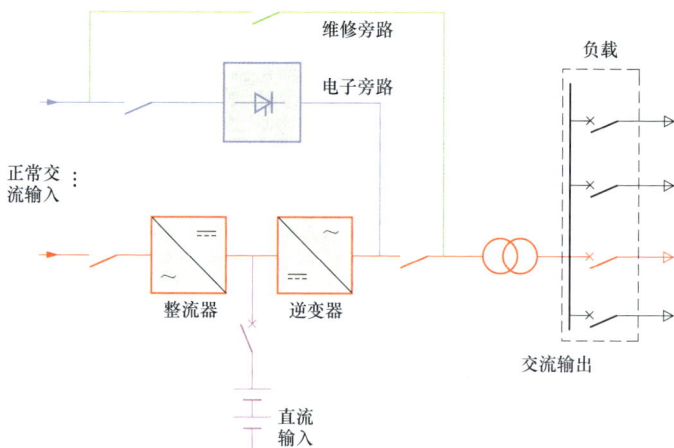

图 10-7　UPS 系统接线示意图

UPS 交流负载主要包括监控主机屏、图形网关机、数据服务器显示器、遥控闭锁屏、控制台电源、电话录音设备等。

（7）应急电源柜。应急电源柜为应急发电车提供接入点，当站用电系统失电时，发电车通过应急电源柜接入，为站用电系统供电。

10.2.3　站用电交流系统运行维护

1. 运行规定

（1）一般规定：

1）交流电源相间电压值应不超过 420V、不低于 380V，三相不平衡值应小于 10V。如发现电压值过高或过低，应立即安排调整站用变压器分接头，三相负载应均衡分配。

2）两路不同站用变压器电源供电的负荷回路不得并列运行，站用交流环网严禁合环运行。

3）站用电系统重要负荷（如主变压器冷却系统、直流系统等）应采用双回路供电，且接于不同的站用电母线段上，并能实现自动切换。

4）站用交流电源系统涉及拆动接线工作后，恢复时应进行核相。接入发电车等应急电源时，应进行核相。

（2）关于站用交流电源柜的规定：

1）站用交流电源柜内各级开关动、热稳定、开断容量和级差配合应配置合理。

2）交流回路中的各级熔断器、快分开关容量的配合每年进行一次核对，并对快分开关、熔断器（熔片）逐一进行检查，不良者予以更换。

3）具有脱扣功能的低压断路器应设置一定延时。低压断路器因过载脱扣，应在冷却后方可合闸继续工作。

4）漏电保护器每季度应进行一次动作试验。

（3）关于站用交流不间断电源系统（UPS）的规定：运行中不得随意触动 UPS 装置控制面板开、关机及其他按键。

（4）关于自动装置的规定：

1）站用电切换及自动转换开关、备用电源自动投入装置动作后，应检查备用电源自动投入装置的工作位置、站用电的切换情况是否正常，详细检查直流系统、UPS 系统、主变压器（高抗）冷却系统运行是否正常。

2）站用电正常工作电源恢复后，备用电源自动投入装置不能自动恢复正常工作电源的需人工进行恢复，不能自重启的辅助设备应手动重启。

3）备用电源自动投入装置闭锁功能应完善，确保不发生备用电源自投到故障元件上、造成事故扩大。

4）备用电源自动投入装置母线失压启动延时应大于最长的外部故障切除时间。

2. 巡视要点

（1）例行巡视。

1）站用电运行方式正确，三相负荷平衡，各段母线电压正常。

2）低压母线进线断路器、分段断路器位置指示与监控机显示一致，储能指示正常。

3）站用交流电源柜支路低压断路器位置指示正确，低压熔断器无熔断。

4）站用交流电源柜电源指示灯、仪表显示正常，无异常声响。

5）站用交流电源柜元件标志正确，操作把手位置正确。

6）站用交流不间断电源系统（UPS）面板、指示灯、仪表显示正常，风扇运行正常，无异常告警、无异常声响振动。

7）站用交流不间断电源系统（UPS）低压断路器位置指示正确，各部件无烧伤、损坏。

8）备用电源自动投入装置充电状态指示正确，无异常告警。

9）自动转换开关（ATS）正常运行在自动状态。

10）原存在的设备缺陷是否有发展趋势。

（2）全面巡视。全面巡视是在例行巡视的基础上增加以下项目：

1）屏柜内电缆孔洞封堵完好。

2）各引线接头无松动、无锈蚀，导线无破损，接头线夹无变色、过热迹象。

3）配电室温度、湿度、通风正常，照明及消防设备完好，防小动物措施完善。

4）门窗关闭严密，房屋无渗、漏水现象。

5）环路电源开环正常，断开点警示标志正确。

（3）特殊巡视。

1）雨、雪天气，检查配电室无漏雨，户外电源箱无进水受潮情况。

2）雷电活动及系统过电压后，检查交流负荷、断路器动作情况，UPS 不间断电源主从机柜浪涌保护器、所用电屏（柜）避雷器动作情况。

3. 维护管理

（1）低压熔断器更换。

1）熔断器损坏，应查明原因并处理后方可更换。

2）应更换为同型号的熔断器，再次熔断不得试送，联系检修人员处理。

（2）站用交流不间断电源装置（UPS）除尘。

1）定期清洁 UPS 装置柜的表面、散热风口、风扇及过滤网等。

2）维护中做好防止低压触电的安全措施。

（3）红外检测。

1）必要时应对交流电源屏、交流不间断电源屏（UPS）等装置内部件进行检测。

2）重点检测屏内各进线开关、联络开关、馈线支路低压断路器、熔断器、引线接头及电缆终端。

3）配置智能机器人巡检系统的变电站，有条件时可由智能机器人完成红外普测和精确测温，由专业人员进行复核。

10.2.4 常见故障及异常处理

1. 站用交流母线全部失压

（1）现象：

1）监控系统发出保护动作告警信息，全部站用交流母线电源进线断路器跳闸，低压侧电流、功率显示为零。

2）站用交流电源柜电压、电流仪表指示为零，低压断路器失压脱扣动作，馈线支路电流为零。

（2）处理原则：

1）检查系统失电引起站用电消失，拉开站用变压器低压侧断路器。

2）若有外接电源的备用站用变压器，投入备用站用变压器，恢复站用电系统。

3）汇报上级管理部门，申请使用发电车恢复站用电系统。

4）检查蓄电池工作情况，短时无法恢复时，切除非重要负荷。

2. 站用交流一段母线失压

（1）现象：

1）监控系统发出站用变压器交流一段母线失压信息，该段母线电源进线断路器跳闸，低压侧电流、电压、功率显示为零。

2）一段站用交流电源柜电压、电流、功率表指示为零，低压断路器故障跳闸指示器动作，馈线支路电流为零。

（2）处理原则：

1）检查站用变压器高压侧断路器无动作，高压熔断器无熔断。

2）检查主变压器冷却设备、直流系统及 UPS 系统等重要负荷运行情况。

3）检查站用变压器低压侧断路器确已断开，拉开故障段母线所有馈线支路低压断路器，查明故障点并将其隔离。

4）合上失压母线上无故障馈线支路的备用电源开关（或并列开关），恢复失压母线上各馈线支路供电。

5）无法处理故障时，联系检修人员处理。

6）若站用变压器保护动作，按站用变压器故障处理。

3. 低压断路器跳闸、熔断器熔断

（1）现象：馈线支路低压断路器跳闸、熔断器熔断。

（2）处理原则：

1）检查故障馈线回路，未发现明显故障点时，可合上低压断路器或更换熔断器，试送一次。

2）试送不成功且隔离故障馈线后，或查明故障点但无法处理，联系检修人员处理。

4. 站用交流不间断电源装置交流输入故障

（1）现象：

1）监控系统发出 UPS 装置市电交流失电告警。

2）UPS 装置蜂鸣器告警，市电指示灯灭，装置面板显示切换至直流逆变输出。

（2）处理原则：

1）检查主机已自动转为直流逆变输出，主、从机输入、输出电压及电流指示是否正常。

2）检查 UPS 装置是否过载，各负荷回路对地绝缘是否良好。

3）联系检修人员处理。

5. 备用电源自动投入装置异常告警

（1）现象：备用电源自动投入装置发出闭锁、失电告警等信息。

（2）处理原则：

1）检查备用电源自动投入方式是否选择正确，检查备用电源自动投入装置交流输入情况。

2）检查备用电源自动投入装置告警是否可以复归，必要时将备用电源自动投入装置退出运行，联系检修人员处理。

3）外部交流输入回路异常或断线告警时，如检查发现备用电源自动投入装置运行灯熄灭，应将备用电源自动投入装置退出运行。

4）备用电源自动投入装置电源消失或直流电源接地后，应及时检查，停止现场与电源回路有关的工作，尽快恢复备用电源自动投入装置的运行。

5）备用电源自动投入装置动作且备用电源断路器未合上时，应在检查工作电源断路器确已断开，站用交流电源系统无故障后，手动投入备用电源断路器。工作电源断路器恢复运行后，应查明备用电源拒合原因。

6）对于成套备用电源自动投入装置，在排除上述可能的情况下，可采取断开装置电源再重启一次的方法检查备用电源自动投入装置异常告警是否恢复。

6. 自动转换开关自动投切失败

（1）现象：自动转换开关面板显示失电、闭锁等信息。

（2）处理原则：

1）检查监控系统告警信息，检查自动转换开关所接两路电源电压是否超出控制器正常工作电压范围。

2）若自动转换开关电源灯闪烁，检查进线电源有无断相、虚接现象。

3）检查自动转换开关安装是否牢固，是否选至自动位置。

4）若自动转换无法修复，应采用手动切换，联系检修人员更换自动切换装置。

5）若手动仍无法正常切换电源，应转移负荷，联系检修人员处理。

10.3

站 用 电 直 流 系 统

站用电直流系统是变电站站用电系统重要的组成部分，为控制系统、继电保护、信号装置、自动装置提供电源，同时作为独立的电源在站用电失去后，直流电源还可以作为应急的备用电源，保证继电保护装置、自动装置、控制及信号装置和断路器的可靠工作，同时提供事故照明用电。站用电直流系统的正常运行与否，关系到继电保护及断路器能否正确动作，会影响变电站乃至整个电网的安全运行。

10.3.1　站用电直流系统接线方式

站用电直流系统由交流屏上引入两路交流电源进入直流屏上的交流小母线，如图 10-8 所示Ⅰ路输入和Ⅱ路输入，分别接入交流接触器，由交流配电单元控制，形成低压交流互投。再从接触器上口径经检测装置接入充电模块，变换为直流电，一方面对蓄电池组补充充电和提供合闸输出，另一方面通过降压单元提供控制输出，为直流负载提供正常的工作电流。

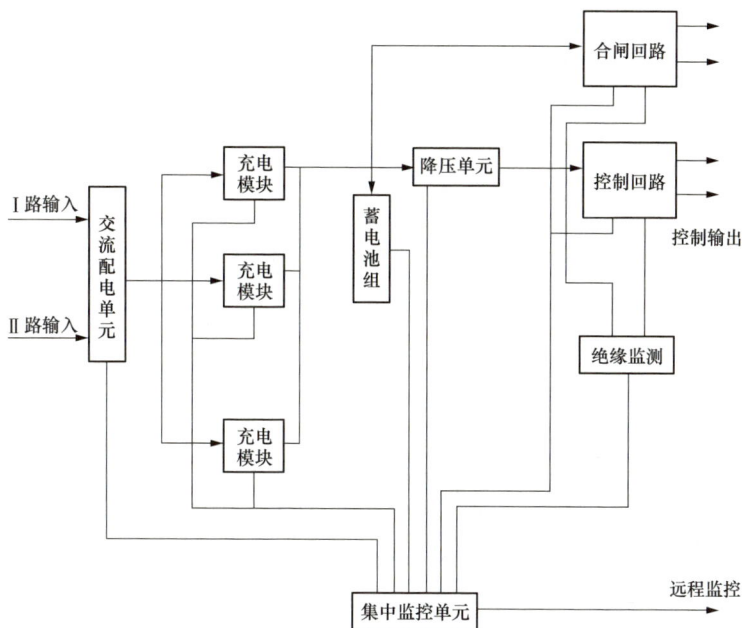

图 10-8　直流系统原理框架图

1. 典型接线方式

220V 和 110V 站用电直流系统是不接地系统，一般采用下述接线方式：

方式一：一组蓄电池和一套充电装置的直流系统，采用单母线接线，蓄电池组和充电装置共接在单母线上，如图 10-9 所示。

方式二：两组蓄电池和两套充电装置的直流系统，采用单母线分段接线。两组蓄电池和充电装置分别接于不同母线，两段直流母线之间通过联络开关联络，如图 10-10 所示。

方式三：两组蓄电池和三套充电装置的直流系统，采用单母线分段接线。其中两组蓄电池和两套充电装置应分别接于不同母线，第三套充电装置通过隔离和保护电器跨接在两段母线上或经切换电器分别接至两组蓄电池，如图 10-11 所示。

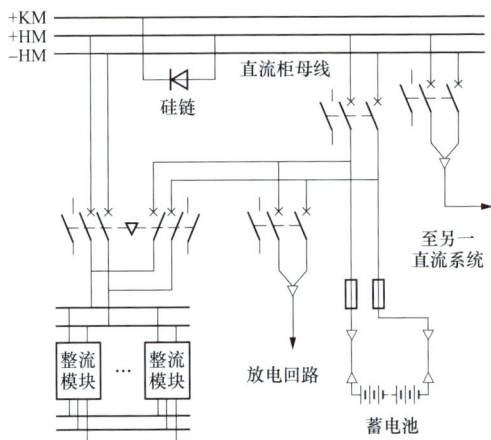

图 10-9　一组蓄电池、一套充电装置典型接线示意图

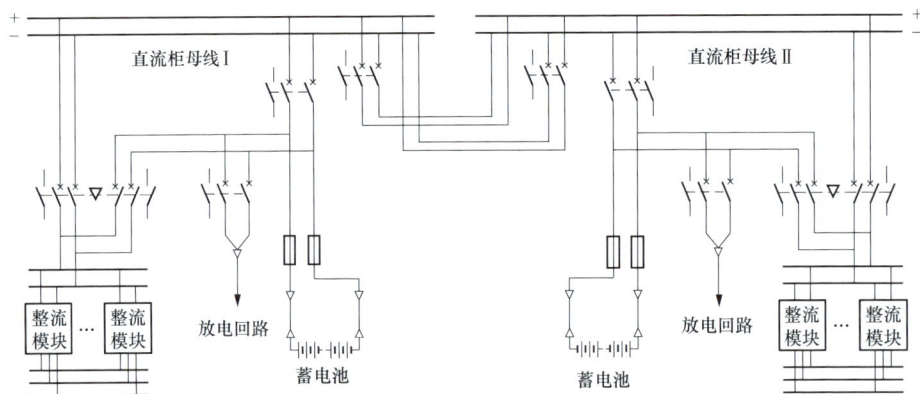

图 10-10　两组蓄电池、两套充电装置典型接线示意图

2. 直流系统配置原则

110kV 及以下变电站一般采用方式一，装设一组蓄电池和一套充电装置

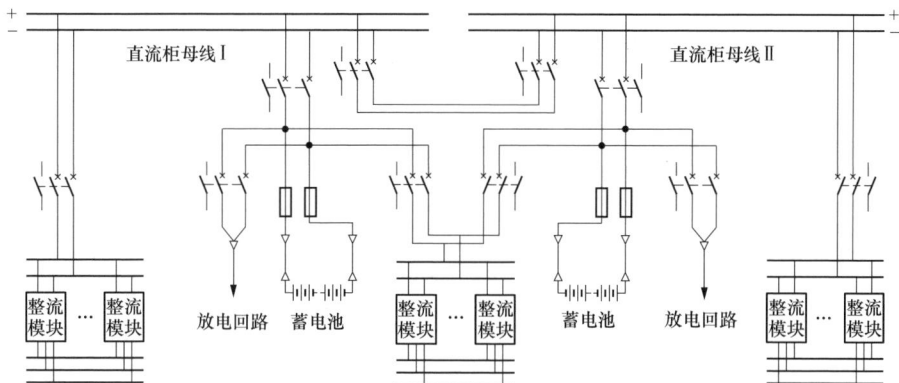

图 10-11　两组蓄电池、三套充电装置典型接线示意图

的供电方式。对于重要的 110kV 变电站也可装设两组蓄电池和两套充电装置的供电方式，即方式二，直流母线应采用分段运行方式，每段母线分别由独立的蓄电池组供电，并在两段直流母线之间设置联络开关，正常运行时该开关处于断开位置。

220kV 变电站一般采用方式二，装设两组蓄电池和两套充电装置的供电方式。枢纽变电站、重要的 220kV 及 330kV 及以上电压等级变电站应采用方式三，装设两组蓄电池和三套充电装置的供电方式。每组蓄电池和充电装置应分别接于一段直流母线上，第三套充电装置（备用充电装置）可在两段母线之间切换，任一工作充电装置退出运行时，投入第三套充电装置。

两组蓄电池的站用电直流系统应满足在正常运行中两段母线切换时不中断供电的要求。在切换过程中，两组蓄电池应满足标称电压相同，电压差小于规定值，且直流电源系统均处于正常运行状态，允许短时并联运行。

3. 直流系统馈电网络

直流系统馈电网络宜采用集中辐射形供电方式或分层辐射形供电方式。集中辐射形供电方式，适用于规模较小的直流系统，如图 10-12 所示。分层辐射形供电方式，适用于规模较大、系统较复杂的直流系统，如图 10-13 所示。

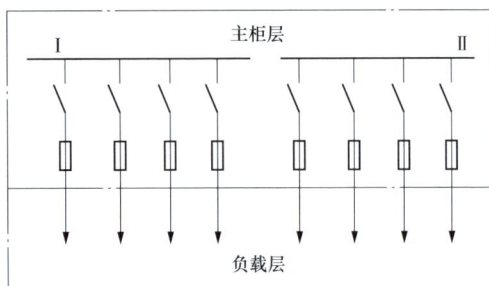

图 10-12　集中辐射形供电方式

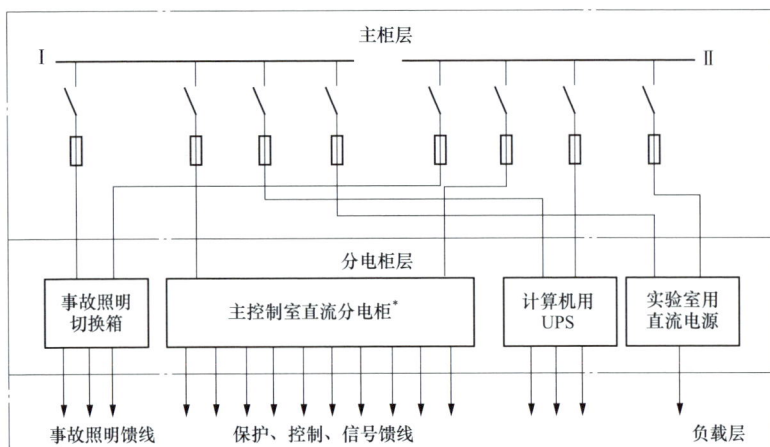

图 10-13　分层辐射形供电方式

＊当直流主柜布置在控制室或变电站的规模较小时，也可不设直流分电柜。

10.3.2　站用电直流系统组成及功能

1. 直流系统组成

直流系统主要由充电装置、蓄电池组、直流馈电屏三大部分组成，还包括交流配电单元、集中监控单元、电压/电流监测、绝缘监测（含接地选线）、降压单元（可选）、蓄电池巡检仪等单元组成。

2. 各组件功能

（1）充电装置。充电装置的主要功能是将交流电源转换成直流电源（AC/DC），保证输出的直流电压在要求的范围内，并对充电机进行必要的保护，保证直流电源的技术性能指标满足运行要求，为日常的直流负荷、蓄电池组的（浮）充电提供安全可靠的直流电源。

目前，电力系统中主要应用的是高频开关电源型充电装置。高频开关电源模块是组成充电装置的最重要的部件，通常情况下所有模块均在集中监控单元的控制下完成 AC/DC 整流任务，并在集中监控单元控制下工作在浮充或均充状态。当集中监控单元故障时，模块均能独立工作在浮充状态。

图 10-14 为高频开关电源模块示意图，模块采用 $N+1$ 冗余方式供电，即在用 N 个模块满足蓄电池组充电电流加上经常性负荷电流的基础上，增加 1 个备用模块。备用模块采用热备用方式，直接参与正常工作。

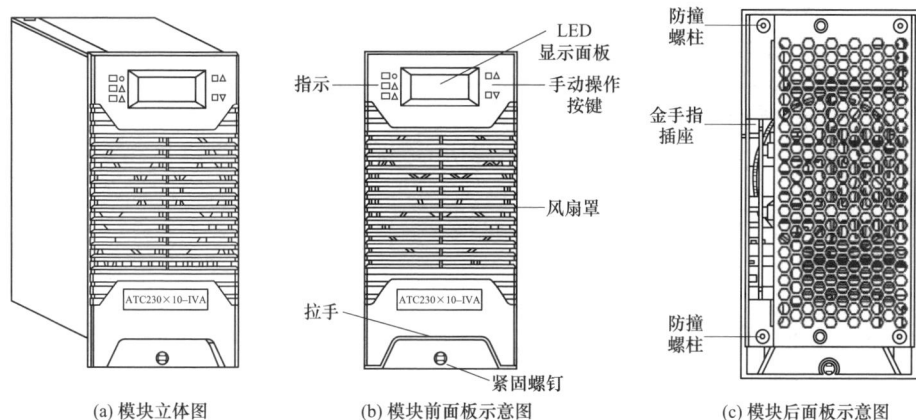

图 10-14　高频开关电源模块示意图

例如：200Ah 蓄电池组，经常性负荷为 10A 的直流系统，可算出充电机的最大输出电流为

$$最大输出电流 = 0.1C_{10} + j = 0.1 \times 200 + 10 = 30A$$

其中 C_{10} 为 10h 率放电额定容量，单位为安时（Ah）；j 为经常性负荷电流。

（2）蓄电池组。蓄电池能够在交流停电情况下保证直流系统继续提供满足要求的直流电源。蓄电池平时处在满容量浮充电状态，能够保证在大电流冲击条件下，直流系统输出电压保持基本稳定。

以 GFMD-300C 型 52 只一组蓄电池为例，单只电池外形尺寸为 174mm×

141mm×344mm，单只电池重 19.5kg，电池间距 15mm。电池架采用两层双排摆放方式，电池连接线采用厂家标配，电池架上带接线盒，蓄电池至接线盒电缆由电池厂家提供。蓄电池正、负极动力电缆分别加褐色、蓝色热缩套管加以区分。蓄电池连线如图 10-15 所示。

图 10-15　蓄电池连线图

蓄电池组配置要求如下：

1）应采用阀控密封铅酸蓄电池；

2）蓄电池组容量为 200Ah 及以上时应选用单节电压为 2V 的蓄电池；

3）容量 300Ah 及以上的蓄电池应安装在专用蓄电池室内，容量 300Ah 以下的蓄电池，可安装在电池柜内；

4）蓄电池容量应按照确保全站交流电源事故停电后直流供电不小于 2h 配置；

5）蓄电池组应具备自动巡检功能，自动监测全部单体蓄电池电压，以及蓄电池温度，并通过通信接口将监测信号上传至直流电源系统微机监控装置。

（3）直流馈电屏。直流馈电屏用于全站直流电源的调整、分配和检测。馈电屏结构与直流母线结构、馈线保护、直流供电方式有关，对馈电屏要求是运行可靠及柜面布置简单明了，电源走向一目了然，负荷名称清晰准确。直流馈电屏柜体应设有保护接地，接地处应有防锈措施和明显标志。门应开闭灵活，开启角不小于 90°，门锁可靠。

（4）交流配电单元。交流配电单元是指对直流馈电屏内交流进线进行检测、自投或自复的电气/机械联锁装置。直流系统中交流输入必须有两路分别来自不同站用变压器的电源，两路交流电源之间必须具有相互切换功能、优先选择任一路输入为工作电源功能、交流失电后来电自启动恢复充电装置工作等功能。

（5）集中监控单元。集中监控单元是整个直流系统的控制、管理核心，其主要任务是对系统中各功能单元、充电模块、蓄电池组等进行长期自动监测，获取系统中的各种运行参数和状态，并以此为依据对系统进行控制，实现直流系统的全自动管理，保证其工作的连续性、可靠性和安全性。

（6）电压/电流监测。电压/电流监测模块对直流母线电压、充电电压、蓄电池组电压、均衡充电浮充电装置输出电流、蓄电池的充电和放电电流等参数进行监测。蓄电池输出电流表要考虑蓄电池放电回路工作时能指示放电电流，否则应装设专用的放电电流表。直流电压表、电流表应采用 1.5 级精度的表计，如采用数字显示表，应采用精度不低于 0.1 的表计。

（7）绝缘监测（含接地选线）。直流系统为不接地系统。当直流电源一极接地后，再发生另一点接地容易产生寄生回路，造成保护装置误动或拒动、电源短路。因此，直流系统必须配置绝缘监测装置监视系统是否接地并立即告警，以便运行和继电保护人员及时处理，防止发生由直流接地带来的继电保护设备误动或拒动、电源短路等严重后果。

一般大型变电站均采用有自动查找支路接地功能的支路巡检仪，对直流系统绝缘性能进行监测，避免了人工拉、合直流支路电源时可能带来的危险，减轻了人员的工作强度。

（8）降压单元。降压单元是直流系统解决蓄电池（动力合闸母线）电压和控制母线电压之间相差太大的矛盾而采用的一种简单易行的方法，通过调整降压硅上的压降使得蓄电池在浮充电状态、均衡充电状态、放电状态下，控制母线电压都基本保持不变（在合格范围内）。设有降压单元的系统，必须采取防止降压单元开路造成控制母线失压的措施。

（9）蓄电池巡检仪。蓄电池巡检仪监测运行蓄电池组中单只蓄电池端电压，也可测量环境温度和蓄电池电流。通过各种在线测量手段和测量数据综合统计、分析、判断蓄电池组运行状态和可靠性，避免发生蓄电池开路、接触不良导致的放电电压降低等极端状况。蓄电池巡检仪一般能监测 2、6、12V 的蓄电池，能循环监测 1~108 节蓄电池。

图 10-16 为巡检模块组合接线图。正常运行时，运行指示灯（绿灯）亮，每巡检一个周期后运行指示灯闪烁一次；与集中监控单元通信时通信指示灯（绿灯）亮，每通信一次，整组巡检模块的通信指示灯依次闪烁一次。

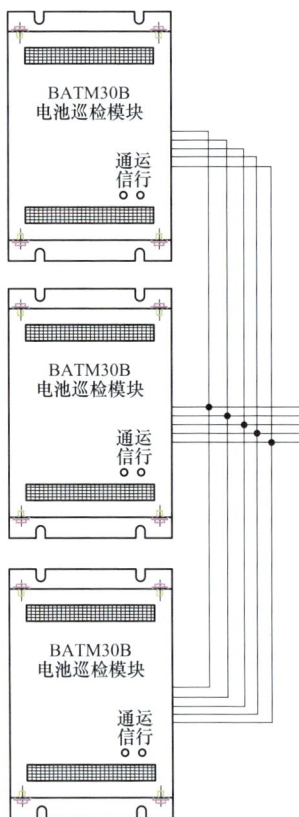

图 10-16 巡检模块组合接线图

（10）开关量检测单元。开关量检测单元可以对开关量进行在线检测和告警输出。当系统中某一断路器发生故障跳闸或熔断器熔断后，开关量检测单元就会发出告警信号，并能通过监控系统显示出是哪一路断路器发生故障跳闸或是哪一路熔断器熔断。开关量检测单元可以采集到 1~108 路开关量和多路无源干节点告警输出。

（11）配电单元。配电单元主要指直流屏中实现交流输入、直流输出、电压显示、电流显示等功能的器件。如电源线、接线端子、交流断路器、直流断路器、接触器、防雷器、分流器、熔断器、转换开关、指示灯以及电流、电压表等。

10.3.3　站用电直流系统运行维护

1. 运行规定

（1）两组蓄电池的直流系统，应满足在运行中两段母线切换时不中断供电的要求，切换过程中允许两组蓄电池短时并联运行，禁止在两系统都存在接地故障情况下进行切换。

（2）直流母线在正常运行和改变运行方式的操作中，严禁发生直流母线无蓄电池组的运行方式。

（3）查找和处理直流接地时，应使用内阻大于 $2000\Omega/V$ 的高内阻电压表，工具应绝缘良好。

（4）严禁直流回路使用交流断路器，直流断路器配置应符合级差配合要求。直流系统除蓄电池组出口保护电器外，应使用直流专用断路器。蓄电池组出口回路宜采用熔断器，也可采用具有选择性保护的直流断路器。

（5）直流系统同一条支路中的熔断器与直流断路器不应混用，尤其不应在直流断路器的下级使用熔断器，防止在回路故障时失去动作选择性。

（6）蓄电池熔断器损坏应查明原因并处理后方可更换。

（7）蓄电池组正极和负极引出电缆不应共用一根电缆，并采用单根多股铜芯电缆。

（8）直流系统应采用阻燃电缆。两组及以上蓄电池组电缆，应分别铺设在各自独立的通道内，并尽量沿最短路径敷设。在穿越电缆竖井时，两组蓄电池电缆应分别加装金属套管。对不满足要求的运行变电站，应采取防火隔离措施。

（9）电缆封堵应使用有机防火材料封堵。孔洞较大时，应用阻燃绝缘材料封堵后，再用有机防火材料封堵严密。

（10）新安装的阀控密封铅酸蓄电池组，应进行全容量核对性放电试验。以后每隔两年进行一次核对性放电试验。运行了四年以后的蓄电池组，每年做一次核对性放电试验。阀控密封铅酸蓄电池组放电终止电压见表 10-1。

表 10-1　　　　　　　　阀控密封铅酸蓄电池组放电终止电压　　　　　　　　V

蓄电池标称电压	2	6	12
放电终止电压	1.8	5.4	10.80

（11）蓄电池组正常浮充电压值应控制为（2.23~2.28）$V \times N$，均衡充电电压宜控制为（2.30~2.35）$V \times N$，其中 N 为蓄电池节数。

（12）测量电池电压时应使用四位半精度万用表。

（13）蓄电池室应使用防爆型照明、排风机及空调，开关、熔断器和插座等应装在室外。门窗完好，窗户应有防止阳光直射的措施。

（14）蓄电池室内禁止点火、吸烟，并在门上贴有"严禁烟火"警示牌，严禁明火靠近蓄电池。

（15）蓄电池室的温度宜保持在 5~30℃，最高不应超过 35℃，并应通风良好。

（16）充电装置在检修结束恢复运行时，应先合交流侧断路器，再带直流负载。

（17）对交流切换装置模拟自动切换，重点检查交流接触器是否正常、切换回路是否完好。

（18）运行中直流系统的微机监控装置，应通过操作按钮切换检查有关功能和参数，其各项参数的整定应有权限设置。

2. 巡视

（1）例行巡视。

1）蓄电池。

a. 检查蓄电池组运行环境，蓄电池室温度、湿度、通风正常，照明及消防设备完好，无易燃、易爆物品，房屋无渗、漏水。蓄电池室门窗严密，窗帘已拉下，防止阳光直射。进入蓄电池室前，必须开启通风。

b. 检查蓄电池组的端电压、浮充电流正常。蓄电池编号及极性标志正确且清晰，巡检采集单元运行正常，蓄电池电压在合格范围内。

c. 检查蓄电池无鼓肚、裂纹或泄漏，极柱与安全阀周围无酸雾逸出。

d. 检查蓄电池组连接条无明显变形或损坏。连接螺钉应紧固，可观察弹簧片是否松动间接判断。电缆号牌及号头标志清晰准确，蓄电池柜（蓄电池架）可靠接地。

e. 蓄电池组总熔断器运行正常。

2）充电装置。

a. 检查直流监控装置无异常指示，合（控）母电压、电流，蓄电池电压、电流，浮/均充状态等参数正常，装置对时准确。

b. 检查各充电模块电压、电流正常，各模块输出电流均衡（模块均流不平衡度应不大于±5%）。

c. 充电模块运行正常，无报警信号，风扇正常运转，无明显噪声或异常发热。散热条件不良的屏柜应采取散热措施，必要时对屏柜前后门进行通风散热改造。

d. 各元件标志正确，断路器、操作把手位置正确。

3）绝缘监测装置。

a. 检查直流母线电压、对地电压正常。

b. 检查绝缘监测装置无故障信息或异常指示，直流系统绝缘状况良好，对地电阻正常，装置对时准确。

c. 检查外置平衡桥电阻已做明显标识，各馈线传感器和采集盒接线无脱落。

4）直流馈线网络和附属元件。变电站应有直流配置图，包含各级直流馈线网络，注明各级直流断路器的型号及容量等。正常方式下禁止直流馈线环网运行。对正常不运行但可能造成环网运行的直流断路器（隔离开关）应在安装处贴有操作标识，防止误合闸。

a. 检查直流系统运行方式，重点核查各馈线断路器工作位置符合运行方式要求。

b. 检查馈线屏指示灯指示正常，辅助元器件（如接触器、继电器等）工作正常，无异常信号和异常声响。

c. 检查各屏柜仪表的检验合格证在有效期内。

d. 检查直流系统设备标识清晰准确、无脱落。

5）蓄电池在线监测装置。

a. 检查蓄电池巡检仪等在线监测装置无异常指示，蓄电池组电压、电流以及各电池电压（内阻）显示正常，装置对时准确。

b. 检查蓄电池在线监测装置到各蓄电池的接线规范整齐，防短路熔断器装设可靠。

（2）全面巡视。全面巡视在例行巡视的基础上增加以下项目：

1）仪表在检验周期内。

2）屏内清洁，屏体外观完好，屏门开、合自如。

3）防火、防小动物及封堵措施完善。

4）直流屏内通风散热系统完好。

5）抄录蓄电池检测数据。

（3）特殊巡视。变电站站用电停电或全站交流电源失电，直流系统蓄电池带全站直流负载期间特殊巡视检查：

1）蓄电池带负载时间严格控制在规程要求的时间范围内。

2）直流控制母线电压、动力母线电压、蓄电池组电压值在规定范围内。

3）各支路直流断路器位置正确。

4）各支路的运行监视信号完好、指示正常。

5）交流电源恢复后，应检查直流系统运行工况，直到直流系统恢复到浮充方式运行，方可结束特巡工作。

出现直流断路器脱扣、熔断器熔断等异常现象后，应巡视保护范围内各直流回路元件有无过热、损坏和明显故障现象。

10.3.4 常见故障及异常处理

1. 直流系统失电

（1）现象。

1）监控系统发出直流电源消失告警信息。

2）直流负载部分或全部失电，保护装置或测控装置部分或全部出现异常并失去功能。

（2）处理原则。

1）直流部分消失，应检查直流消失设备的直流断路器是否跳闸，接触是否良好。检查无明显异常时可对跳闸断路器试送一次。

2）直流屏直流断路器跳闸，应对该回路进行检查，在未发现明显故障现象或故障点的情况下，允许合直流断路器试送一次，试送不成功则不得再强送。

3）直流母线失压时，首先检查该母线上蓄电池总熔断器是否熔断，充电机直流断路器是否跳闸，再重点检查直流母线上设备，找出故障点，并设法消除。更换熔断器后，如再次熔断，应联系检修人员来处理。

4）如果全站直流消失，应先检查充电机电源是否正常，蓄电池组及蓄电池总熔断器（断路器）是否正常，直流充电模块是否正常有无异味，降压硅链是否正常。

5）如因各馈线支路直流断路器拒动越级跳闸，造成直流母线失压，应拉开该支路直流断路器，恢复直流母线和其他直流支路的供电，然后再查找、处理故障支路故障点。

6）如因充电机或蓄电池本身故障造成直流一段母线失压，应将故障的充电机或蓄电池退出，并确认失压直流母线无故障后，用无故障的充电机或蓄电池试送，正常后对无蓄电池运行的直流母线，合上直流母联断路器，由另一段母线供电。

7）如果直流母线绝缘检测良好，直流馈电支路没有越级跳闸的情况，蓄电池直流断路器没有跳闸（熔断器熔断）而充电装置跳闸或失电，应检查蓄电池接线有无短路，测量蓄电池无电压输出，断开蓄电池直流断路器。合上直流母联断路器，由另一段母线供电。

2. 直流系统接地

（1）现象。

1）监控系统发出直流接地告警信号。

2）绝缘监测装置发出直流接地告警信号并显示接地支路。

3）绝缘监测装置显示接地极对地电压下降、另一极对地电压上升。

（2）故障原因及处理原则。

1）故障原因：二次设备故障导致直流绝缘下降；二次回路绝缘下降导致（控制电缆老旧、破损，端子箱等二次端子排潮湿，小动物引起不完全失地等）；存在交流窜入直流；直流电源设备本体存在绝缘下降；现场检修维护人员操作不当造成直流接地等。

2）处理原则：

a. 对于 220V 直流系统两极对地电压绝对值差超过 40V 或绝缘能力降低到 25kΩ 以下，110V 直流系统两极对地电压绝对值差超过 20V 或绝缘能力降低到 15kΩ 以下，应视为直流系统接地。

b. 直流系统接地后，运维人员应记录时间、接地极、绝缘监测装置提示的支路号和绝缘电阻等信息。用万用表测量直流母线正对地、负对地电压，与绝缘监测装置核对后，汇报调控人员。

c. 出现直流系统接地故障时应及时消除，同一直流母线段，当出现两点接地时，应立即采取措施消除，避免造成继电保护、断路器误动或拒动故障。

d. 发生直流接地后，应分析是否天气原因或二次回路上有工作。比较潮湿的天气，应首先重点对端子箱和机构箱直流端子排做一次检查，对凝露的端子排用干抹布擦干或用电吹风烘干，并将驱潮加热器投入。如二次回路上有工作或有检修试验时，应立即拉开直流试验电源看是否为检修工作所引起。

e. 如果装置可报出具体接地支路，采取措施后拉路查找定位。如果装置无法选线，对于非控制及保护回路，可适当提高装置绝缘电阻定值或利用接地查找仪或拉路法进行直流接地查找。按事故照明、防误闭锁装置回路、户外合闸（储能）回路、户内合闸（储能）回路顺序进行，切断时间不得超过3s，不论回路接地是否均应合上。

f. 保护及控制回路宜采用便携式仪器带电查找的方式进行，如需采用拉路法，应汇报调控人员，申请退出可能误动的保护。

g. 用拉路法未找出直流接地回路，应联系检修人员处理。

3. 充电模块故障

（1）现象。

1）充电装置充电模块故障信息告警。

2）故障充电模块输出异常。

（2）处理原则。模块故障时，相关的告警信息以故障代码的形式在 LED 上实时的闪烁显示。按下显示切换按钮后 LED 回到电压显示。模块故障代码含义，可参见表 10-2。根据现场故障统计，模块故障发生频次高，主要为模块过温、交流过欠压、风扇故障、退出运行。

表 10-2　　　　　　　　　　　充电模块故障代码含义

序号	故障代码	发生频次	代码含义	序号	故障代码	发生频次	代码含义
1	E31	低	输出欠压	6	E36	低	输出过压
2	E32	高	模块过温	7	E37	—	地址重复
3	E33	高	交流过欠压	8	E38	高	风扇故障
4	E34	低	交流缺相	9	E39	低	严重不均流
5	E35	中	通信中断	10	LED 黑屏	高	退出运行

出现 E31、E33、E34、E35 和 E36 一般是充电模块故障，需要维修。E37 是更换故障模块时，模块地址重复，需要手动修改。

出现故障代码 E32，一般是由于环境温度过高引起，可关掉该模块电源，模块冷却一段时间后，再重新启动。如果短时间内又出现 E32，则可能是模块故障。

出现故障代码 E35，为模块通信中断。应检查该模块和微机监控装置之间通信连接是否正常。可以重启一次该模块，如果 E35 仍然存在，则更换该模块。

出现故障代码 E38，则为模块风扇故障，应检查充电模块的风扇是否正常运行。如果风扇不运行，检查风扇是否被堵住。如被堵住，请清理。如未被堵住或清理后仍无法消除风扇故障，则更换风扇。部分厂家风扇故障后，模块仍将继续运行，此时模块温度较高，少数厂家风扇故障会导致模块停止工作。

出现故障代码 E39，为模块输出电流不一致，严重不均流。

LED 黑屏，一般是模块故障，需要更换该模块。一个模块对应一个交流进线开关，LED 黑屏可能是模块对应交流开关跳闸。如果对应交流开关跳闸，一定是充电装置内部存在短路，一般是由于模块内部短路，也有小概率是由于交流进线短路。

4. 蓄电池常见故障

（1）单体蓄电池壳体变形。

1）故障原因：充电电流过大、充电电压过高、温升超标、安全阀动作失灵等造成内部压力升高；蓄电池老化故障等。

2）处理原则：检查充电装置输出参数和蓄电池室环境温度；对异常电池退出或更换。

（2）单体蓄电池爬酸。

1）故障原因：运行环境温升超标、蓄电池老化故障等。

2）处理原则：检查蓄电池室环境温度，对异常电池采用干净的布清理并涂上凡士林。如无法恢复，通过电池活化或核对性充放电试验检查容量情况，对异常电池退出或更换。

（3）单体蓄电池电压低于终止电压。

1）故障原因：电池长期过充或欠充、蓄电池老化故障、产品质量问题。

2）处理原则：立即安排电池活化试验，对异常电池退出或更换。

（4）单体蓄电池内阻异常。

1）故障原因：运行环境温升超标、电池长期过充或欠充、蓄电池老化故障、产品质量问题。

2）处理原则：当单体内阻开路或超过 100% 均值，立即对单体电池活化试验，异常电池应退出或更换。内阻数据异常的只数超过总数 6%，需安排整组电池核对性充放电试验，对容量不合格的电池应退出或更换。

（5）蓄电池容量不合格处理。

1）现象：

a. 蓄电池组容量低于额定容量的 80%。

b. 蓄电池组内阻异常或电池组电压异常。

2）处理原则：

a. 发现蓄电池组内阻异常或电池组电压异常，应开展核对性充放电。

b. 用反复充放电方法恢复容量。

c. 若连续三次充放电循环后，仍达不到额定容量的 100%，应加强监视，缩短单个电池电压普测周期。

d. 若连续三次充放电循环后，仍达不到额定容量的 80%，应联系检修人员处理。

10.4

交直流一体化电源系统

10.4.1　交直流一体化电源系统组成

1. 系统组成

站用电直流系统与站用电交流系统、交流不间断电源（UPS）、逆变电源（INV）、通信电源（DC/DC）装置中的一种或几种所构成的组合体，均称为交直流一体化电源系统。交直流一体化电源装置结构示意如图 10-17 所示。

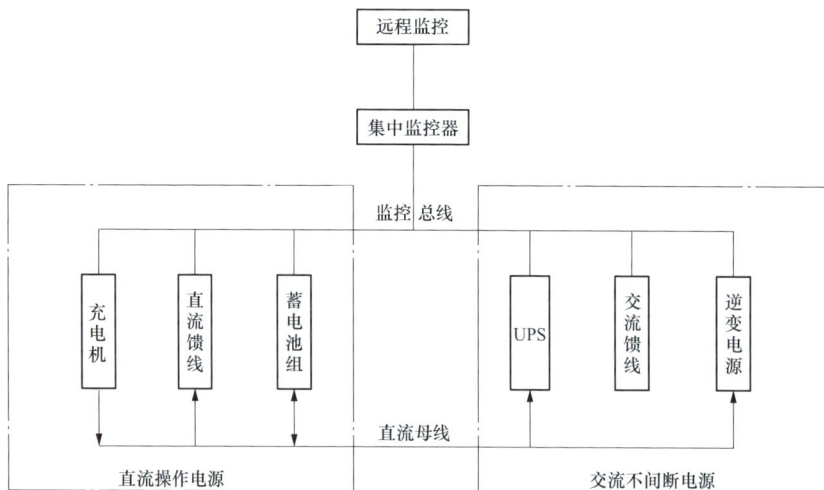

图 10-17　交直流一体化电源装置结构示意图

2. 各组件功能

站用电交流系统、站用电直流系统已经在 10.2 和 10.3 详细介绍，本小节只对交流不间断电源（UPS）、逆变电源（INV）、通信电源（DC/DC）装置进行简单介绍。

（1）交流不间断电源。UPS 即不间断电源，是一种含有储能装置的不间断电源。主要用于部分对电源稳定性要求较高的设备，提供不间断的电源。

当市电输入正常时，UPS 将市电稳压后供应给负载使用，此时的 UPS 就是一台交流式电稳压器，同时它还向机内电池充电；当市电中断（事故停电）时，UPS 立即将电池的直流电能，通过逆变器切换转换的方法向负载继续供应 220V 交流电，使负载维持正常工作并保护负载软、硬件不受损坏。UPS 设备通常对电压过高或电压过低都能提供保护。

（2）逆变电源。变电站双套逆变电源配置时应采用分列运行方式，不得采用主从运行方式。两台装置输出交流母线为单母线分段，母联开关为手动切换。逆变电源倒闸操作及事故处理时应避免不同源交流或两段交流母线的非同期并列，造成逆变电源装置损坏。

（3）通信电源。变电站应具备完整的通信电源（DC/DC）配置图，含通信馈线（屏）断路器配置、通信负载分布及通信负载断路器配置等。

站用交流停电造成全站负载由蓄电池组供电时，变电运维部门应及时通知通信专业，并采取措施保障通信负载供电。注意观察此时直流系统全部负载情况，结合蓄电池组 80% 的容量来预估直流系统供电时间。时间如果太短，取得通信专业同意后，可以考虑关掉不必要的负载，以保障重要负载可靠供电。

10.4.2 并联直流系统

1. 并联直流系统原理

近几年，交直流一体化电源系统中，蓄电池组接线有采用并联方式。如图 10-18 所示，智能并联直流系统主要由交流配电单元、智能并联电源模块、馈线回路、集中监控单元、绝缘监测单元和蓄电池组等部分组成。

　　两路交流输入经交流配电选择其中一路交流输入提供给智能并联电源模块，智能并联电源模块输出端口 1 接蓄电池，对蓄电池进行均/浮充、电压变换放电控制，输出端口 2 接馈线回路，为负载提供正常的工作电流。绝缘监测单元可在线监测直流母线和各支路的对地绝缘状况。集中监控单元可实现对交流配电单元、智能并联电源模块、直流馈电、绝缘监测单元、直流母线和蓄电池组等运行参数的采集与各单元的控制和管理，并可通过远程接口接受后台操作员的监控。

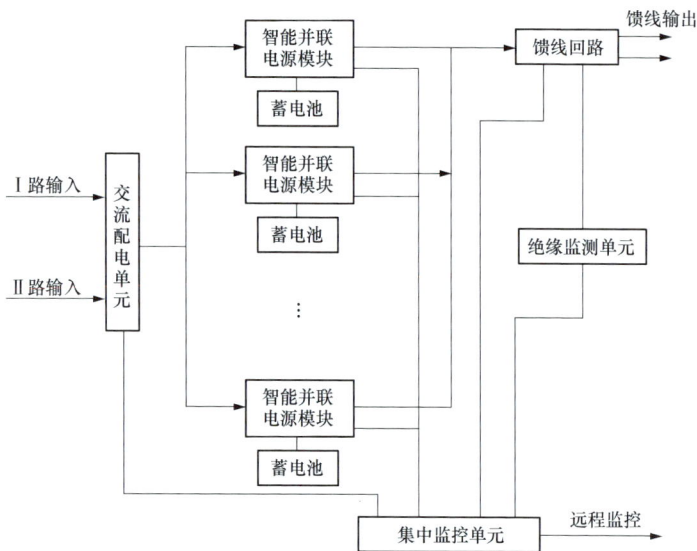

图 10-18　智能并联直流系统原理框架图

2. 并联直流系统特点

　　并联直流系统整体可靠性是"或"的关系，并联越多，可靠性越高。对于常规串联系统，若一只电池损坏，则整组更换，而并联电池系统单只损坏，不影响运行。并联智能直流系统可以根据变电站扩建规模的需要，增加相应的模块组件，扩建方式灵活。并联智能直流系统中的每节 12V 电池是相互独立的，电池可单独进行更换，把每节电池都使用到寿命终止期，同时可以实现新旧电池混用，相比于常规系统，提高电池利用率。并联直流系统可以自动对蓄电池进行在线全容量核容，及时对蓄电池在线更换，减小了系统的维护工作量，提高了直流系统运行可靠性。并联直流系统可根据每个分散布置小室中的直流负载灵活选择所需的容量，靠近供电对象就近供电，既方便了设备布置，又节约了投资成本。

小结

　　站用电交直流系统是保障变电站安全可靠运行的重要环节。本章共分为站用电交直流系统概述、站用电交流系统、站用电直流系统、交直流一体化电源系统四部分内容，重点介绍了站用电交直流系统的原理框架、典型接线方式、系统组成及各组件功能、运行维护和典型故障及异常处理，叙述了交直流一体化电源系统组成及各组件功能，针对近几年蓄电池组接线采用并联方式作了简要描述。

习题与思考题

10-1 简述站用电交直流系统的功能。

10-2 简述 220kV 变电站站用变压器交流系统典型供电方式。

10-3 列举变电站内常规交流负载种类。

10-4 列举站用电交流系统例行巡视项目。

10-5 简述站用变压器交流母线失压现象与处理原则。

10-6 画出两组蓄电池、两套充电装置典型接线示意图。

10-7 列举蓄电池放电终止电压。

10-8 列举充电模块常见故障代码含义（至少 5 项）。

10-9 简述直流系统接地拉路查找法。

10-10 简述交直流一体化电源系统的组成。

10-11 站用电系统如何适应新阶段运维需求，怎样实现数字化转型的目标？

10-12 在"碳达峰、碳中和"的大背景下，变电站屋顶光伏等新能源将逐步应用并接入站用电系统，如何在新形势下确保站用电可靠安全运行？

参考文献

［1］保定天威保变电气股份有限公司组编，谢毓城．电力变压器手册
［M］．2 版．北京：机械工业出版社，2014．

［2］刘光启，于立涛．电工手册：变压器卷［M］．北京：化学工业出版
社，2015．

［3］上海超高压输变电公司．变电设备检修［M］．北京：中国电力出版
社，2008．

［4］黎贤钛．电力变压器冷却系统设计［M］．杭州：浙江大学出版社，
2009．

［5］于海波，帅志飞，姜益民．上海地区地下变电站变压器冷却方式的
运行分析［J］．变压器，2014，51（11）：57-61．

［6］詹姆斯 H. 哈洛．电力变压器工程［M］．北京：机械工业出版
社，2016．

［7］S. V. 库卡尼，陈玉国．变压器工程：设计、技术与诊断（原书第 2
版）［J］．电气时代，2017（04）：104．

［8］严利雄，韩昊，刘晓华，等．高压并联电抗器噪声影响因素及其控
制措施研究［J］．电力电容器与无功补偿，2021，42（1）：6．

［9］王兆安．谐波抑制和无功功率补偿［M］．北京：机械工业出版社，
2016．

［10］程汉湘．无功补偿理论及其应用［M］．北京：机械工业出版社，2016．

［11］平绍勋，周玉芳. 电力系统中性点接地方式及运行分析［M］. 北京：中国电力出版社，2010.

［12］王晓京.500kV 变压器中性点串接小电抗器的应用［J］. 电力勘测设计，2009（01）：48-51.

［13］陈伟明，李新海，曾令诚，等.220kV 变压器中性点隔直技术的研究与应用［J］. 电气开关，58（6）：5.

［14］MasoudFarzaneh，WilliamA. Chisholm，法尔扎内，奇泽姆，等. 覆冰与污秽绝缘子. 北京：机械工业出版社，2014.

［15］关志成. 绝缘子及输变电设备外绝缘［M］. 北京：清华大学出版社，2006.

［16］梁曦东，周远翔，曾嵘. 高电压工程［M］. 北京：清华大学出版社，2015.

［17］米尔萨德·卡普塔诺维克（Mirsad Kapetanovi）. 高压断路器——理论、设计与试验方法［M］. 王建华，闫静，译. 北京：机械工业出版社，2015.

［18］国家电网公司人力资源部. 国家电网公司生产技能人员职业能力培训通用教材：电气设备及运行维护［M］. 北京：中国电力出版社，2010.

［19］崔景春，等. 电气设备运行及维护保养丛书：高压交流断路器［M］. 北京：中国电力出版社，2016.

［20］勒内·斯梅茨. 输配电系统电力开关技术［M］. 刘志远，王建华，译. 北京：机械工业出版社，2019.

［21］国家电网公司人力资源部. 国家电网公司生产技能人员职业能力培训通用教材：变电检修（上下）［M］. 北京：中国电力出版社，2010.

［22］国家电网公司人力资源部. 国家电网公司生产技能人员职业能力培训通用教材：电气试验［M］. 北京：中国电力出版社，2010.

［23］李建明，朱康. 高压电气设备试验方法［M］. 北京：中国电力出版社，2001.

［24］崔景春，等．电气设备运行及维护保养丛书：高压交流隔离开关和接地开关［M］．北京：中国电力出版社，2016.

［25］刘洪正．高压组合电器［M］．北京：中国电力出版社，2014.

［26］崔景春，等．电气设备运行及维护保养丛书：气体绝缘金属封闭开关设备［M］．北京：中国电力出版社，2016.

［27］赫尔曼·科赫．GIS（气体绝缘金属封闭开关设备原理与应用）［M］．钟建英，林莘，张友鹏，赵晓民，译．北京：机械工业出版社，2017.

［28］崔景春，等．电气设备运行及维护保养丛书：高压交流金属封闭开关设备（高压开关柜）［M］．北京：中国电力出版社，2016.

［29］张涛，苏长宝，赵建军，等．高压开关柜安装与检修［M］．北京：中国电力出版社，2014.

［30］黄绍平．成套电器技术［M］．2版．北京：中国电力出版社，2017.

［31］苗世洪，朱永利．发电厂电气部分［M］．5版．北京：中国电力出版社，2015.

［32］国家电网有限公司．国家电网有限公司十八项电网重大反事故措施（2018年修订版）及编制说明［M］．北京：中国电力出版社，2018.

［33］李建基．高压断路器及其应用［M］．北京：中国电力出版社，2003.

［34］王锡凡．电气工程基础［M］．西安：西安交通大学出版社，2009.

［35］张全元．变电运行现场技术问答［M］．北京：中国电力出版社，2015.

［36］马晓玲．电气设备及运行［M］．北京：中国电力出版社，2007.

［37］江彬．最新电力避雷器优化设计与制作新技术及相关技术标准实用手册［M］．北京：科技出版社，2007.

［38］吴薛红，濮天伟，廖德利．防雷与接地技术［M］．北京：化学工业出版社，2008.

［39］陈家斌，高小飞．电气设备防雷与接地实用技术［M］．北京：中

国水利水电出版社，2010.

[40] 国家电网公司人力资源部．国家电网生产技能人员职业能力培训专用教材：直流设备检修［M］．北京：中国电力出版社，2010.

[41] 国家电网有限公司设备管理部编．变电运维专业技能培训教材理论知识［M］．北京：中国电力出版社，2021.

[42] 白忠敏，刘百震，於崇干．电力工程直流系统设计手册［M］．2版．北京：中国电力出版社，2009.